PERFORMANCE TESTING

System Construction,
Practice Guidance and Case Analysis

企业 性能测试

体系构建、落地指导
与案例解读

国际软件测试资质认证委员会中国分会（ISTQB/CSTQB）

杭州笨马网络技术有限公司（PerfMa） 著

机械工业出版社
CHINA MACHINE PRESS

图书在版编目（CIP）数据

企业性能测试：体系构建、落地指导与案例解读 / 国际软件测试资质认证委员会中国分会（ISTQB/CSTQB），杭州笨马网络技术有限公司（PerfMa）著 . —北京：机械工业出版社，2023.1

ISBN 978-7-111-72643-2

I . ①企⋯　II . ①国⋯ ②杭⋯　III . ①软件 - 性能检测　IV . ① TP311.562

中国国家版本馆 CIP 数据核字（2023）第 029798 号

企业性能测试：体系构建、落地指导与案例解读

出版发行：机械工业出版社（北京市西城区百万庄大街 22 号　邮政编码：100037）	
策划编辑：孙海亮	责任编辑：孙海亮
责任校对：薄萌钰　王　延	责任印制：李　昂
印　　刷：河北宝昌佳彩印刷有限公司	版　　次：2023 年 5 月第 1 版第 1 次印刷
开　　本：186mm×240mm　1/16	印　　张：16.5
书　　号：ISBN 978-7-111-72643-2	定　　价：99.00 元

客服电话：（010）88361066　68326294

周震漪

国际软件测试资质认证委员会中国分会（ISTQB/CSTQB）、国际 TMMi 基金会中国分会、国际需求工程委员会（IREB）中国分会核心发起人和副理事长，ISTQB 专家级证书获得者，TMMi 主任评估师，中国计算机学会（CCF）高级会员和软件工程委员会委员，中国质量监管标准化技术委员会委员，高等院校兼职教授，《中国金融业软件测试框架》研究报告的编委会副主任。2019 年荣获中国人民银行颁发的银行科技发展二等奖，参加国家标准《系统与软件工程 软件测试》（GB/T 38634—2020）第 1 部分和第 4 部分的起草工作，参与制定中国《CSAE 新能源汽车车载控制器软件功能测试规范》，2022 年荣获上海市高等教育优秀教学成果项目一等奖。参与中国电子商会团体标准《软件测试人员任职能力评价规范》的起草工作。

王映红

从软件测试小白成长起来的工程技术专家，"王道质量"公众号创建人。业界知名 TMMi 主任评估师，ISTQB 和 CSTQB 注册讲师。曾任职上海某公司技术总监兼技术研发部经理，长期专注于软件测试过程改进和软件质量提升，致力于为企业用户提供高质量的软件质量体系建设、TMMi 咨询与评估认证、敏捷转型等技术服务。

范 斌

15 年专业性能从业经验，致力于性能工程体系建设，服务过几百家客户，为包括银行、保险、证券、快消等不同行业类型客户完成了性能体系建设落地实施，成为各自行业标杆。同时致力于引导性能工程的价值和生态发展，实现多方共赢。

杨 靖

具备多年企业客户服务经验，负责全国各行业客户解决方案架构设计及项目落地，曾主导并参与银行、快消、航空等行业客户的全链路压测体系建设，拥有丰富的技术与项目管理经验。

朱 波

9 年专业性能测试从业经验，在保险、证券、零售等行业有丰富的全链路压测项目实施及性能测试体系落地经验。专注于企业性能测试体系落地及持续提升工作。

钱　磊

性能优化专家，10多年性能领域工作经验。曾担任携程机票事业部性能测试经理，主导机票事业部性能测试平台、APM链路监控平台、持续集成/交付平台等多个质量及运维产品的设计研发工作。为十几家500强金融企业和新兴互联网公司提供性能瓶颈定位和调优咨询，有丰富的性能测试、分析、优化经验。

叶家文

具有10年左右IT行业经验，近5年性能体系落地实施经验，致力于生产全链路压测解决方案的实施和落地，服务过银行、证券、零售等多行业的上百家客户，获得一致好评。

王　斌

国内知名技术高管社区的联合发起人，应用质量解决方案专家及资深咨询师。曾担任国内多家一线互联网及传统ToB企业的核心管理岗位，拥有丰富的技术与营销管理经验。

郑　珠

参与行业生态建设相关的工作，主要围绕公司行业影响力提升开展项目，在稳定性领域的核心项目主要有国标、行标及团标的制定，蓝皮书、白皮书发布，书籍出版，自媒体内容运营等。

周倩嫣

CSTQB工具工作组专家成员。致力于研究国内外软件测试工具的现状和分类方法，结合国际和国内软件产品的相关标准制定软件测试工具的测评标准。曾负责过Adobe、TrendMicro、Citrix、Sage CRM等亿级用户产品的离岸测试中心项目管理。中国国际软件质量工程峰会（iSQE）特聘记者。

当我们谈论软件测试时，首先想到的是针对应用程序的特点和功能进行测试。开发人员高度关注应用程序的使用体验，并开发多个测试用例来测试功能。然而，当所开发的应用程序暴露在外部条件下时，除了应测试其基本功能外，还应测试其性能。

简单地说，性能测试是软件测试中的一种类型，它的目的是确定所开发的应用程序是否能够承受负载。高性能效率（或简称"性能"）是为在各种设备上使用应用程序的用户提供良好体验的核心部分。在达到最终用户可以接受的软件质量水平的过程中，性能测试具有非常关键的作用。它通常与其他方法紧密联合，比如与易用性工程相关联，即在加入负载的条件下去评估软件功能的适合性、易用性和其他质量特性。通过与其他方法结合，我们可能发现在特定负载下影响软件质量特性的问题。

ISTQB 知识体系在全球测试工程师中获得广泛认可。在它的指引下，很多专家完善了自己的知识认知、技能规范、操作流程和解决方案，它为不计其数的优质软件产品保驾护航。ISTQB 知识体系能够与时俱进，得益于越来越多的测试专业人员用最佳实践对之不断扩展和更新。非常高兴我国软件界引领性企业的专家们与 ISTQB/CSTQB 联合编写了这本兼容ISTQB 性能测试大纲的专业作品。

一方面，本书在理论上与国际接轨。另一方面，书中体系构建、落地指导与案例解析的部分源于我国企业真实案例，具有鲜明特色，也具有很强的实战性。本书介绍了多种系统架构下的不同应用领域的相关案例，比如传统的客户端－服务器端架构、分布式应用和嵌入式应用等。总之，这是一本适合软件性能测试人员学习和参考的很不错的书，对他们的工作具有很好的指导意义。

刘琴

同济大学软件学院教授

CSTQB 联合创始人

ISO29119-11 AI 系统测试联合负责人

ISTQB 大中华区首席代表

TMMi-CN 主席、英国高等教育协会会员

推荐序二 *Foreword*

软件系统性能的重要性无须多言,没有哪个用户可以忍受一个响应缓慢的网站或者反应迟钝的软件。软件性能是用户体验的核心。大部分用户可能对软件性能并不了解,但他们永远想使用响应更迅速的软件。所以,性能是评估一个软件最直接的主观指标。一个网站即使做得再好看,再漂亮,若性能不达标,响应迟缓,那也只是华而不实。

同样,对企业级软件而言,性能也是永远绕不开的话题。从某种意义上说,软件性能可以说是业务得以快速拓展的基础。纵观软件架构不断演进的历史,性能一直起着关键的推动作用。因此,作为新时代的软件行业从业者,我们有必要系统地掌握性能测试的实践体系。

纵观全书,本书建立了性能测试和优化的完整知识体系框架,让我们有机会系统学习和掌握性能优化知识的方方面面,并且有机会建立一种全局观,站在巨人的肩膀上看问题。这样,我们面对复杂系统问题时就不会手足无措了。比起其他讲解性能测试工具的图书,本书更注重理论与实践的结合,并且结构安排得当,内容循序渐进,充分考虑了不同层次读者的阅读感受。同时,本书的每一章均别具匠心,既有经验的总结与传承,又有得心应手的工具推荐,力求理论与实践的精确平衡,且充满了来自实践的真知灼见。这是一本完完全全由深度实践者写成的图书,值得我们深入阅读与学习。

茹炳晟

腾讯 Tech Lead

腾讯研究院特约研究员

畅销书《测试工程师全栈技术进阶与实践》作者

　　这是一本理论和实践相结合的透彻讲解性能测试的图书。书中内容丰富、案例翔实，涵盖了性能测试、指标分析、成熟度自评与误区、测试流程、模型介绍、工具介绍等知识，贴近测试行业一线，语言朴素易懂，能够为有一定经验的测试人员提供借鉴和扩展。结合案例，读者犹如身临其境，能够快速掌握书中所讲内容。

——杨志国　国家互联网数据中心产业技术创新战略联盟专家、

专家委员会联盟理事长、主任，

中国银行数据中心原副总经理，

CDCC 数据中心工作组主任委员，

ODCC 金融业绿色数据中心建设、评测、运维标准制定工作组组长，

腾讯 TVP 专家，中国网络安全与认证专业技术委员会委员

　　本书的特色在于其全面性和高度的实用性。它覆盖了实践软件性能测试必备的各方面的要点，从而使性能测试的作用可以真正落到实处。这是一本值得推荐的专业实践指南，无论是对性能测试的入门者还是对专业工程师，都有重要参考价值。更可贵的是，本书不是只说明了如何做好性能测试，还从性能工程建设的高度，站在更系统的视角，介绍如何让生产全链路的性能测试真正落地。

——居德华　华东理工大学软件工程和工商经济教授、博导，

IEEE Software 杂志前顾问

　　周震漪先生深耕于软件测试领域多年，长期从事软件测试技术研究，拥有丰富的软件测试经验，学术造诣深厚。他将 ISTQB、TMMi 等软件测试知识体系引入国内，为我国软件工程和软件质量专业的发展做出了卓越的贡献。本书从相关国际标准、国家标准入手，不仅深入浅出地介绍了软件性能的要求、目的、类型，并结合性能测试指标，为从事软件性能测试的人员构建了体系架构，提供了过程方法，给出了工具和环境的选择指南，还提供了透彻的案例解读，为读者深入理解性能测试提供了良好的素材。全书理论和实践相结合，非常适合

需要了解、掌握和开展性能测试的软件工程人员阅读。

> ——左振雷　中国航发控制系统研究所软件测评实验室研究员、
>
> 软件测评技术负责人，软件适航委任工程代表，
>
> 军用软件能力成熟度模型评价员，
>
> 中国计算机学会容错计算专委会执委

性能测试是软件从业人员关注的热点之一。其他性能测试相关的图书侧重对测试工具的介绍，而本书除了介绍了性能测试知识之外，还从性能测试模型、企业级链路分析体系、性能工程等新视角讨论了性能测试。本书还提供了一些实战能力训练和案例分析，如性能调优实战、企业级全链路性能测试案例解析等，内容非常精彩。本书使性能测试类书籍上了一个台阶。

> ——朱少民　同济大学特聘教授，
>
> 《全程软件测试》《敏捷测试：以持续测试促进持续交付》作者

正当为给计算机专业的同学选择一本软件性能测试的教材发愁时，我很幸运地发现了这本书。本书不仅可以帮助初学者厘清一些易混淆的基本概念，搭建性能测试的标准流程和框架，还可帮从业者了解常见的性能测试工具。另外，本书从实际角度出发，提供了丰富的企业案例，使读者能进一步掌握性能测试的精髓，从而能落地性能测试。这是一本深入浅出的好书，既适合作为计算机专业学生的性能测试入门教科书，又适合作为软件测试从业人员拓展技能的参考书。

> ——董昕　成都工业学院计算机工程学院副教授，高级工程师，
>
> CSTQB 专家，CSTQB-FL 认证讲师，CSTQB-AL TM 认证讲师，
>
> 《软件质量保证与测试——原理、技术与实践》主编

软件性能效率在软件非功能质量特性中是非常重要的，尤其对于大规模联网软件系统来说，性能测试十分关键。本书从性能测试体系建设、环境工具、分析调优等方面进行了系统阐述，并且对全链路性能测试案例进行了深入解析，有很强的实用性，非常适合希望开展性能测试的读者阅读。

> ——沈建雄　CSTQB 理事，上海市软件评测中心前技术负责人

众所周知，性能测试是一种重要的非功能测试类型。有了性能测试的结果和分析，我们

才能判断该版本业务系统上线后能否撑住现网的流量压力。成为一名优秀的性能测试专家，不仅要会使用工具，把系统的各种性能指标测试出来，还要对性能测试的结果数据进行深度解读和分析：初步判断系统性能瓶颈在什么地方；综合各指标给出初步的原因分析和问题定位；对于测试环境机器配置和现网不一致的情况，测算版本上线后的性能表现；对于云化系统，判断其性能结果是否满足线性扩展的要求。如何才能具有这些能力，本书能给你一些启发。

——孔德晋　华为某产品线测试技术总监

一个好的大型系统，需要用完善的性能测试体系来守护。本书就是一本介绍性能测试体系理论与实践的佳作。书中内容丰富，案例贴近实际，具有很强的指导性。本书不但介绍了性能测试的过程、工具和度量指标，还介绍了性能测试六大模型和性能工程等理论知识，能指引初学者了解和实践性能测试，也适合打算进一步深耕的专家借鉴参考。推荐对性能测试领域感兴趣的读者阅读本书。

——金泽锋　中兴通讯首席敏捷教练，无线院软件工程总工，

Google 中国工程生产力技术团队负责人，

Google 地图、Google 搜索等移动产品项目的自动化流程和框架设计开发者

本书涵盖了性能测试理论和实践两方面的内容，并且结合企业级应用场景拓展了性能测试的应用范围，提供了企业级链路分析以及全链路性能测试方案等，是性能测试进阶和深入实践的最佳指导。

——张涛　快手效率工程部质量负责人

这是一本内容丰富、全面的性能测试著作。本书由浅入深、层层递进地剖析了性能测试的全链路体系知识。本书非常适合想要了解、学习以及从事性能测试、稳定性保障工作的同行阅读。

——艾辉　知乎研发效能负责人，

《机器学习测试入门与实践》《大数据测试技术与实践》主编

性能测试是测试领域中最重要的内容之一，尤其拥有海量用户的业务系统需要实现高并发、高可用时，做好性能测试就是保障业务和产品平稳运行的重要手段。而性能测试相比于普通的功能测试和黑盒测试要更复杂，对技术的全面性也有更高的要求。本书对性能测试做

了庖丁解牛式的深度讲解，同时伴有丰富的案例，是一本深入浅出的好书。对于所有从事测试工作的读者来说，本书非常值得读，故强烈推荐。

——易洋　网易有道某部门业务负责人，腾讯 TVP 专家

在互联网业务发展过程中，线上性能和稳定性保障一直是一个无法忽视的重要领域。在软件快速迭代和线上持续运营的现状下，性能测试的需求持续提升，而现代软件架构的复杂度决定了传统的性能测试已经无法满足新时代对软件稳定性和性能的要求。本书深入浅出地展现了新时代性能测试和质量保障的技术趋势，提供了软件全生命周期的性能和稳定性保障的思路、流程、工具、度量指标和实践痛点，为读者描绘了性能测试体系的全貌和细节。本书能给软件行业中有志从事性能和稳定性保障的读者一些启发。

——任志超　腾讯前工程效能副总监

软件定义世界，软件测试决定世界的成色。在数字化转型的浪潮中，越来越多的领域开始重视软件质量相关问题。在这一版图里，以性能测试为代表的非功能性需求越来越受到重视。证券期货行业承载着国家数字经济转型的重要使命，对于包括证券行业在内的金融行业，确保稳定也许才是最大的创新。所以，作为数字经济主要载体的软件，它的健壮性、稳定性、安全性将直接影响民生经济和国家安全。本书内容丰富，全面介绍了基准、压力、容量、负载等各类非功能测试，系统阐述了性能测试体系及其指标，这对于企业构建自己的非功能质量体系有着现实的指导意义。本书适合有志从事性能测试领域工作的人员学习，也适合计划构建非功能质量体系的公司或团队参考。

——杨忠琪　东方证券测试部负责人，NISA 副主任委员，

IT 东方汇质量分会（上海）联席会长，

证券期货业专家库入库专家

性能需求是一种典型的非功能需求，贯穿在任何一种功能需求中，直接影响系统运行效率和用户体验。正是由于这一特性，性能测试无法简单地通过单一的、直线式的思维来度量和管理，而需要通过一些可度量的指标给出定量的分析与比较。进行性能测试，不能"头痛医头，脚痛医脚"，而需要采集被测服务的各种性能指标，判断性能瓶颈根因。那么究竟要采集哪些指标，以及如何高效度量呢？本书萃取了业内专家丰富的经验，一定能给读者留下一把打开疑惑之门的钥匙。

——刘光宇　中信银行股份有限公司软件开发中心 T9 专家

本书深入浅出地对性能测试基础理论进行了阐释，并结合作者多年的实践经验对各类性能指标进行了详尽解读，同时创新性地提出了性能测试成熟度模型。对于传统或互联网行业的测试负责人或性能测试从业者，本书有着很好的指导意义。

——陈嘉　某股份制银行信用卡中心测试负责人

性能测试是在业务环境、技术环境、操作环境等约束条件下对软件"快与慢"的思考、度量和验证。本书最大的特点是对以往谈性能测试时只讲技术的状况进行了升维。一方面，本书以"成熟度""体系化"和"全链路"为关键词，揭示了性能测试的全方位建设方案；另一方面，本书以"模型""环境"和"工具平台"为关键词，深度展示了性能测试的落地实践。本书结合管理构建性能测试体系，融合工作实践，内容相当有深度，具有很好的推广意义。

——孙翊威　上海翰纬信息科技有限公司培训和咨询部副总经理，

"测试敏捷化白皮书"项目总监，

《测试敏捷化成熟度评价技术规范》CQC 9260—2021 主要起草人，

《行业测试敏捷化成熟度年度报告》总编

性能是产品的一个重要属性，性能测试也是测试工作中重要的组成部分。那么，性能测试有哪些标准可以参考？常用的性能测试度量指标和方法有哪些？如何评价企业性能测试体系构建的成熟度？如果你对上述问题很关注，可以阅读本书来寻找答案。另外，本书还介绍了性能测试的流程、模型、环境、工具等，可以让你对性能测试体系有更全面的理解和掌握。

——任亮　上海均瑜管理咨询有限公司咨询部首席咨询师，

TMMi 基金会中国分会秘书长

汽车软件从代码量到复杂度的增长速度都很快，系统性能对于汽车来说尤为重要，但如何构建汽车软件的性能测试体系却一直不是很清晰。本书非常全面地从不同测试类型、实施方式、执行过程及人员要求等方面做出了阐述，对企业性能测试能力的构建有很好的指导性。

——黄颖华　北京新能源汽车股份有限公司电控测试部部长、软件测试专家

做过性能测试的人都知道，拿起工具开测已经是"下半场"的事情了。性能测试工作空间之宏大，捕捉时间之细微，往往令人生畏。周震漪是软件测试行业的奠基者和开拓者之一，从 CSTQB 到 TMMi，"老骥伏枥，志在千里"。周老师讲测试，体系宏大又具体而微，融合了标准，又不局限于标准。笨马公司专注于性能测试，近几年声名鹊起，是测试新锐企

业和行业明星。笨马公司有强大的"大兵团"式作战能力，敢于做更多的前沿探索和尝试，已经将性能测试推进到工程级别，令人敬佩。无论是性能测试新兵想快速起步，还是业内高手欲更上一层楼，本书都是不得不读的佳作。

——邹杏忠　Invensys/Wonderware 离岸测试总监，

金融行业测试中心和测试实验室前负责人

随着互联网的热度减退，测试人员也开始面临更大的竞争和挑战。一方面，大浪淘沙，不进则退，测试人员除非掌握扎实的理论功底和实践经验，否则在职场立于不败之地是有些困难的。另一方面，随着全程质量管理理念的不断发展，非功能需求的重要程度逐渐显现出来，性能测试作为非功能测试中的重要一环，值得测试人员深入学习。本书内容全面，由浅入深，对于那些具有工匠精神的测试人员来说，是一本可以深入挖掘、领略更高测试层次的好书，希望更多读者可以从中受益。

——李欣　德勤（Deloitte）质量风险管理部高级经理，

公众号"全程质量保证"主理人，毕马威智能创新空间 QA 前副总监

在软件开发精益求精的当下，用户体验越发重要，特别是在越来越多的 ToB 业务开始呈现 ToC 化发展的趋势下。而在用户体验的各种标准中，比如 CSAT 或者 NPS，性能体验占了非常大的比重。试想，两个同样功能的应用，一个需要 10 秒才能打开，另一个 1 秒即可打开，用户会选择哪个？所以性能测试往往是产品经理摸底时需要做的事情，同时也是产品准出时必须做的工作。对于笨马的这本书，仅看目录就已经激起了我购买的兴趣，从认识性能测试的基础概念，到系统指标，再到企业成熟案例，本书循序渐进地介绍了企业是如何做性能测试的。对从事测试工作 10 多年的我来说，这也是一本非常值得学习的好书。

——张立华　世界头部金融独角兽公司数字科技平台技术部测试一号位，

TesterHome 社区联合创始人

本书全面覆盖了企业级性能测试实践活动的方方面面，详细介绍了性能测试的方法、标准以及工程化实践，由浅入深。通过本书，读者不仅能够学习性能测试的方法论，还能够借由性能案例，学习如何着手构建企业级性能工程。

——蔡超　测试开发社群 VIPTEST 联合创始人，

《从 0 到 1 搭建自动化测试框架：原理、实现与工程实践》

《前端自动化测试框架：Cypress 从入门到精通》作者

作为一个测试工程师，能否掌握性能测试的技术和实践是影响其技术能力和职业发展的关键因素之一。经过多年的发展，性能测试技术、工具和实践不断推陈出新。尤其是一些一线互联网企业，在企业级层面，对性能测试方案不断探索和总结，得到了很多实用的案例，如全链路压测、持续性能测试和性能工程等方面的案例。无论是从个人发展角度还是从企业角度看，如果你希望进一步学习和了解这些技术和实践，那么阅读本书是很好的选择。

——熊志男　北京翰德恩管理咨询有限公司 DevOps 咨询师，

京东 DevOps 平台前产品经理，测试窝社区联合创始人

性能测试的发展就像一个正弦波，以十二年为一个循环周期，现在回到了波峰的位置。虽然技术本身的理念并没有发生本质的变化，但是所面对的场景、规模、技术架构已经发生天翻地覆的变化，而如何构建新一代企业性能测试体系，本书给出了行业一线的完整解决方案。

——陈霁　TestOps 创始人，国际知名汽车企业敏捷专家

这是一本非常难得的既全面又极具指导意义的性能测试图书。本书不仅详尽介绍了性能测试的各种类型，还阐述了各类常见问题，让读者很容易抓住重点。本书的指导意义在于不仅有很好的案例和落地指导，还有先进的方法和工具介绍。特别推荐给新成立的研发团队或性能测试急需加强的团队。

——丁慧　宝马诚迈研发部负责人

本书以性能测试在企业中的落地实践为主线，从深入解读性能测试开始，引入度量指标选取原则及结果分析方法，并提出标准化的作业流程，又将实施过程中所需的模型、环境、工具及事后分析调优和反馈展示的技巧一一道来，最后结合真实的企业案例分析和工程化的体系建设方案，让读者从中获益。本书非常适合对性能测试实践感兴趣的读者阅读。

——刘元　58 同城技术工程平台群研发管理部测试架构师，

中国信通院云大所分布式系统稳定性实验室高级技术专家

作为一名一线业务测试人员，我之前一直知道笨马团队在性能测试方面很专业，既有工具也有体系化的解决方案。读过这本性能测试实践的书之后，我对整体的企业性能体系有了更深的理解。本书从性能测试的概念到实践，再到度量和评估，对性能测试工作，从方案制

定到落地执行，再到指标监控和服务器监控等，都有很好的指导作用。同时，测试人员也能借鉴书中的经验来避免踩坑。所以，我将这本性能测试"小百科"推荐给一线研发人员阅读。

——李希双　美团前 QA 专家，测试窝社区负责人

有幸率先阅读本书，我从心里认为本书非常值得推荐。全书不仅内容丰富、案例翔实，而且将性能测试专业与企业实际情况相结合，为性能测试的标准化实施提供了系统性、实践性的指导，是一本不可多得的好书。

——金音前　浙江农商联合银行科技服务部资深工程师

在行业中，性能测试的难点在于问题分析和定位。如果说，初级测试人员需要掌握工具的使用方法，中级测试人员需要进行场景设计，那么高级测试人员则应能够判定并定位问题。本书系统地讲述了性能指标分析的方法和流程，给出了建设性的思路，并且结合六大模型给出了分析性能问题的方法模板，是一本不可多得的性能实战好书。另外，结合行业发展的趋势、云上云下系统的特性，以及全链路压测的实战经验，本书能够给予大家更多思考和指引。期待通过本书，大家可以收获更多价值。

——汪珺　嘉为科技 DevOps 线负责人，DevOps 行业咨询专家，
DevOpsDays 国内大会首批组织者

阅读过很多性能测试相关的书籍，本书最全面地介绍了性能测试及性能工程的方方面面。本书带着读者深度探究各个性能测试指标、模型，从不同视角对性能测试效果进行评估，更具价值的莫过于给出的企业级全链路压测的实际案例。书中针对线下和生产全链路在内的性能测试体系，给出了构建和实施方案，以及进一步优化的方法。本书对读者来说是和璧隋珠，可遇不可求。

——崔哲　万博智云软件科技有限公司武汉研发中心测试总监，
ISTQB 专家组成员，TMMi 专家组成员，
湖北省软件行业协会特聘讲师，CSTQB 讲师

如果能够站在前人的肩膀上去做一件事情，那么这件事一定可以更高效地完成，性能测试在企业中的建设也是如此。性能测试在企业内部的发展经历了由开发或测试工程师使用性能测试工具完成简单测试工作的阶段，到独立的性能测试人员或团队对不同项目实施性能测试的阶段，再到企业内部构建性能测试体系，测试人员通过平台化的方式来完成性能测试的阶段。

做好性能测试不是只掌握工具的使用方法，也不能仅通过一份流程规划就达到目标，它是一个综合而多维度的体系工程。特别是对企业性能测试体系建设来说，不同的企业内部的组织结构不同、IT建设的成熟度不同、对性能测试理解的程度不同等，如果单纯地将一家企业的模式直接复制到另外一家企业中，很大可能会失败。

本书基于众多不同行业性能测试体系建设的积累和沉淀，抽象出一套完整的企业性能测试体系建设落地的指导方法，同时在企业成功案例的基础上对具体问题具体分析。只有这样才能让企业在性能测试体系建设过程中取得成功。在遵循"理论指导实践"原则的同时，还需要遵循"实事求是"的原则。为此，我们把企业实践过程中的内容整理成可供参考的规范和指南等材料，方便读者分别从全局建设和局部建设的维度来思考如何选择更适合自身需要的解决方案或者优先建设的内容。

本书编写人员都是在这个领域实践了十几年的"老兵"，我们希望整个行业的发展越来越好，也希望本书能为企业带来一些参考价值。同时我们也会持续不断地进行探索，形成一个行业的解决方案，为整个行业注入成功的实践经验，让更多企业在开展性能测试体系建设时降低成本，少走弯路。

读者对象

根据目标和需求的不同，本书适合不同的读者群体：

❑ 质量部门和测试部门的管理者
❑ 企业内部的性能测试负责人
❑ 企业内部的性能测试实施人员

☐ 企业内部的资深测试人员

☐ 企业内部的项目经理

☐ 性能相关的运维人员

☐ 性能相关的开发人员

本书特色

当前市面上关于性能测试的书籍主要是指导测试人员通过工具来完成性能测试，这些书籍重点内容基本都是关于性能测试工具的使用的，比如 LoadRunner 工具的使用、JMeter 工具的使用等。

与上述书籍不同，本书在内容逻辑上可以分为两个部分。

第一部分为国际和国内性能测试基础标准。由于当前针对性能测试的基础内容没有统一标准，所以各个企业在建设并落地性能测试体系时都会存在差异。而本书结合了当前国际组织及国家标准中对性能测试的定义及内容介绍，为企业的后续落地过程提供了标准。

第二部分则围绕企业内部自评性能测试成熟度的相关操作展开分析，指导企业逐步推进性能测试体系的建设和发展，从而实现从一级到五级的持续建设目标。

本书核心内容并非性能测试工具的功能和使用，而是性能测试体系建设的方案如何在企业内完成落地，达到性能质量的目标。性能测试体系建设包括性能压测体系、链路分析体系、性能调优体系等维度，能够全方面保障企业内部 IT 系统的性能质量，保障系统生产运行的稳定性。书中给出的企业落地的成功案例能够让读者更加清楚性能测试体系建设是一个复杂且综合性的工程，需要结合企业当前的情况通过制定完整的解决方案来完成具体的更有针对性的建设工作。

如何阅读本书

本书一共分为 12 章，内容简介如下。

第 1 章深入介绍了性能测试。

第 2 章主要介绍了国际组织和国家标准中对性能指标的定义。

第 3 章主要介绍了企业如何对自身性能测试的成熟度进行自评，同时列举了在性能测试方面容易存在的误区，本章内容来源于对大量企业的调研总结和笔者所在企业的实践经验。

第 4 章主要介绍了性能测试的基础标准流程，让读者能够完整地了解一个项目的实施标准。

第 5 章主要介绍了性能测试的重要模型，并且提供了在实践中运用这些模型的案例。

第 6 章主要介绍了性能测试体系中一个非常重要的内容，即如何选择性能测试环境。

第 7 章主要介绍了目前常用的性能测试工具和流行的全链路压测平台。

第 8 章主要介绍了如何建设链路分析体系，重点在于如何在性能测试中运用链路分析技术。

第 9 章主要介绍了如何建设性能调优体系，重点在于如何运用调优思路对性能问题进行分析，并通过真实调优案例帮助读者了解如何达到调优效果。

第 10 章主要介绍了如何对性能测试效果进行评估及展示。

第 11 章主要介绍了服务端性能工程建设的内容，以及企业未来在性能测试体系上的重点发展方向。

第 12 章主要介绍了两个企业落地成功案例，其中一个是企业在原有测试基础上完善线下压测的体系建设，另一个是企业完成线下与生产全链路性能测试体系的整体建设。

其中第 1、2 章可以让读者单独了解性能测试及其度量指标。如果你是测试管理者或者负责人，可以对第 3、10、11 章进行重点学习；如果你是一位测试人员，则建议重点学习第 4～9 章。

勘误和支持

参加本书编写工作的人员有周震漪、范斌、杨靖、朱波、钱磊、叶家文、王映红、王斌、周倩嫣、郑珠。虽然本书是各位作者认真写就，但书中难免会出现一些错误或者不准确的地方，欢迎读者批评指正，大家有任何问题可发送邮件至 214399230@qq.com。

范 斌

2022 年 10 月

目　录 *Contents*

第 1 章 *Chapter 1*

深度认识性能测试

"软件定义世界",在人们举目所及之处,软件无处不在、无所不能。

随着数字化进程的不断推进,人们对应用软件的要求也越来越高,不仅要求软件能正确运行(功能需求),还要求软件运行得更快、更安全、更可靠(非功能需求)。性能是软件重要的非功能需求,而性能测试是软件的性能需求得以实现的保障,也是对软件性能特性进行持续改进的有效手段。

1.1 性能测试的标准依据

随着计算机技术的日益发展与普及,软件已经渗透了社会的每一个"细胞",它的影响力覆盖了人们生活的方方面面,而软件性能质量出现问题导致的后果越来越严重,因此软件性能质量的重要性日益突出。如何对软件的性能质量进行测试、评价及优化,成为软件测试的一项重要研究内容。

软件的性能质量是软件质量的一部分。而软件质量是一个难以量化的概念,不同的人对软件质量的理解不同,不同的应用系统也有不同的质量特性。

为了统一软件质量评判标准,国际标准化组织 ISO/IEC JTC1/SC7/WG6 开展了软件质量度量和评价的标准化工作,制定了 ISO/IEC 25000 SQuaRE[⊖]系列国际标准,其中包含软件质量模型、软件质量度量和评价等标准,在内容上覆盖了软件性能的测试维度和质量评价。我们国家软件测试和软件质量评价的标准在不同的阶段也不同程度地参考了国际标准。其

⊖ System and Software Quality Requirements and Evaluation,即系统与软件质量要求和评价。

中，GB/T 25000.1—2021《系统与软件工程　系统与软件质量要求和评价（SQuaRE）　第 1 部分：SQuaRE 指南》便是采纳 ISO/IEC 25000 系列标准制定的国家标准。

上述国际和国家标准定义了系统与软件的质量模型，主要包括产品质量模型（见图 1-1）和使用质量模型（见图 1-2）。

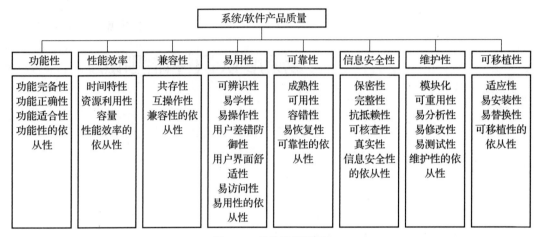

图 1-1　产品质量模型

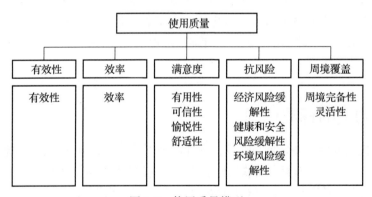

图 1-2　使用质量模型

产品质量模型将系统与软件产品的质量属性划分为 8 个：功能性、性能效率、兼容性、易用性、可靠性、信息安全性、维护性和可移植性。其中每个特性由一组相关的子特性组成。

软件的性能质量可以通过性能效率来度量和评估，而性能效率主要包括如下几个子特性。

❑ **时间特性**：软件执行其功能所需的响应时间、处理时间等。

❑ **资源利用性**：软件执行其功能所需资源的数量和类型，例如内存、CPU、网络带宽的占用情况，需要的特殊设备的数量等。

- ❑ **容量**：包括存储数据项数量、并发用户数、通信带宽、交易吞吐量、数据库规模等在软件运行时的最大限度。
- ❑ **性能效率的依从性**：是否遵守了与性能效率相关的标准、约定或法规等，例如遵守金融行业的关于性能效率的规定。

性能效率这一指标可反映系统和软件所达到的效率水平，软件性能与在指定条件下所使用的资源量有关。

1.2　性能测试的价值

当今，软件产品已经应用到社会的各个行业和各个领域，加上网络的发展、信息的共享等，人们对计算机及网络的依赖性越来越大。软件产品的使用者（或者说软件用户）对高质量、高效率的工作方式的需求也越来越大，因此对于与自己工作和生活息息相关的 IT 系统服务，他们也要求更快、更高效的服务品质。

根据 2008 年 Aberdeen Group 的一份研究报告，对于 Web 网站来说，1 秒的页面加载延迟会导致减少 11% 的 PV（Page View，页面浏览量），并降低 16% 的顾客满意度。Compuware 公司分析了超过 150 个网站及 150 万个浏览页面，发现页面响应时间如果从 2 秒增长到 10 秒，会导致页面浏览放弃率达到 38%。从经济的角度计算，如果一个网站每天的营收是 10 万元，那么只要页面加载速度比竞争对手慢 1 秒，一年中可能导致的营收损失将达到 25 万元。

由此可见，系统的性能效率是软件产品为用户提供良好体验的一个关键部分，系统的性能与业务目标有着直接的关系。在建立最终用户可接受的质量水平的过程中，性能测试具有非常关键的作用。

性能测试通常采用实验的形式来开展，这样可以对特定的系统参数进行测量和分析。并且性能测试可以迭代，以支持系统分析、设计和实施，从而有助于做出架构上的决策，并帮助利益相关方确定期望。

在实施性能测试期间，测试人员通常使用自动化的测试工具模拟真实用户，在系统中加入各种负载，包括正常、峰值以及异常负载等，并结合其他方法（如易用性工程和性能工程）去评估软件产品功能的适合性、易用性和其他质量特性，这样可能会发现系统在特定负载下的问题，还可能发现其他需要处理的风险区域。

通过性能测试，可以验证软件系统的性能指标是否能够满足用户的需求，评估软件系统的运行能力，如系统在特定负载下对用户操作的响应时间、支撑并发用户数量、稳定性和可靠性等。通过性能测试，也可以发现软件系统在运行中可能存在的性能瓶颈，识别系统的弱点，如系统中极端或烦琐的代码逻辑，从而可以有针对性地对软件系统进行性能调优。

性能测试并不局限于终端的 Web 领域，也关注其他多种系统架构下的不同应用领域，比如传统的客户端－服务器端架构应用、分布式应用和嵌入式应用。

1.3 性能测试的类型

性能测试是为测量或评估被测软件系统与性能效率相关的特性而实施的一类测试，它关注被测系统在不同负载下的各种性能效率。软件系统的性能效率相关特性的覆盖面非常广泛，包括系统的执行效率、资源占用、系统容量等。

相应地，性能测试的类型很多，如负载测试、压力测试、基准测试、峰值测试、并发测试、容积测试、可扩展性测试、配置测试、稳定性测试等。

1. 基准测试

基准测试（Benchmark Testing）又称单用户测试，主要用于监测被测系统在较低压力下的运行状况并记录相关数据。当性能测试环境确定以后，通常选取业务模型中的重要业务做基准测试，对被测系统施加一定压力，从而获取被测系统在单用户运行情况下的各项性能指标，为多用户并发测试和混合场景测试等提供参考依据。

2. 负载测试

负载测试（Load Testing）是性能测试的一种测试类型，用于评估被测系统在预期的不同负载下的行为。负载测试关注系统处理不同负载的能力，这些负载可通过控制并发用户或者进程的数量来实现。进行负载测试时，通过对系统不断增加并发访问负载，监测系统性能的变化，直到系统的某项或多项性能指标达到安全临界值，最终确定在满足该安全临界值的性能指标下，系统所能承受的最大负载量。简而言之，负载测试是通过逐步加载的方式来确定系统的处理能力。

负载测试类似于举重运动，通过不断给运动员增加重量，确定运动员在其身体状况保持正常的情况下所能举起的最大重量。通过负载测试可以获取系统能够达到的峰值指标。例如，一个软件系统的响应时间要求不超过 2 秒，如果在这个前提下不断增加用户访问量，系统的响应时间就会变长。假设当访问量超过 1 万人时系统的响应时间超过 2 秒，那么就可以确定在系统响应时间不超过 2 秒的前提下，系统的最大负载量是 1 万人。负载测试可用于系统的性能验证、性能诊断和性能调优等场景。

3. 压力测试

压力测试（Stress Testing）用于评估被测系统在高于预期、高于指定容量负载需求或低于最少需求资源的条件下的行为。压力测试关注被测系统处理超出预期或特定峰值负载的能力，也可以用于评估系统在资源匮乏时的处理能力，比如在可用的计算能力、带宽和内存资源不足的条件下系统的表现。进行压力测试时通常采用逐步增加系统负载的方式，使系统某些资源达到饱和甚至失效，从而发现那些只有在高负载条件下才会出现的缺陷，如同步问题、内存泄漏等。

通过对被测系统进行压力测试，也能找出被测系统的性能拐点，获得系统所能提供的最大服务级别（系统所能承受的最大压力），评估系统在峰值负载或超出最大负载情况下的处理能力。压力测试主要用于性能诊断、性能调优和容量规划等场景。

压力测试与负载测试不同。负载测试是在保持性能指标要求的前提下测试系统能够承受的最大负载，而压力测试则是测试系统性能达到极限的状态。例如，软件系统要求的响应时间为 2 秒。进行负载测试时发现，当访问量达到 1 万时，系统响应时间不超过 2 秒，而当访问量超过 1 万时，系统响应时间则会超过 2 秒，那么，在满足系统响应时间指标的前提下，该系统能够承受的最大访问量是 1 万。进行压力测试时，则可继续增加系统的访问量，并观察系统的性能变化。例如，当系统访问量增加到 2 万时，发现系统响应时间延迟到 5 秒，而当访问量增加到 3 万时，系统则崩溃，无法做出响应。由此可以确定系统能达到的极限访问量是 3 万。

4. 峰值测试

峰值测试（Spike Testing）又称尖峰测试或尖峰冲击测试。软件行业的峰值测试是从电力等其他行业借鉴而来的一种压力测试类型。在电力工业中，冲击测试用来验证电力设备在刚刚接通电源时能否经受住涌流的破坏。所谓涌流，就是在电源接通的瞬间电流突然变大的现象，涌流过后，电流会逐渐恢复到正常的水平。在软件行业中，峰值测试是为了确认在负载压力发生不可预测变化（如负载压力突然急剧增加）时，被测系统是否能做出正确反应以及维持正常工作，并在峰值负载过后恢复稳定状态，从而评估被测系统对突然爆发的峰值负载的应对能力。

5. 并发测试

并发测试（Concurrency Testing）用于评估被测系统的某些特定操作同时发生时的性能表现，例如，被测系统被多个用户同时登录时的响应能力，或系统的某一功能被多个用户同时操作时的性能表现。通过并发测试，不仅可以获得被测系统在多用户并发操作时的性能指标，还可以发现被测系统在并发条件下可能发生的问题，如内存泄漏、线程锁、资源争用问题。例如，通过模拟多个用户同时访问某一条件数据，或模拟多个用户同时更新数据，可能会发现被测系统的数据库访问错误、写入错误等。

几乎所有的性能测试都会涉及一些并发测试。但并发测试对并发时间要求比较苛刻，通常需借助专门的性能测试工具，采用多线程或多进程的方式来模拟多个虚拟用户的并发性操作。

6. 容积测试

容积测试（Volume Testing）可用于评估被测系统在满足规定的性能目标前提下可以支持的用户量或者处理的事务量。容积测试通常是在一定的软硬件及网络环境下验证被测系统所能支持的最大用户数、最大存储量等。而容积测试所得的结果就是容量（Capacity），所以有些资料或书籍也将容积测试称为容量测试（Capacity Testing）。被测系统的容积通常与数据库、系统硬件（如 CPU、内存、磁盘等）等资源有关，容积测试的结果可用于规划未来当需求增长（如用户数量增加、业务量增加等）时数据库和系统资源的优化方案。

7. 稳定性测试

稳定性测试（Stability Testing）有时也被称为疲劳强度测试（Endurance Testing）或浸泡测试（Soak Testing）。稳定性测试可以评估被测系统在一定运行周期和一定负载压力条件下的出错概率、性能劣化趋势等，以帮助减少被测系统上线后出现崩溃、卡死等现象，为被测系统的逐步优化提供方向上的建议。稳定性测试关注被测系统在特定运行环境下的稳定性，通常是给被测系统施加一定业务压力，例如正常负载压力或略高于正常负载的压力，使被测系统在特定的负载下连续运行一段时间，观察被测系统各个性能指标的变化，以此验证被测系统是否能够连续稳定运行。

在稳定性测试过程中，被测系统的运行时间较长，通常可以检测出是否存在内存泄漏、系统错误、数据库连接错误或线程池错误等问题。这些问题会导致被测系统在某个时间点（拐点）出现性能下降或者失效的情况。测试人员应根据被测系统在实际生产环境中的使用要求来确定被测系统进行稳定性测试需要持续的时间。例如，如果一个系统在设计时考虑在生产环境下的使用周期是一周中 5 个连续的工作日，那么该系统进行稳定性测试的持续运行时间可以是 5 × 24 小时。

8. 可扩展性测试

可扩展性测试（Scalability Testing）通常用于评估被测系统在性能效率方面的扩展或增长能力，以确定被测系统适应外部性能需求变化的能力。例如，当被测系统需服务更多用户或存储更多数据时，通过可扩展性测试确定被测系统的性能是否能够扩展或增加，从而适应和满足这些需要。

可扩展性测试关注被测系统是否拥有满足未来效率需求的能力。因此，可扩展性测试是在系统的性能指标符合当前的性能需求且不造成系统失效的前提下，验证被测系统的增长能力。如果确定了被测系统可扩展性的极限，那么就可以在生产中设置相关指标的阈值并对此进行监控，在系统可能出现问题时发出警告。另外，可扩展性测试的结果数据也可以用于指导调整生产环境的硬件数量和配置。

9. 配置测试

配置测试（Configuration Testing）是为了合理地调配资源以及提高系统运行效率，通过测试手段来获取、验证、调整配置信息的过程。配置测试通过对被测系统不断增加压力，并在加压过程中调整被测系统的软硬件环境配置，监控被测系统的资源使用情况和各项指标，了解各种配置参数对系统性能的影响程度，从而找出性能瓶颈，并在此基础上重新配置软、硬件环境，找到系统各项资源的最优分配原则和最佳配置标准，为设备选择、设备配置提供参考。配置测试也常常用于性能调优、容量规划等。

每种性能测试类型都有其侧重点。在性能测试实践中可以根据测试目标选择合适的性能测试类型应用于特定的项目。不同需求的系统与软件宜采用的性能测试类型如表 1-1 所示。

表 1-1　不同需求的系统与软件宜采用的性能测试类型

系统需求	负载测试	压力测试	峰值测试	容积测试	可扩展性测试	稳定性测试
被测系统与软件对用户体验有较高要求	●	●				●
被测系统与软件在某个时段会产生大量访问需求		●	●	●		
被测系统与软件的业务量会稳定增加				●	●	
被测系统与软件需要长期稳定运行	●		●			●
被测系统与软件需要在有限资源情况下稳定运行		●				●
被测系统与软件需要处理大量的数据	●			●		

注：●表示推荐采用的性能测试类型。

1.4　性能测试的方式

性能测试方式可以分为静态和动态两种。

1.4.1　静态的性能测试

静态的性能测试（以下简称静态测试）在性能测试中往往比功能测试更加重要，因为很多严重的性能效率方面的缺陷是在系统架构设计阶段引入的，例如系统架构不合理或不均衡，采用了有问题的算法模型等。这些缺陷的引入可能是由于设计者和架构师的误解或者缺乏相关知识，也可能因为设计需求没有充分捕捉到响应时间、吞吐率、资源利用目标、预期负载和用途、限制条件等要素。所以，静态测试特别适合在系统建设的早期阶段进行。

静态测试包括：

❑ 关于性能及性能风险的需求评审；
❑ 对数据库架构、实体关系图、元数据、存储过程、查询等的评审；
❑ 对系统和网络架构的评审；
❑ 对系统关键部位代码的评审（如复杂算法）。

1.4.2　动态的性能测试

当系统已经构建起来，动态的性能测试（以下简称为动态测试）就应该尽早开始，几个关键的测试时机如下。

❑ 在单元测试期间，使用信息分析来确定潜在瓶颈，使用动态分析来评估资源利用情况。

❑ 在组件集成测试期间，尤其是在集成不同用例功能时或者与工作流的主干结构集成时，面向贯穿跨组件的关键用例和工作流进行测试。

❑ 在系统测试期间，在不同负载条件下检查总体端到端的表现。

❑ 在系统集成测试期间，特别是在测试关键系统间接口的数据流和工作流时，"用户"可能是另一个系统或机器（例如传感器或其他输入系统）。

❑ 在用户验收测试阶段，建立用户、客户、操作员对系统性能的信心，并在真实条件下对系统进行调优（但这时通常不是为了发现系统中的性能缺陷）。

如果定制硬件或新硬件是系统的一部分，则可以使用模拟器执行早期的动态性能测试。但是，最好尽快在实际硬件上开始测试，因为模拟器通常不能充分捕获资源约束和与性能相关的行为。

在系统测试、系统集成测试或用户验收测试等更高级别的测试中，使用真实的测试环境、数据和负载对性能测试结果的准确性至关重要。

在敏捷以及其他迭代和增量开发模型中，团队应该将静态测试和动态测试纳入软件早期的迭代计划中，而不是等到最终迭代才开始做性能测试。

1.5　负载生成的 4 种方法

为了进行前文中描述的各种类型的性能测试，必须对代表性系统负载进行建模，生成负载并提交给被测系统。负载可与在功能测试用例中使用的数据输入类似，但在以下方面有所不同：

❑ 性能测试负载必须表示多个用户输入，而不仅是一个；

❑ 性能测试负载可能需要专用的硬件和工具来生成；

❑ 性能测试负载的生成取决于被测系统中不存在任何可能影响测试执行的功能缺陷。

在进行性能测试时，有效且可靠地生成指定负载是一个关键的成功因素。负载生成有不同的方法，例如通过用户界面生成负载、使用众测生成负载、使用 API 生成负载、使用捕获的通信协议生成负载等。

1. 通过用户界面生成负载

如果只涉及一小部分用户，并且可以使用所需数量的软件客户端来执行所需的输入，则使用用户界面生成负载可能是一种适当的方法。这种方法也可以与功能测试的执行工具结合使用，但是随着要模拟的用户数量的增加，这种方法可能会很快变得不实用。

用户界面的稳定性也是影响性能测试的一个关键因素。频繁更改会影响性能测试的可重复性，并且可能对维护成本产生显著影响。通过用户界面进行测试可能是端到端测试中最具代表性的方法。

2. 使用众测生成负载

这种方法需要大量测试人员，他们将代表真正的用户。在众测中，测试人员被组织起来，这样就可以生成所需的负载。这可能适合测试在世界各地都可以访问的应用（例如一些基于 Web 的应用），并且可能涉及用户通过各种不同的设备类型和配置生成负载。

虽然这种方法可以引入大量的用户，但生成的负载将不会像其他方法那样具有可重复性和精确性，而且将测试人员组织起来十分复杂。

3. 使用 API 生成负载

这种方法类似于通过用户界面进行数据输入，但它使用应用程序接口而非用户界面来模拟用户与被测系统的交互。因此，该方法对用户界面中的更改（例如延迟）不太敏感，并且事务处理的方式可以和直接通过用户界面输入的方式相同。

在使用这种方法时，可以创建专用脚本以重复调用特定的 API，与使用用户界面输入相比，这种方法可以模拟更多的用户。

4. 使用捕获的通信协议生成负载

这种方法需要在通信协议级别捕获用户与被测系统的交互，然后重播这些脚本，以可重复和可靠的方式模拟潜在的大量用户。

1.6　常见的性能效率失效模式及原因

在动态测试过程中可以发现许多不同的性能效率失效模式，以下是一些常见故障（包括系统崩溃）的示例及其典型原因。

1. 在所有负载水平下响应缓慢

在某些情况下，无论负载如何，系统响应速度都慢到不可被用户接受。这可能是由底层性能问题引起的，包括但不限于糟糕的数据库设计或实施、网络延迟和其他后台负载问题。这些问题可以在功能性和易用性测试中被发现，而不仅是在性能测试中，因此测试分析师应密切关注并报告它们。

2. 中高负载下反应缓慢

在某些情况下，即使负载完全在正常、预期和允许的范围内，系统响应速度仍会随着负载从中度到重度的变化而降低，这是不可令人接受的。原因可能是存在一个或多个资源饱和以及后台负载变化等潜在缺陷。

3. 随着时间的推移，响应降低

在某些情况下，随着时间的推移，系统响应速度会逐渐或快速降低。根本原因包括内存泄漏、磁盘碎片增加、随时间增加的网络负载、文件存储量增长以及意外的数据库存储量增长。

4. 高负载或超高负载下出错处理不充分或粗暴

在某些情况下，系统的响应速度是可以令人接受的，但其出错处理的性能效率在高负载和超出极限负载水平时会下降。导致这种情况的系统潜在缺陷包括资源池不足、队列和堆栈太小以及超时设置太快。上述常见潜在缺陷的具体示例如下。

- 提供公司服务信息的 Web 应用程序在 7 秒内未响应用户请求（其中 7 秒为一般行业经验），即系统在特定的负载条件下无法达到要求的性能效率。

- 在突然出现大量用户请求时（例如重大体育赛事的门票销售）系统崩溃或无法响应用户输入，这是因为系统处理用户请求的容量不足。

- 当用户提交对大量数据的请求时（例如在网站上发布一份大型而重要的报告以供下载），系统响应会显著降低，这是因为系统处理数据的容量不足。

- 系统在在线处理之前无法完成应该完成的批处理，或对批处理的执行无法在允许时间段内完成。

- 当并行进程对动态内存产生巨大需求而内存无法及时释放时，实时系统会耗尽内存，这可能是因为系统的内存容量不够，或者内存请求的处理优先级设置不当。

- 如果向实时系统组件 B 提供输入的实时系统组件 A 无法按要求的速率计算更新，则可能使整个系统无法及时响应而出现故障。面对这种情况，必须评估和修改组件 A 中的代码模块，即进行性能分析，以确保能够达到要求的更新率。

第 2 章 *Chapter 2*

性能测试度量指标

性能测试与功能测试不同，性能测试的执行过程更多是按照度量指标的要求来收集系统性能数据。例如，若性能度量指标是事务的响应时间，那么就需要在测试过程中收集不同情况下系统的事务响应时间。在测试执行中所收集的就是相关的性能指标数据。在性能测试执行后需要对收集到的性能指标数据进行分析，从而发现性能问题或隐患，最终采取相应措施解决性能问题或消除隐患，实现系统性能的优化。在性能测试中，性能度量指标的定义、性能指标数据的收集和分析方法是整个性能测试的重点。

2.1　深入理解性能测试中的度量指标

性能测试中的度量指标非常重要。根据性能测试的不同目的，测试人员在性能测试中会采用不同的测试方式，选择不同的性能测试度量指标。例如，了解软件系统在运行时的各类响应时间与了解软件系统在运行时资源的利用情况，所选择的性能测试度量指标是不同的。

2.1.1　为何需要度量指标

在性能测试中根据度量指标准确收集系统相关数据的过程称为测量过程，该过程以及收集到的指标数据对定义性能测试的目标和评估性能测试的结果至关重要。如果没有预先了解需要对哪些性能指标进行数据收集，也不知为何要收集这些数据，就不应进行性能测试。

若盲目进行性能测试，项目则可能面临以下风险：

❑ 不能确定性能质量特性是否满足系统运行目标，并达到可接受标准；

- ❑ 性能需求没有以量化和可测的方式定义，例如"系统响应速度快"这个需求中的"快"描述的是主观感觉，是不可测试的，导致无法验证此性能需求是否满足要求；
- ❑ 无法预测系统性能水平下降的趋势，也就很难发现系统的性能瓶颈和隐患；
- ❑ 无法将性能测试的实际结果与作为基准的性能指标数据进行比较与评估，导致性能测试无法给出有效结果；
- ❑ 根据一个或多个人的主观意见来评估性能测试结果，导致性能测试失去了客观性，无法较好地反映实际的系统性能情况；
- ❑ 无法理解性能测试工具所提供的结果，导致性能测试结果错误；
- ❑ 无法发现系统的性能问题（假阴性/漏报）或将正确结果当作错误结果处理（假阳性/误报），导致资源浪费或产生更多错误。

2.1.2　度量指标的 3 种收集环境

在用卷尺测量某一物体的长度时，长度就是该场景下的度量指标，我们可以用分米、米或者更精确的厘米甚至毫米来描述这个长度，具体取决于使用场景。与其他形式的测量一样，对性能进行测量也可以选择更精确的度量指标。本节描述的任何度量指标以及为获得这些度量指标的数据所进行的测量，都应该围绕上下文展开，只有在特定的上下文中这些度量数据才有意义。

在进行初次的性能测试时，就应该去了解哪些度量指标需要进一步完善，还需要添加其他哪些性能指标等。例如，响应时间的度量指标可能包含在任何一组性能度量指标中。然而，为了使响应时间的度量指标有意义和具有可操作性，我们需要根据一天中的某个时间点或时间段、并发用户的数量、正在处理的数据量等信息来进一步定义响应时间的度量指标。

在一个具体的性能测试中，可基于以下方面的信息来进行度量指标的收集：

- ❑ 业务环境（包括业务过程、客户和用户行为、利益相关方期望等）；
- ❑ 操作环境（包括测试所需技术以及这些技术的使用方式）；
- ❑ 测试目标。

注意，不同领域的测试对度量指标的要求也不一样。例如，对一个国际电子商务网站进行性能测试所选择的度量指标，与对一个控制医疗设备功能的嵌入式系统进行性能测试所选择的度量指标必然不同。

对性能测试的度量指标进行分类时，常需要考虑对性能进行评估时所处的技术环境、业务环境或操作环境。下面介绍这 3 种环境下常见的性能测试度量指标。

1. 技术环境

性能测试的度量指标依据技术环境的不同而有所不同。常见的技术环境包括：浏览器、移动端、物联网（IoT）、桌面客户端、服务器端、大型机、数据库、网络。除了这些内容外，性能测试还要考虑应用软件运行的环境特性（如嵌入式系统）。

技术环境相应的度量指标如下：

❑ 响应时间，如每个事务的响应时间、每个并发用户的响应时间、页面加载时间；

❑ 资源利用情况，如 CPU、内存、网络带宽的使用情况，以及网络延迟程度、可用磁盘空间、IO 速率、空闲和繁忙线程比例；

❑ 关键事务吞吐率，即用百分比来表示在一个特定时间周期内可以处理的事务数量；

❑ 批处理时间，如等待时间、产出时间、数据库响应时间、完成时间；

❑ 影响性能的错误数量；

❑ 完成时间，如创建数据所用时间、读取数据所用时间、更新数据和删除数据所用时间；

❑ 后台加载共享资源的能力，在虚拟化环境中需要特别关注它；

❑ 软件本身的度量指标，如代码复杂度。

2. 业务环境

如果从业务或功能的视角出发，则性能度量指标可以包括如下几类：

❑ 业务处理效率，如一个完整业务过程的执行速度，包括正常、备用以及异常的用例流程或业务场景；

❑ 数据、交易以及其他工作执行单元的吞吐量，如每小时订单处理量、每分钟数据行增加量；

❑ 服务水平协议（SLA）的符合或违反率，如单位时间的协议违反数量；

❑ 与使用范围相关的指标，如在指定时间内执行任务的全球或本国用户百分比；

❑ 与使用的并发情况相关的指标，如并发执行一个任务的用户数；

❑ 与使用时段相关的度量指标，如在峰值负载期间能处理的订单数。

3. 操作环境

性能测试在操作方面的性能度量指标更侧重于那些针对非一般用户的任务，针对这些任务的性能指标如下：

❑ 操作过程所花费的时间，如系统环境的启动、数据或软件的备份、关机和恢复（如灾难后的恢复）等所需的时间；

❑ 恢复系统所需的时间，如从一个备份中恢复数据所需的时间；

❑ 警报和警告的反应时间，如系统出现错误后发出警报和警告所需的时间。

2.1.3　合理选择度量指标的方法

应当注意的是，如果选择的度量指标超出了性能测试的要求，则这种对数据的过度收集并不一定是件好事，可能会浪费大量时间和人力资源，甚至可能会使性能测试无法达到预期目标。例如，若要了解不同地区的气温情况，则只选择气温这个度量指标就足够了，但是如果选择空气质量这一度量指标，则包含了气温、湿度、粉尘含量、风速等指标数据，这就会导致过度收集数据，浪费很多资源，甚至使工作人员无法完成任务。

选定的每个度量指标都需要以一种相同的方式收集数据和对数据进行描述，以保证这些数据的客观性、可比性，较好呈现同类性能指标数据间的关联以及一些动态的变化情况，例如随时间变化的趋势等。另外，定义一组能支持性能测试目标并可获得的性能度量指标的集合是非常重要的，也是规划性能测试时的重要任务之一。

借助 GQM（目标–问题–度量）方法能比较好地选择度量指标。GQM 方法最初是为数据的收集和分析而设计的，它的基本思想是：首先确定目标，然后为每个目标提出一组可量化回答的问题，最后对每个问题通过若干特定的度量指标来回答。数据的收集和分析都服务于清晰明确的问题，进而达成定义的目标。GQM 方法从目标梳理到提问建模，再到指标体系构建的做法，能够避免构建度量指标时盲目求大求全、堆砌度量指标、成本过高等问题，使每一个指标都为了服务具体场景及特定目标而存在，也能真正产生有价值的数据。

应当注意的是，GQM 方法并非总适合性能测试过程。例如，某些性能度量指标代表着系统的健康状况，而这些性能度量指标与系统的性能目标没有直接的关联。

性能度量指标的选择和数据收集不是一次性完成的，在对性能度量指标进行初次定义并根据度量指标收集到数据后，可能还需要通过进一步的性能测试以获取更多的性能度量指标，目的是更全面和深入地了解系统真实的性能水平，并确定系统可能需要纠正或优化的地方。

2.1.4　汇总性能测试的结果

汇总性能测试度量指标的结果是为了以一种准确的方式来描述系统性能的总体情况，从而使测试人员理解并正确表达系统的性能特性。如果仅在细节级别查看性能度量指标，就像管中窥豹，很难得出正确和全面的结论，对那些业务利益相关方而言更是如此。

大部分利益相关方的主要关注点是系统、网站或其他测试对象的响应时间是否在可接受的范围内。一旦对性能度量指标有了更深入的理解，测试人员就可以将其汇总，以达到下列目标：

❑ 使得业务和项目的利益相关方看到系统性能的全局画面，即整体状况；
❑ 识别出性能趋势；
❑ 用一种易理解的方式描述或呈现系统的性能特性。

2.1.5　度量指标的关键数据来源

按系统性能度量指标收集数据可能会造成系统性能下降。这就好像在软件测试时在代码的特定位置打入"探针"（如将一段临时的代码作为计数器），来记录代码运行时的一些信息，例如代码运行时单位时间内经过探针的次数和占比，或经过的平均间隔时间等。这些打入的探针会占用内存和耗用 CPU 时间，会对软件的性能产生影响，这称为"探针效应"。在性能测试时也会产生探针效应，应尽可能降低在性能测试过程中因收集数据的工作而对系统性能造成的影响。此外，在性能测试过程中会收集容积、精确度和速度等度量指标数据，而这些数据的收集必须借助工具才能实现。为了收集这些不同的性能度量指标数据，测试人员往往会组合使用工具，但这会导致收集很多不必要或冗余的数据并产生其他问题。

性能测试中度量指标的数据有 3 个关键来源，接下来具体讲解。

1. 性能测试工具

所有性能测试工具都会提供按度量指标收集数据的功能，即测量功能，测量的结果就是可量化的数据。不同工具可能在显示度量指标的数量、展示度量指标数据的方式以及让用户根据特定情况自定义度量指标的能力上有所不同。有些工具以文本格式收集并显示性能指标数据，而更为强大一些的工具则以图形化仪表盘的形式收集和显示性能指标数据。许多工具提供指标数据的导出功能，方便后期的评估以及对测试结果的描述和汇报，也方便与其他工具或系统进行协同和数据共享。

2. 性能监测工具

性能监测工具（例如监视器）通常作为性能测试工具报告（汇报）能力的补充。此外，监测工具可用于系统性能的持续监测，并提醒系统管理员系统性能水平正在下降，系统错误和警报的级别正在提高。这些工具还可用于检测和通报系统可疑行为，例如拒绝服务攻击。

3. 日志分析工具

这些工具可以扫描服务器日志并从中汇集指标数据，其中一些工具可以创建图表以提供数据的图形视图。错误、警报和警告通常记录在服务器日志中，包括如下信息：

❑ 高使用率的资源，如高 CPU 使用率、高磁盘存储量消耗以及带宽不足；

❑ 内存错误和警告，如内存耗尽；

❑ 死锁和多线程问题，尤其是在执行数据库操作时；

❑ 数据库错误，如 SQL 异常和 SQL 超时。

2.1.6　性能测试的典型结果

在功能测试中，特别是在验证特定功能需求或用户故事的功能元素时，我们通常需要清楚地定义预期结果，并据此解释测试结果，以确定测试是否通过。它将事先明确定义的期望结果作为参照物，并将测试的实际结果与此参照物进行比较。

但性能测试中通常缺乏这种信息来源，往往事先不存在标准的、唯一的期望结果（即参照物）。不但利益相关方（例如客户）常常不能很好地阐明性能需求，而且许多业务分析师和产品负责人也很有可能不善于挖掘需求。在定义测试的期望结果上，测试人员能获得的指导通常非常有限。

在评估性能测试结果时，对结果进行仔细观察和分析是非常重要的。由于最初的原始结果可能具有误导性，性能问题可能会隐藏在表面良好的整体结果之下，测试人员需要扒开表象看本质。例如，对于所有关键的潜在瓶颈资源，其资源利用率可能远低于 75%，但关键事务或用例的吞吐量却很小或响应时间很长。

具体的性能测试的结果取决于正在执行的性能测试类型、选定的度量指标以及收集的数据。

2.2 性能测试中的典型度量指标

性能测试度量指标包含系统响应时间、吞吐量、并发用户数、资源利用率、系统错误率等。在性能测试执行期间可以收集大量的度量指标数据，但是采用过多的度量指标可能会使分析变得困难，并对应用程序的实际性能产生负面影响。出于这些原因，识别与实现性能测试目标最相关的度量指标是很重要的。

2.2.1 典型度量指标的选择方法

软件产品的性能在 ISO 25010（或 ISO 25000）、GB/T 25000.10 的产品质量模型中被归类为非功能性质量特性，包括时间特性、资源利用、容量 3 个子特性。

1）**时间特性**。一般来说，评估时间特性是性能测试中最常见的目的。这项测试检查一个组件或系统在特定时间范围和条件下响应用户或系统输入的能力。时间特性的度量指标有多种，如系统响应用户输入的端到端时间，或是一个软件组件执行某项任务使用的 CPU 周期数量。

2）**资源利用**。如果系统资源的可用性是一个风险项，那么对这些资源的利用（例如对有限内存的分配）需要通过特定的性能测试来检测。

3）**容量**。如果在容量极限（如用户数）内的某些系统行为被认定为风险项，则需要执行性能测试来评估系统架构的适用性。

性能测试中的典型度量指标可以在以上非功能性的质量特性中选择。

表 2-1 是国家标准《系统与软件工程 软件测试 性能测试方法》提供的性能测试度量指标，它们可以在 Web 应用、客户端应用、移动应用、嵌入式应用和云应用等的性能测试中使用，包括平均启动时间、数据流量消耗率、电量消耗率和硬件扩展性等性能质量指标。

表 2-1 不同类型系统与软件的性能测试度量指标

子特性	性能质量指标	Web 应用	客户端应用	移动应用	嵌入式应用	云应用
时间特性	平均响应时间	●	●	○	○	●
	响应时间的充分性	●	●	●	●	●
	平均周转时间	●	●			●
	周转时间充分性	●	●			
	平均启动时间			●	○	
	平均吞吐量	●	●			●

（续）

子特性	性能质量指标	Web 应用	客户端应用	移动应用	嵌入式应用	云应用
资源利用性	CPU 平均占用率	○	○	●	●	●
	内存平均占用率	○	●	●	●	●
	IO 设备平均占用率	●			●	
	带宽占用率	●		○	○	●
	数据流量消耗率			●		
	电量消耗率			●	●	
	硬件扩展性	○		○		●
容量	事务处理容量	●	●			
	用户访问量	●	○			●
	用户访问增长的充分性	●	○			●
依从性	性能效率的依从性	●	●	●	●	●

注：●表示强烈推荐采用该性能质量指标；○表示推荐采用该性能质量指标。

在性能测试实践中，性能测试度量指标可依据不同平台的系统和软件的实际需求，参考 GB/T 25000.10–2016 中的系统与软件质量模型和 GB/T 25000.23 中的系统和软件产品质量测量，对表 2-1 所示的指标进行适当增加或剪裁。表 2-2 展示了一组典型的性能测试和监测的度量指标。

表 2-2　性能测试和监测的度量指标样例表

	类型	度量
性能测试	虚拟用户状态	# Passed（通过） # Failed（失败）
	事务响应时间	Minimum（最短时间） Maximum（最长时间） Average（平均时间） 90% Percentile（90% 响应时间）
	每秒事务数	# Passed/second（通过数 / 秒） # Failed/second（失败数 / 秒） # Total/second（总数 / 秒）
	点击率	Hits/second（点击量 / 秒） Minimum（最小点击率） Maximum（最大点击率） Average（平均点击率） Total（总点击率）
	吞吐量	Bits/second（比特 / 秒） Minimum（最小比特率） Maximum（最大比特率） Average（平均比特率） Total（总比特率）

（续）

类型		度量
性能测试	HTTP 每秒响应数	Responses/second（响应数 / 秒） Minimum（最小响应数） Maximum（最大响应数） Average（平均响应数） Total（总响应数） Response by HTTP（HTTP 响应数） response codes（代码响应数）
	WebLogic 中间件	Server/Native IO Enabled（已启用服务器 / 本机 IO） ExecuteQueue/Thread Count（执行队列 / 线程计数） ExecuteQueue/Queue Length（执行队列 / 队列长度） JDBC Connection Pool/Statement Cache Size（JDBC 连接池 / 语句缓存大小）
	WebSphere 中间件	JVM（Java 虚拟机） Connection Pool Size（连接池大小） Statement Cache Size（语句缓存大小） Thread Pool（线程池）
	SQL 数据库	Full Scans/second（全表扫描 / 秒） Number of Deadlocks/second（死锁的数量 / 秒）
	Oracle 数据库	系统全局区（SGA）中数据高速缓存区（Buffer Cache）命中率 系统全局区中重做日志缓存区（Redo Log Buffer）的命中率 共享区（Shared Pool）库缓存区（Library Cache）命中率 共享区数据字典缓存区（Dictionary Cache）命中率 回滚段的争用 回滚段收缩次数 硬盘排序 内存排序和硬盘排序的比例 历史最大会话数 Dispatcher 繁忙率 死锁
性能监测	CPU 使用情况	CPU 利用率（%）
	内存使用情况	内存占用率 ❑ Pages Input/second（输入页 / 秒） ❑ Pages Output/second（输出页 / 秒） 当前空闲的物理内存总量（字节）
	网络使用情况	Received Packets（收到的数据包） Sent Packets（发送的数据包） Input Errors（输入错误） Output Errors（输出错误）

2.2.2 深度解读 18 个典型度量指标

下面将对性能测试中的一些典型指标进行深入解读，这些典型指标包括性能测试中的

各种响应时间、不同类型的用户数、系统处理能力、错误率、成功率、资源占用率、CPU
利用率、内存页交换速率、内存占用率、磁盘的输入 / 输出速度和频率、网络吞吐量以及系
统稳定性等。

1. 响应时间

响应时间指从用户或事务在客户端发起一个请求开始，到客户端接收到从服务器端返
回的响应结束，这整个过程所消耗的时间。在性能测试中，响应时间一般以测试环境中压力
发起端发出请求至服务器返回处理结果的时间为计量，单位为秒或毫秒。

系统的响应时间指标与人对软件性能的主观感受是非常一致的，它完整地记录了整个
计算机系统处理请求的时间。在多层架构下，系统的响应时间是由多个环节的时间构成的，
如图 2-1 所示。

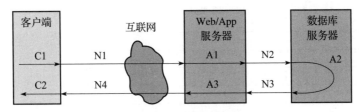

图 2-1　多层架构下的系统响应时间

从图 2-1 中可以看到，一个事务的请求响应时间是由以下几部分组成的。

❑ C1：用户请求发出前在客户端完成预处理所需的时间。

❑ C2：客户端收到服务器返回的响应后，对数据进行处理并呈现给客户所需的时间。

❑ A1：Web/App 服务器对请求进行处理所需的时间。

❑ A2：数据库服务器对请求进行处理所需的时间。

❑ A3：Web/App 服务器对数据库服务器返回的结果进行处理所需的时间。

❑ N1：请求由客户端发出并达到 Web/App 服务器所需的时间。

❑ N2：如果需要进行数据库相关的操作，由 Web/App 服务器将请求发送至数据库服务
　　器所需的时间。

❑ N3：数据库服务器完成处理并将结果返回 Web/App 服务器端所需的时间。

❑ N4：Web/App 服务器完成处理并将结果返回给客户端所需的时间。

对此，需要说明如下几点。

❑ 客户端处理时间：C1+C2。

❑ 网络传输时间：N1+N2+N3+N4。

❑ Web/App 服务器处理时间：A1+A3。

❑ 数据库服务器处理时间：A2。

❑ 系统的响应时间 = 网络传输时间 +Web/App 服务器处理时间 + 数据库服务器处理时
　　间 =N1+N2+N3+N4+A1+A3+A2。

□ 事务的响应时间 = 系统的响应时间 + 客户端处理时间 =N1+N2+N3+N4+A1+A3+A2+ C1+C2。

需要注意的是，在性能测试实践中，为了使响应时间更具代表性，响应时间通常是指事务的平均响应时间 ART（Average Response Time），即在系统稳定运行的时间段内同一事务的平均响应时间。如图 2-2 所示，横轴表示并发用户数，纵轴表示系统某事务的平均响应时间 ART。随着并发用户数的增加，该事务的处理时间变长，并发用户数越多，响应速度越慢。当并发用户数从 20 个上升到 40 个时，平均响应时间只有轻微的变化。当并发用户数从 40 个上升到 60 个时，平均响应时间出现明显增加。

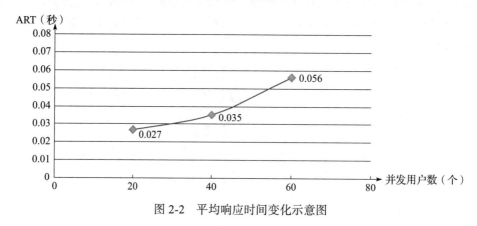

图 2-2　平均响应时间变化示意图

在实践中要注意，不同行业、不同业务可接受的响应时间是不同的。一般情况下，对于在线实时交易，可接受的响应时间参考如下。

□ 互联网企业：500 毫秒以下，例如淘宝业务为 10 毫秒左右。

□ 金融企业：1 秒以下为佳，部分复杂业务为 3 秒以下。

□ 保险企业：3 秒以下为佳。

□ 制造业：5 秒以下为佳。

针对不同数据量，响应时间是不一样的，在大数据量的情况下，系统可能需要 2 小时才能实现响应。测试人员应该更好地理解不同行业、不同业务用户对系统响应能力的期望和容忍度，这对做好性能测试是很有帮助的。

在性能测试实践中，平均响应时间的阈值相当于响应时间的边界值，可根据不同的事务分别设定。例如，事务可分为复杂事务、简单事务和特殊事务。其中，对特殊事务响应时间的设定须明确该事务在响应时间方面的特殊性。

2. 用户数

从不同的角度来看，用户可以分为系统注册用户数、在线用户数和并发用户数。其中，并发用户数指在同一时间段内，同时向系统提交请求的用户数。用户并发提交的请求可能是在同一个场景中发生或使用同一个功能，也可能是不同场景或功能。在实践中，并发用户会在同一时间段内在系统上做同一件事情或者同一个操作，这种操作一般为同一类型的业务操作。

系统所能承受的并发用户数量与系统的吞吐量、系统的响应时间存在一定的关系，如图 2-3 所示。

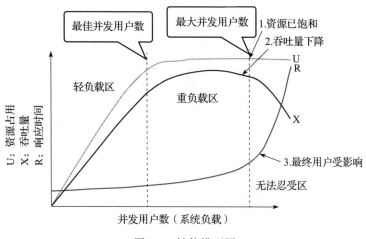

图 2-3　性能模型图

图 2-3 中有 3 条曲线，曲线 U 表示资源的占用情况（包括硬件资源和软件资源），曲线 X 表示系统的吞吐量（这里指每秒处理的事务数），曲线 R 表示系统的响应时间，横轴表示并发用户数（系统负载），从左到右表示并发用户数不断增长。

在图 2-3 中，随着并发用户数的增长，在并发用户数不多的前期，资源占用率和吞吐量会相应增长，但是响应时间的变化不大。当并发用户数增长到一定程度后，资源占用达到饱和，吞吐量增长明显放缓甚至停止，而响应时间却进一步延长。如果并发用户数继续增长，资源占用继续维持在饱和状态，但是吞吐量开始下降，响应时间明显在快速变长（响应速度变慢），超出了用户可接受的范围，并且最终导致用户放弃了这次请求，甚至离开使用的系统。

根据这种性能表现，图 2-3 划分了 3 个区域，分别是轻负载区，有较小的负载；重负载区，有较大的负载；以及无法忍受区，由于负载太大，系统的反应时间太长，用户无法忍受并可能放弃请求。在轻负载区和重负载区交界处的并发用户数，称为最佳并发用户数，而重负载区和无法忍受区交界处的并发用户数称为最大并发用户数。

在系统建设的规划阶段，有时候需要预测和提供系统能够支撑的并发用户数，作为系统建设的性能要求（需求）。此时可以根据系统规划的注册用户数、同时在线用户数及用户对系统的预期使用场景等进行分析，计算系统的并发用户数。

其中，系统注册用户数即系统规划的注册用户数量。例如对于某个业务系统，预计使用该系统的注册用户总数是 5 万人，那么这个数量就是系统注册用户数。注册用户是系统的潜在用户，他们随时都有可能登录系统和使用系统。这个指标的意义在于让利益相关方了解系统中的用户总量和系统最多可能承载多少用户同时在线。同时在线用户数是指在某一时刻已经登录的用户数量。在线用户数只是统计了某一时刻登录了系统的同时在线的用户数量，这些用户不一定都在对系统进行操作，不会对服务器产生压力。

平均并发用户数的计算公式：

$$C = n \times L/T$$

其中：

❑ C 代表平均并发用户数；

❑ n 是平均每天的访问用户数；

❑ L 是一天内用户从登录系统到退出系统的平均时间；

❑ T 是使用时间长度，即一天内多长时间有用户使用系统。

系统的具体并发用户数取决于具体的业务逻辑和业务场景。根据经验，一般应用系统并发用户数为在线用户数的 10% ~ 20%。基于泊松分布理论，并发用户数的峰值计算公式：

$$P = C + 3\sqrt{C}$$

其中：

❑ P 代表并发用户峰值，即最大并发用户数；

❑ C 是平均并发用户数。

一般情况下，大型系统（业务量大、机器多）做压力测试会选取 1 万 ~ 5 万个并发用户，中小型系统做压力测试选取 5000 个用户比较常见。

3. 系统处理能力

系统处理能力是指系统利用硬件平台和软件平台进行信息处理的能力，通常是性能测试中必须获得的指标。系统处理能力一般用系统的吞吐量，即系统在单位时间内能够完成的事务数量来衡量。例如，系统每秒处理事务数也称为每秒事务数，即 TPS（Transaction Per Second）。从业务的角度看，系统处理能力也可以用页面数 / 秒、人数 / 天、处理事务数 / 小时等单位衡量。

系统的 TPS 一般可以通过性能测试工具在性能测试过程中自动获取，也可以通过对日志的分析计算获得。注意，在衡量系统处理能力指标 TPS 时，需要说明相关的前提条件，如并发用户数及存储上限、网络带宽等系统资源限制情况。

在没有性能瓶颈的情况下，TPS 与并发用户数之间存在一定的联系，可以采用以下公式计算：

$$F = V_U \times R/T$$

其中：

❑ F 代表 TPS；

❑ V_U 是并发用户数；

❑ R 是每个并发用户发出的事务请求数；

❑ T 是性能测试所用的时间。

如图 2-4 所示，横轴表示并发用户数，纵轴表示系统每秒处理的事务数，在系统资源不受限制的情况下，随着并发用户数的增加，被测系统的处理能力稳步上升。

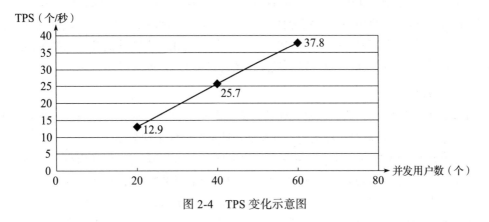

图 2-4　TPS 变化示意图

TPS 是衡量系统处理能力非常重要的指标。在业界，一般用 TPS 来衡量整个业务流程，而且其数值越大越好。对于新建设系统，若没有历史数据做参考，可以根据经验参照同行业系统，并结合具体业务，由业务部门评估 TPS 标准。一般行业中的 TPS 参考标准如下。

- ❏ 金融行业：1000 ～ 50 000TPS，不包括互联网化的活动。
- ❏ 保险行业：100 ～ 100 000TPS，不包括互联网化的活动。
- ❏ 制造行业：10 ～ 5000TPS。
- ❏ 互联网电子商务：10 000 ～ 1 000 000TPS。
- ❏ 互联网中型网站：1000 ～ 50 000TPS。
- ❏ 互联网小型网站：500 ～ 10 000TPS。

4. 错误率

错误率指的是系统在负载情况下出现失败交易的概率。错误率的计算公式如下：

$$错误率 = (失败交易数 ÷ 交易总数) × 100\%$$

不同系统对错误率的要求不同，但一般不超出 6‰，即成功率不低于 99.4%。在测试过程中，若系统错误率升高，则说明系统的可用性在变差。稳定性较好的系统，它的错误率通常是由超时引起的，即为超时率。

5. 成功率

成功率是指系统处于某种负载压力下出现成功交易的概率。成功率的计算公式如下：

$$成功率 = (成功交易数 ÷ 交易总数) × 100\%$$

不同系统对成功率的要求不同，业界中系统成功率一般不低于 99.4%。

6. 资源占用率

资源占用率也称为资源利用率或资源使用率，指系统在负载运行期间对资源的使用程度，包括数据库服务器、应用服务器、Web 服务器的 CPU、内存、硬盘、外置存储、网络带宽等资源的占用率。

资源占用率是测试和分析系统性能瓶颈的主要参考。通常低于 20% 的使用率表示资源空闲，20% ～ 60% 的使用率表示资源使用稳定，60% ～ 80% 的使用率表示资源使用饱和，超过 80% 的资源使用率表示必须尽快进行资源调整和优化。系统的资源占用率可通过性能测试工具的资源监视器获取，也可以通过操作系统自带的一些监测工具获取。

7. CPU 利用率

CPU 即中央处理器，是一块超大规模的集成电路，也是一台计算机的运算核心和控制核心。它的功能主要是解释计算机指令以及处理计算机软件中的数据。

CPU 利用率指用户进程与系统进程占用服务器 CPU 的百分比，包括用户态（user）、系统态（sys）、等待态（wait）、空闲态（idle）。CPU 利用率是判断系统处理能力以及运行是否稳定的重要参数。如果该值持续超过 95%，则表明系统瓶颈是 CPU，可以考虑增加一个 CPU 或更换一个更快的 CPU。CPU 利用率一般可接受的最大上限是 85%，合理使用的范围为 60% ～ 70%。

CPU 资源成为系统性能瓶颈的征兆主要如下：

❏ 响应时间很长；

❏ CPU 空闲时间为零；

❏ 用户占用 CPU 时间过高；

❏ 系统占用 CPU 时间过高；

❏ 长时间运行很长的进程队列。

8. 内存页交换速率

内存页交换是以页面为单位将固定大小的代码和数据块从 RAM（随机存储器）移动到磁盘的过程，其目的是释放内存空间。

尽管内存页交换能使操作系统使用更多的内存，但频繁的内存页交换将降低系统性能，而减少内存页交换将显著提高系统的响应速度。如果系统页交换频繁，即内存页交换速率高，则说明系统的内存可能不足。

内存页交换速率可通过性能测试工具的资源监视器获取，也可以通过操作系统自带的一些监测工具获取。如果该值偶尔升高，则表明当时有线程竞争内存。如果该值持续很高，则内存可能是瓶颈，也可能是内存访问命中率低。

9. 内存占用率

内存是计算机中重要的部件之一，它是与 CPU 进行沟通的桥梁。计算机中所有程序的运行都是在内存中进行的，因此内存的性能对计算机的影响非常大。

内存占用率的计算公式是：

$$内存占用率 = \left(1 - \frac{空闲内存大小}{总内存大小}\right) \times 100\%$$

通常情况下，系统一般至少有 10% 可用内存，内存占用率可接受上限为 85%。

如图 2-5 所示，随着横轴并发用户数的增加，系统 CPU 利用率在增加，系统内存占用率也在增加，但 CPU 利用率的增长速度明显高于内存占用率。

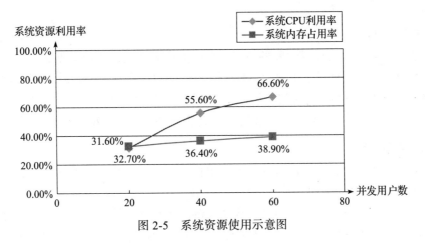

图 2-5　系统资源使用示意图

注意，为了最大限度利用内存，现在的操作系统在内存中设置了缓存，因此即便内存利用率为 100% 也并不一定代表内存有瓶颈，衡量系统内存是否有瓶颈主要看与虚拟内存的交换空间利用率。一般情况下，交换空间利用率要低于 70%，太多的交换将会引起系统性能低下。

内存资源成为系统性能瓶颈的征兆包括：

❑ 很高的内存页交换速率；

❑ 进程进入不活动状态；

❑ 交换区所有磁盘的活动次数很高；

❑ 很高的全局系统 CPU 利用率；

❑ 内存不足或出错。

10. 磁盘 IO

磁盘是指系统用于存储数据的设备。磁盘 IO 操作主要包括从存储设备上读取数据以及写入数据到存储设备上这两种操作。存数据的时候对应的是写操作，取数据对应的是读操作。

一般使用 Disk Time（磁盘用于读写操作所占用的时间百分比）和 Disk Rate（磁盘交换率）衡量磁盘的读写性能。性能测试过程中，如果被测系统对磁盘读写过于频繁，Disk Rate 的值很高，则会导致大量请求处于 IO 等待的状态，系统负载升高，响应时间变长，吞吐量下降。上述这些现象均表明 IO 有问题，可能存在磁盘瓶颈，此时可考虑更换更快的硬盘系统。

IO 资源成为系统性能瓶颈的征兆包括：

❑ 过高的磁盘利用率；

❑ 太长的磁盘等待队列；

□ 等待磁盘 IO 时间所占的时间百分比太高；

□ 太长的运行进程队列，但 CPU 却空闲；

□ 太高的物理 IO 速率；

□ 过低的缓存命中率。

11. 磁盘吞吐量

磁盘吞吐量是指在无磁盘故障的情况下单位时间内通过磁盘的数据量。磁盘吞吐量一般使用每秒总字节数来度量，单位为字节/秒。磁盘指标主要有每秒读写多少 MB、磁盘繁忙率、磁盘队列数、平均服务时间、平均等待时间、空间利用率等。其中磁盘繁忙率是直接反映磁盘是否有瓶颈的重要依据，一般情况下磁盘繁忙率要低于 70%。

12. 网络吞吐量

网络吞吐量是指在无网络故障的情况下单位时间内通过网络的数据量，表示发送和接收字节的速率。网络吞吐量的单位一般是字节/秒。

网络吞吐量用于衡量系统网络设备或系统链路的数据传输能力，可通过专门的网络监测工具获取。在实际性能测试中，如果发现系统始终报连接超时错误，而通过手工方式可以正常访问系统，那么可以使用 ping 指令通过应用服务器 IP 或网关 IP 来检查网络的稳定性，如果出现网络严重延迟或丢包，则说明网络不稳定，需要检查网络。

网络吞吐量也可以表示网络的带宽占用率，通过该值和网络的带宽比较，可以判断出网络连接速度是不是瓶颈。如图 2-6 所示，随着横轴并发用户数的增加，网络吞吐量也在增加，网络吞吐量的增长率与并发用户数的增长率基本相同。

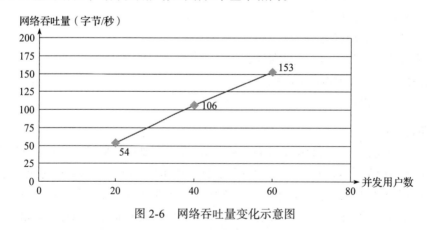

图 2-6　网络吞吐量变化示意图

一般情况下，网络吞吐量不能超过设备或链路最大传输能力的 70%，如果网络吞吐量指标接近网络设备或链路的最大传输能力，则需要考虑升级网络设备。

13. 系统稳定性

系统的稳定性指标通常使用系统的最短稳定时间来表示，即系统在最大容量的 80% 或标准压力（系统的预期日常压力）下能够稳定运行的最短时间。

一般来说，对于正常工作日（8 小时）运行的系统，至少应该保证稳定运行 8 小时以上。对于 7 天 24 小时不间断运行的系统，至少应该够保证稳定运行 24 小时以上。

在系统稳定运行的时间段内观察系统的 TPS 曲线，TPS 曲线应该是稳定的，不应出现大幅度波动，且系统各项资源指标没有出现泄漏或异常情况。如果系统不能稳定运行，随着系统上线后业务量增长和长时间运行，系统将会面临性能下降甚至崩溃的风险。

14. 系统扩展性

系统扩展性指应用软件或操作系统以群集方式部署时，增加的硬件资源与获得的处理能力之间的关系。

系统扩展性指标的计算公式如下：

$$系统扩展性 = \frac{增加性能}{原始性能} \div \frac{增加资源}{原始资源} \times 100\%$$

评估系统的扩展能力应通过多轮测试获得扩展性指标的变化趋势。一般扩展能力非常好的应用系统，扩展性指标的变化曲线应是线性或接近线性的。现在很多大规模的分布式系统的扩展能力非常好。理想的系统扩展能力是资源增加几倍，性能就提升几倍。扩展性指标的值至少为 70%。

15. 内核参数

操作系统的内核参数主要包括信号量、进程、文件句柄等，如表 2-3 所示。系统运行期间，一般保证这些参数的值不超过设置的参考值即可。

表 2-3 内核参数表

参数指标	单位	解释
Maxuprc	个	每个用户的进程的最大数量
Max_thread_proc	个	定义每个进程允许的最大线程数量
Filecache_max	字节	最大可用于缓存文件输入输出的物理内存
Ninode	个	内存中 HFS 文件系统打开 i 节点的最大数量
Nkthread	个	限制允许同时运行的线程数量
Nproc	个	限制允许同时运行的进程数量
Nstrpty	个	基于 STREAMS 的伪终端（pts）的最大数量
Maxdsiz	字节	任何用户进程的数据段的最大值
maxdsiz_64bit	字节	任何用户进程的数据段的最大值
maxfiles_lim	个	每个进程的文件描述符的最大数量的硬限制
maxssiz_64bit	字节	任何用户进程的堆栈的最大值
Maxtsiz	字节	任何用户进程的文本段的最大值
nflocks	个	文件锁的最大数量
maxtsiz_64bit	字节	任何用户进程的文本段的最大值
msgmni	个	系统级 System V IPC 消息队列所允许的最大数量

（续）

参数指标	单位	解释
msgtql	个	系统中任意时间的最大 System V IPC 消息数量
npty	个	BSD 伪终端（pty）的最大数量
nstrtel	个	指定内核可支持传入 telnet 会话的 telnet 设备文件的数量
nswapdev	个	可用于交换的设备的最大数量
nswapfs	个	可用于交换的文件系统的最大数量
semmni	个	System V IPC 系统级信号量标识符的数量
semmns	个	System V 系统级信号量的数量
shmmax	字节	System V 共享内存段的最大值
shmmni	个	系统中 System V 共享内存段标识符的数量
shmseg	个	每个进程 System V 共享内存段的最大数量

16. 中间件指标

对于常用的中间件（如 Tomcat、WebLogic），指标主要包括 JVM、ThreadPool、JDBC 等，具体如表 2-4 所示。

表 2-4　常用中间件指标列表

一级指标	二级指标	单位	解释
GC	GC 频率	每秒多少次	JVM 垃圾部分回收频率
	Full GC 频率	每小时多少次	JVM 垃圾完全回收频率
	Full GC 平均时长	秒	用于垃圾完全回收的平均时长
	Full GC 最大时长	秒	用于垃圾完全回收的最大时长
	堆使用率	百分比	堆使用率
ThreadPool	Active Thread Count	个	活动的线程数
	Pending User Request	个	处于排队的用户请求个数
JDBC	JDBC Active Connection	个	JDBC 活动连接数

对于中间件指标，行业的参考标准如下。

❑ GC 频率不能过高，特别是 Full GC。在系统性能较好的情况下，一般 JVM 最小堆大小和最大堆大小分别设置为 1024MB 比较合适。

❑ 当前正在运行的线程数不能超过设定的最大值。在系统性能较好的情况下，一般线程数最小值设置为 50，最大值设置为 200。

❑ 当前运行的 JDBC 活动连接数不能超过设定的最大值。在系统性能较好的情况下，一般 JDBC 最小值设置为 50，最大值设置为 200。

17. 数据库指标

对于常用的数据库（如 MySQL），指标主要包括 SQL、吞吐量、命中率、连接数等，具体如表 2-5 所示。

表 2-5　常用数据库指标列表

一级指标	二级指标	单位	解释
SQL	耗时	微秒	执行 SQL 耗时
吞吐量	QPS	个	每秒查询次数
	TPS	个	每秒事务处理次数
命中率	Key Buffer 命中率	百分比	索引缓冲区命中率
	InnoDB Buffer 命中率	百分比	InnoDB 缓冲区命中率
	Query Cache 命中率	百分比	查询缓存命中率
	Table Cache 命中率	百分比	表缓存命中率
	Thread Cache 命中率	百分比	线程缓存命中率
锁	等待次数	次	锁等待次数
	等待时间	微秒	锁等待时间

对于数据库指标，行业的参考标准如下：

❑ SQL 耗时越小越好，一般情况下为微秒级别；

❑ 命中率越高越好，一般情况下不能低于 95%；

❑ 锁等待次数越少越好，等待时间越短越好。

18. 前端指标

前端指标主要包括页面展示和网络连接消耗的时间，具体如表 2-6 所示。

表 2-6　常用前端指标列表

一级指标	二级指标	单位	解释
页面展示	首次显示时间	毫秒	从在浏览器地址栏输入 URL 按回车开始，到用户看到网页的第一个视觉标志为止的时间
	OnLoad 事件时间	毫秒	浏览器触发 OnLoad 事件的时间，当原始文档和所有引用的内容完全下载后才会触发这个事件
	完全载入时间	毫秒	所有 JavaScript 中的 OnLoad 函数处理程序执行完毕所需时间，所有动态的或延迟加载的内容都通过这些处理程序触发
页面数量	页面大小	KB	整个页面大小
	请求数量	次	从网站下载资源时所有网络请求的总数，尽量小
网络	DNS（域名系统）时间	毫秒	DNS 查找时间
	连接时间	毫秒	浏览器与 Web 服务器建立 TCP/IP 连接的时间
	服务器时间	毫秒	服务器处理时间
	传输时间	毫秒	内容传输所用时间
	等待时间	毫秒	等待某个资源释放的时间

在实践中，前端页面要尽可能小，因为这样页面展示就会越快，花费的时间就会越短，用户体验就会越好。

企业性能测试成熟度

当前大部分企业的业务系统都在快速迭代，软件有更多样化的开发模式，企业在软件质量上面临的挑战越来越大，而传统软件测试模式关注更多的是如何进行验收测试，这意味着单点工具结合人海战术的性能测试模式已无法实现高质量的持续交付要求。很多技术测试工具不仅增加了从业人员的工作量，还提高了使用门槛，导致性能团队的价值无法体现甚至被质疑。在这种背景之下，性能团队成员需要持续提升 3 个方面的能力，包括技术能力、质量意识、测试体系，来更好地保障系统的性能、容量及稳定性等，最终为企业 IT 系统的快速迭代带来价值。

基于以上情况，本书针对不同行业、不同背景、不同系统现状的企业进行调研，调研主要包括企业背景、性能业务两个方面。

企业背景调研内容如表 3-1 所示。

表 3-1　企业背景调研内容

调研类目	企业现状
企业的研发体系	自研
	外采
	自研 + 外采
企业的业务属性	2C
	2B
	2G
企业的业务体量	用户量
	交易量

（续）

调研类目	企业现状
企业的 IT 系统迭代频率	业务迭代较快，如两周迭代一次
	业务迭代较为稳定，如半年或一年迭代一次

性能业务调研内容如表 3-2 所示。

表 3-2　性能业务调研内容

调研类目	企业现状
质量团队结构及规模	有不同测试分类的独立管理和实施团队
	有不同测试分类的独立管理团队（无实施团队）
	有统一负责所有不同测试分类的工程师
	无测试工程师，研发自测
性能测试的重要性	所有系统上线性能质量红线
	重要系统上线性能质量红线
	性能测试为非必要测试
性能测试的流程及规范	有标准化的性能测试实施流程和规范
	只有性能测试实施流程
	无相关流程
性能测试工具平台	使用开源工具平台，如 JMeter、Gatling 等
	使用收费工具平台，如 PerfMa XSea、LoadRunner、阿里云 PTS（Performance Testing Service）等
	使用自研工具平台，如京东的 ForceBot、字节跳动的 Rhino、美团的 Quake 等

调研企业包括银行、证券、保险、连锁快消、交通运输、传统制造业等多个行业中的300 多家企业，调研以专家访谈方式开展，交流对象包括但不限于企业内部性能或质量团队的负责人，参与了部分企业内部具体性能测试项目的实践过程。通过本次调研，梳理了企业在性能测试领域的内容项情况，并且对内容项的成熟度进行了定义。接下来本章将重点围绕企业的性能测试成熟度展开介绍，同时整理了调研过程中发现的企业在性能测试方面的常见误区。

3.1　性能测试成熟度定义及自评

结合企业性能测试的调研和分析发现，由于企业自身 IT 系统建设处于不同的阶段，性能测试在企业内部的发展也会处于不同的成熟度阶段。为了让企业内部的人员，特别是 IT工程师能够更加清晰地认识企业自身的成熟度等级，以及了解如何通过持续的建设来完成下一个等级的建设，最终让企业在性能测试成熟度方面达到性能工程化的等级，接下来会对影响性能测试成熟度模型的内容项来进行归类和分析，并结合不同内容项的情况来进行性能测试成熟度模型的定义。企业可结合成熟度模型的定义来进行自我评测，了解自身所处的阶段，并且建立明确的目标来持续提升成熟度等级。

3.1.1 影响性能测试成熟度的内容项

企业如何更细化地了解哪些内容会对性能测试成熟度存在影响呢？接下来会对以下 5 个内容项进行描述，从而让企业能够更加准确、更有针对性地进行提升。具体的内容项如表 3-3 所示。

表 3-3 影响性能测试成熟度的 5 个内容项

序号	内容项
1	性能测试流程规范
2	性能测试环境
3	工具及平台
4	性能测试团队
5	性能测试价值度量

下面对这些内容项进行详细介绍。

1. 性能测试流程规范

性能测试流程规范是性能测试最重要的内容之一，越成熟的性能测试，其流程规范越能确保测试的有序执行及团队的稳定发展。测试团队能进一步通过标准、规范的流程来保证生产业务系统在生产环境中的稳定。通过对多家企业进行调研走访，笔者总结出如下几类常见规范。

（1）性能需求型模式下的流程规范

性能需求型模式是指在性能测试实施过程中，一般因为项目上线需要或者业务活动需要，项目开发团队或业务团队作为需求方来提出性能测试的实施需求的模式。在这种模式下一般是从开发或者业务的角度来选择需要测试的功能，工作人员往往在内部没有任何流程的情况下就开始实施性能测试，只是为了系统能够上线或者避免活动时出现生产故障。同时在企业内部也缺乏专业的性能测试工程师，性能测试工作会由开发工程师或者功能测试工程师来完成，很少由全职的性能测试工程师来完成。

在性能需求型模式下，性能测试执行的启动基本没有规划，可以总结为"提出性能需求——实施性能测试——整理测试结果"三大步骤，主要依靠人来驱动，实施过程中各环节的设置相对粗糙，缺少标准的流程和规范。这样的测试资产基本无法得到复用或者为后续工作提供参考，性能测试结果无法得到持续总结和沉淀。

性能需求型模式下的性能测试在流程规范上还不够完善，导致测试的内容不全。虽然能发现性能问题，但是其测试结果仅能作为上线前的参考，不具备准确的性能容量指导意义。随着性能测试需求的不断增加，需要开展性能测试的系统越来越多，而由于没有标准的流程规范，为了满足项目组申请的大量性能测试需求，测试团队常以人员扩张的方式应对，即通过人海战术完成性能测试需求。这就带来了一定程度上无效的成本投入和更多的团队管理问题。另外，由于测试工程师的技术能力的不足，在这种模式下测试完成的系统在生产环境或活动期间依然可能出现性能故障，使整个测试团队或者质量团队被质疑。

（2）性能常态化模式下的流程规范

性能常态化模式是指在性能测试实施过程中，企业内部的不同部门，包括业务团队、开发团队、测试团队和运维团队等多方共同制定并执行内部达成一致的性能测试实施流程规范的模式。该模式下的性能测试通过流程规范形成了人员执行的准入准出条件，能有效并有序地实现各项目的性能测试，过程中通过人工评审来保障流程规范的顺利执行。

该模式下的企业大部分也经历过性能需求型模式的阶段。由于在需求型模式下，人员扩张带来了一定成本，并最终无法实际保障生产环境的稳定性，因此性能测试团队开始寻求变化。性能常态化模式不仅可以提升测试团队价值，还可以提升生产环境的稳定性。在这样的性能测试团队中，性能测试体系建设主要包括如下两大方面工作。

1）阶段性规划，主要明确性能测试执行的 6 个阶段，以及每个阶段需要完成的工作任务，同时依照标准进行操作，并形成指定的过程产物作为下一阶段的准入材料。通过这样的方式，可以确保从测试需求到测试结束全流程的规范性和准确性。测试执行的 6 个阶段包括测试规划阶段、测试准备阶段、调试与确认阶段、测试执行阶段、报告编写阶段、项目总结阶段。各个阶段中的实际内容不在本章中展开，感兴趣的读者可以详细查看第 4 章内容。

2）测试模型规划，主要明确在性能测试执行过程中需要提前考虑或规划的内容，主要目的是解决性能测试团队中人员技能成熟度不一的问题。在测试执行阶段，不同的脚本、用例、配置均会影响最终的测试结果，而测试工程师对与这些内容的把控则至关重要，因此需要在团队内部明确并执行统一的性能测试模型，确保每位测试执行者均按照相同的规范进行性能测试，以确保性能测试的全面性、准确性和有效性。性能测试模型主要包括业务模型、数据模型、监控模型、策略模型、风险模型、执行模型。各个模型中的实际内容不在本章中展开，感兴趣的读者可以详细查看第 5 章内容。

（3）性能平台化模式下的规范流程

该模式下的企业的 IT 建设成熟度较高，并且大部分已落地持续集成和持续交付（CI/CD）的流水线平台，IT 团队偏向敏捷化。在这样的情况下，传统的靠人驱动的性能测试规范已经无法支撑持续交付和高质量交付的要求，因此急需使性能测试的部分流程实现平台化。

平台化的优势如下。

1）平台化的实现能减少人工的投入，针对一些重复的执行操作，由平台代替人工，以达到提升测试效率的目的。常见的可复用操作包括：测试规划阶段的类似测试计划复用；测试准备阶段的测试资产分类管理；调试与确认阶段的日志汇总；测试执行阶段的环境自动检查、压力机智能调度、测试数据自动切分；报告编写阶段的数据自动汇总；项目总结阶段的资产存档等。

2）平台化的实现在减少重复性工作的同时能释放性能测试工程师更多的时间及精力，使其专注于新业务的调研、测试脚本的书写、测试场景的覆盖，逐渐对业务项目实施全系统、全工程、全接口的全量覆盖。并且，平台化的实现能针对已有业务定期开展性能巡检，强化性能评估频率，建立基线库。

3）平台化的实现使测试团队在具备一定的对接能力后，可以与现有的 CI/CD 流程平台进行系统级对接，补足在持续集成、持续发布过程中需要的持续测试能力，基于流水线能力快速进行性能回归测试，性能测试结果基于基线的判断也可作为后续流程的准入触发条件，形成一体化的流程体系。

2. 性能测试环境

性能测试环境是性能测试开展的基础，基于调研的数据，通过分析整合，笔者对性能测试环境总结出如下几类情况。

（1）无性能测试环境

完全无性能测试环境的企业，根据不同的业务属性可以分为如下两类。

1）开发自测型。企业不够重视性能测试质量，系统的性能测试均由系统的开发工程师自行完成，开发工程师仅进行单接口的自测，自测结束后发布上线，测试结果对生产环境下的真实用户场景缺乏参考意义。在项目紧急发布时，不进行性能测试就发布上线，将性能问题暴露在生产环境中，很可能给企业及用户带来一定的损失。

2）多供应商自测型。无性能团队或无 IT 团队的企业，对系统的开发及测试在很大程度上依赖于外包工程师，企业内部团队仅负责业务运营，其中大量的性能测试由外包工程师在开发环境下自研自测，外包工程师在测试完成后交付测试报告给企业内部团队进行验收。部分企业的验收团队也会在系统上线前基于发布环境进行性能测试，验证其性能结果及报告是否与外包团队提供的测试报告一致。此类现象主要集中在外企。

以上两种情况均导致系统在生产环境处于"裸奔"状态，在日常运行或活动期间容易发生性能故障，因此业务中断。由于企业内部的 IT 团队只能对生产环境中出现的性能故障进行单点优化，无法模拟用户的使用场景进行测试，因此优化后的效果无法得到有效评估，只能通过生产环境下的真实用户使用反馈来判断优化效果，这可能造成业务系统进入无解的性能故障"死循环"。

（2）性能测试与功能测试共用测试环境

多数企业属于这类情况。此时企业会综合考虑投入的 IT 成本，在准备硬件资源时优先满足生产环境所需的配置。企业针对内部测试环境的搭建以满足功能测试的需求为主，一般通过最小配置的资源投入来完成测试环境的准备。

在企业没有独立的性能团队负责性能测试时，一般由几位功能测试工程师兼顾性能测试的工作职能，因此性能测试的执行只能覆盖重要系统的核心业务接口，测试执行很难形成规范，并且在性能测试执行过程中可能存在与功能测试共用测试环境的情况，导致测试结果容易出现偏差，测试数据混乱。为了确保性能测试结果的正确性，一方面需要确保测试环境没有被并行使用，另一方面需要通过重复执行性能测试进行验证。

由于功能测试环境普遍使用的是应用单节点部署模式，因此测试结果仅能反映应用在单节点的性能表现，针对高可用、分布式多节点部署模式下的生产环境，该性能测试结果只能作为一定参考，无法真实评估系统生产环境的性能情况。

共用测试环境导致性能测试结果的不全面，所以系统在生产环境发布后，依然容易出现性能故障。如果生产环境频繁出现性能故障，整个性能测试团队就会遭受质疑，性能测试工程师也会被"为什么做了性能测试还有这么多生产性能故障？"等类似问题拷问。由于看不到投入后的产出，部分企业甚至会降低测试的投入，团队因此面临"巧妇难为无米之炊"的局面。

（3）有独立的性能测试环境

有独立的性能测试环境的企业基本上都具备相对成熟的标准流程和规范，并且测试团队具备专职的性能测试工程师。在企业内部一般分为两种情况：第一种情况是资源池模式，即按项目需求以实际生产环境的配置进行资源的申请，通过资源池进行分配，待项目结束后资源释放回收；第二种情况是常态模式，比如针对核心业务系统有独立、稳定的性能测试环境。业务系统在测试环境的部署架构参考生产环境，一般从同架构、等比例两个维度表现。

1）同架构：指测试环境的搭建与生产环境完全一致，比如生产环境是高可用的，测试环境搭建也必须高可用。

2）等比例：指测试环境的搭建基于生产环境的配置情况进行等比例压缩，如某个业务系统在生产环境中，A 服务部署 8 个应用节点，B 服务部署 4 个应用节点，那么性能测试环境搭建时可按照 A 服务部署 4 个应用节点、B 服务部署 2 个应用节点这种二分之一的配置方式进行，另外针对数据库等可以采用生产环境配置的二分之一进行准备。

基于独立的性能测试环境，性能测试团队能够开展更多类型的性能测试，从而发现更多的性能问题，不仅限于单节点的性能验证，还可以探索或实践全链路的性能测试，获取基于业务视角和用户视角的整体系统性能表现的数据，从而形成业务场景的性能基线。常态化的性能测试产生的基线数据可以为系统在生产上的日常运行及重大活动提供参考和容量规划等方面的建议。

3. 工具及平台

对当前行业和企业使用的性能测试工具进行调研后，笔者对常见工具及平台进行分类、汇总，主要概括为如下几类。

（1）性能测试压测工具

企业内部的性能测试团队主要使用开源（或商用）的压测工具，常见开源工具包括 JMeter、Gatling、LoadRunner 等，这些工具普遍应用于各行各业，其中以项目制测试组织为多。这些企业的性能测试团队关注点在于性能测试的执行层面，受限于测试工具，在人员的技能培训、测试流程的规范性、测试过程的沉淀、性能问题的发现、测试资产的复用等方面相对薄弱。

在性能测试的执行中，由于工具仅能执行发压，因此测试前的规划、准备，以及测试后的数据总结全依赖人力完成，在时间上存在大量的消耗，在执行质量上受性能测试工程师的经验限制，这可能导致测试数据出现偏差，使测试结果不具备实际的参考价值。

（2）性能测试压测平台

企业客户的性能测试团队已经开始基于常见压测工具进行二次开发，结合企业内部的测试流程，整合出一体化的线上性能压测平台。随着业务的发展，传统性能测试工具已经成为提升效率的瓶颈，大量人工的统计和操作制约了性能团队的提速，因此平台化的二次改造则变得至关重要。通过调研发现，目前企业内部主要进行二次开发的功能分为3类：管理类功能、统计类功能、执行跟踪类功能。

1）管理类功能，主要包括人员权限管理、资产关联管理等。在多项目、多人员的测试团队中，平台按照业务线或系统类型，将不同脚本、场景、报告、测试记录归类至对应的业务或系统下，确保资产之间不出现混用、乱用的情况。同时，将资产与人员建立关联关系，只有对应的执行人员能完成测试流程的发起和执行，不同项目组的人员无法对权限之外的资产进行查看或操作。这样的规范可以提升测试工程师专注度，提升测试资产的有效复用，同时可以提升数据安全性。

2）统计类功能，核心在于将过程资产沉淀、操作执行等实现线上化。传统的 C/S 架构工具受限于本地客户端，过程资产仅能独立存储，无法快速共享。而构建基于 B/S 架构的性能测试平台，一方面可以提升测试执行的便捷度，有网络、有权限即可通过浏览器快速发起性能测试执行；另一方面可以将测试执行过程中涉及的资产均进行线上化管理及统计，包括脚本、场景、压力机、缺陷、性能指标等维度，对资产进行一站式收集和可视化统计。

3）执行跟踪类功能，主要以平台化方式跟踪从启动到收尾阶段的性能测试过程。一方面将规范化的测试执行步骤在平台功能中体现，落地为功能，确保所有测试人员能按照统一的规范和流程开展性能测试工作，同时减少无效的人力投入。另一方面可以通过过程跟踪了解不同类型项目在各个阶段的耗时情况，提前预知可能的逾期风险，同时方便进行效能统计，用过程数据支撑未来规划。常见跟踪维度包括：测试需求的建立；测试目标的细化、明确；测试资产的构建、绑定；测试指标的评估；测试的执行记录；缺陷的新增、流转、关闭；测试报告的生成；测试计划的关闭等。

（3）全链路压测平台

部分企业客户已建设了全链路压测平台，不仅实现了管理、统计、执行跟踪类的功能，还在核心技术上进行了突破，在提升性能测试效率的同时提升了性能测试的质量。平台不仅能够自动化实施性能测试，还能不断提高性能测试工作的专业化水平，扩大性能测试覆盖面的广度和深度。全链路压测平台的核心能力包括如下几个。

1）分布式压测能力。平台通过调度算法将负载发生器（为被测系统生成负载的工具，企业内部也称为压力机）整合为统一资源池，在日常测试过程中，能基于多用户的压力策略自动调度所需的负载发生器，进行负载生成操作。压测结束后负载发生器自动将配置初始化，并释放到资源池中用于下一次项目调用，可大大提升负载发生器的复用率，减少后期由于测试项目过多而带来的硬件资源投入。在活动性能测试中，平台也可通过调度算法实现上百台压力机同步调度，实现海量并发，以模拟活动期间的压力。其中涉及的测试数据也可根据压力机数量自动切分及上传，代替原有的人工操作。

2）全链路跟踪分析能力。平台可以从压测流量入口开始进行性能跟踪，通过绑定压测发起的流量，实时采集被测场景中涉及的应用、中间件、数据库，形成全链路调用拓扑，针对出现瓶颈的实例进行代码级分析，建立全面的性能追踪与分析体系。调研发现，目前大量企业内部采用流量染色及字节码增强技术实现此能力。流量染色技术主要确保所分析的数据来源于实际执行的性能压测流量，与本次压测无关的数据不会被采集统计，减少异常数据带来的分析困扰。字节码技术主要实现代码级数据的采集，通过指定的规则进行代码级分析及告警，可实时分析压测链路或单个应用实例中的代码耗时、日志报错、程序异常等数据，帮助性能测试工程师与相关开发工程师快速发现测试过程中的性能瓶颈，定位代码根源。更多链路分析的内容会在后文展开描述。

3）根因分析能力。平台可以从进程到线程到代码实现对根因的精准定位分析。性能测试工程师在测试过程中可以实时了解线程全貌，并按需实时采集运行时的内存数据，定位更深层次的性能问题。部分企业还建立了自动体检能力，将企业历史中出现的性能问题归纳总结为可复用的知识库，实现压测过程中的实时性能体检，自动捕捉系统异动点，快速定位并基于历史解决方案提出基础优化方向和建议，进一步降低测试工程师进行调优工作的门槛。

（4）生产全链路压测平台

有些企业已开始建设基于生产压测能力的拓展平台。此类企业常见于连锁快消行业，大量的线上活动使得性能测试团队需要更关注容量级别的评估和验证，而大部分情况下，测试环境无法一比一复现生产的比例和架构。因此为保证测试的真实性，部分企业开始在生产环境，也就是最真实的环境中进行容量瓶颈测试。在这样的情况下，如何确保压测数据不污染业务数据是至关重要的。

部分企业在初涉生产压测时，对于更新类数据库的压测方案是压测完删数据，这种方案为了保障数据纯净，对于人员要求较高，且存在对生产数据库误操作的风险。而较好的方式则是通过平台实现数据的隔离和流量的熔断，通过技术手段识别压测流量与真实用户流量，在数据持久层构建影子库或影子集群，将压力流量的增删查改均分配至影子库，从而确保生产业务数据的独立性。此时涉及染色、透传、影子构建、流量熔断等技术能力，测试流程也与线下性能测试有较大区别。

4. 性能测试团队

每一块业务的提升都离不了人员，性能测试的业务也是如此。一般性能测试团队的建设和成长都会经历以下几个阶段。

（1）开发或功能测试工程师

这种情况一般发生在业务量小或者IT建设成熟度相对较低的企业，由于企业内部对于质量不够重视或者没有足够的资源完成性能测试，一般都是由开发人员自测或者让功能测试工程师来完成性能测试的工作。此处的开发自测并非是说企业有独立性能测试团队来赋能开发团队完成单元及单个应用服务等方面的性能测试活动。

（2）全职的性能测试工程师

随着企业IT建设成熟度的提升以及业务的发展需要，企业内部对于质量逐步重视并且开始把性能测试作为系统上线的质量红线。在这样的情况下，企业开始招聘性能测试工程师，团队的工作职责主要以性能测试工作为主。随着项目的不断实践，企业开始逐步完善性能测试能力，从使用性能测试工具到掌握性能测试流程，再到指导建设性能测试体系，对测试团队进行多方面的持续建设和提升。

（3）具备性能调优能力的工程师

性能测试团队的核心工作还是通过性能测试获取系统的性能情况，以及提升性能测试工作的专业度等。最早关于性能调优的内容一般都由开发工程师来完成，性能测试团队只负责测试结果的反馈以及配合开发人员完成调优后的复测工作。随着性能测试的发展，企业也要求性能测试工程师具备性能调优能力，能够直接定位并且解决性能问题。

5. 性能测试价值度量

随着企业内部IT建设的不断完善，企业从单个项目实施流程的标准化到性能测试实施的体系化，再到性能测试的工程化，在性能测试方面能力也在不断成熟。与之对应，企业在不同的阶段对如何度量性能测试的价值有不同的表现，一般会经历以下几个不同的阶段。

（1）无度量

无度量的企业，一般性能测试团队的人员较少，测试执行不频繁，无特定规律，测试产出均是一次性产物，无法形成有效的度量数据。由于频次低、需求弱，所以针对整个性能测试没有任何工程化层面的建设和规划，也不会体现性能测试的价值。

（2）测试过程度量

开展测试过程度量的企业，一般性能测试团队具备一定的人员规模，能通过项目制方式完成性能测试的执行，在这过程中希望通过数据分析产出可量化的价值，同时分析出可优化的方向。

目前此类企业主要以一些通用的工具，例如Excel，实现基本数据统计及常见项目维度的统计。在项目制压测过程中，各个性能测试执行人员针对现有测试业务进行统计，主要统计和分析各个项目在测试执行过程中产生的缺陷和测试结果。

这类企业通常会存在如下问题。

1）各个项目的执行规范及内容不统一。有的项目只是简单的压测，因此其过程产物非常简单，人员的参与度较低。有的项目需要进行重点测试，但是测试环境不稳定或无标准规范，导致大量重复的测试操作和人力投入。

2）进行统计的人员的能力及视角不同，导致统计的数据不在一个维度。例如，部分人员以执行者视角进行统计，又有部分人员以管理视角进行统计。

3）统计的数据通常以文件方式存储，无法快速共享，也无法统一维护。

以上问题导致此类企业无法对团队效能进行有效统计，也无法从效率方面对团队进行更多的优化。

（3）全方面多维度度量

全方面进行度量的企业往往内部有相对成熟的性能测试平台。企业通过对内部的实际情况进行建设和规划，将测试过程及规范在平台中体现。因此，平台能在测试过程中实时进行数据的沉淀，在总结时进行一键式自动分析。管理人员可以基于平台从各维度按需进行数据收集和整理，并且使用报表自动生成功能，除了可以做阶段性汇报外，也可以将过程数据投放至大屏中展示。以下总结了几个常见的展示维度。

1）对测试计划执行进度进行展示。根据每个测试计划的执行情况，分析是否出现计划逾期或计划提前完成的情况，进一步分析计划逾期的原因是不是执行期间的并行项目较多且测试执行人员较少。

2）对测试过程中各个阶段产出物数量进行展示，包括脚本书写数量、场景构建数量、测试执行次数、缺陷产出数等，再结合测试计划的进度数据进一步分析。如果测试计划出现逾期，并且各阶段的产出物数量也很多，那么可以初步判断是由于人员不足导致的测试计划逾期，测试负责人可根据现有团队的人员情况结合下一阶段的测试需求，合理进行测试人员规模的扩大。

3）对压力机水位的度量进行展示，并且可以通过对水位情况的分析，确认是否需提前准备更多的测试资产，以支撑更多项目的性能测试。

除了以上几个展示维度外，还可从缺陷、报告、业务性能趋势，结合时间进行多维度的对比分析，为下一阶段的性能测试的整体发展规划提供有效的数据支持。

3.1.2　性能测试成熟度模型

根据上一节介绍的影响性能测试成熟度的内容项以及性能测试体系，结合当下众多企业对性能测试技术的探索和实践，并且考虑未来性能测试技术发展的趋势，本书将性能测试成熟度划分为 5 个等级，如图 3-1 所示。注意，由于性能测试整体还处于探索阶段，这个性能测试成熟度模型肯定不够完美，随着发展，成熟度模型会逐步完善。这里的模型仅对有衡量自身性能测试成熟度需求的企业提供参考。

如图 3-1 所示，性能测试成熟度的 5 个等级分别是自测型、驱动型、规范型、敏捷型及赋能型。性能工程建设是企业在性能成熟度方面的最终目标，第 11 章会对此进行全面介绍。当前所有企业基本都在这 5 个等级内，下面对这 5 个等级进行详细介绍。

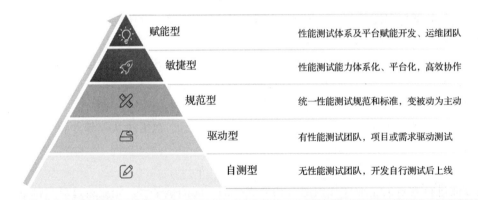

图 3-1　性能测试成熟度模型

1. 自测型

处于自测型性能测试等级的企业基本没有理论基础和流程规范。在工具平台方面，通常使用开源的性能测试工具或者自己研发的压测客户端程序开展性能测试。在团队方面，无实体性能测试团队或者无全职性能测试工程师，主要由开发人员或者功能测试工程师完成性能测试的工作内容。在业务系统测试范围上，更多以单接口测试为主。处于该等级的企业有一个明显特征——无实体性能团队，版本迭代发布前由开发工程师自行完成性能测试工作。

2. 驱动型

处于驱动型性能测试等级的企业，在理论基础和流程规范方面已经有了一定的标准。在工具平台方面，企业会采购标准的压测工具（例如 LoadRunner 等）或开源工具（例如 JMeter 等）开展性能测试工作。在团队方面，有全职的性能测试工程师，并且有性能团队这个组织，性能测试项目的实施都是由该团队完成，不再是由开发工程师进行，他们会产出专业的性能测试实施方案和使用专业工具开展实施工作。在业务系统测试范围上，主要根据项目组、业务部门或者开发工程师提供的需求来完成测试。处于该等级的企业的明显特征是有虚拟或者实体性能测试团队，根据具体的项目需求被动接收性能测试任务。

3. 规范型

处于规范型性能测试等级的企业在理论基础和流程方面已经非常标准、规范，在企业内部性能测试已经是标准流程，是很多业务系统上线的必要条件。在工具平台方面，企业同样会采用商业化工具和开源工具，同时开始探索平台模式。在团队方面，有完善的性能团队结构，由不同角色和职能的人员组成，分工更明确，并且内部已有培养模式。在业务系统测试范围上，已经不再是被动接受不同部门提交的性能测试需求，而是主动对企业内部的系统进行性能的规划，制定企业内部的各类标准。细化不同类型系统的性能要求。这完全是一个主动推动性能工程在企业内部建设的阶段。处于该等级的企业的明显特征是有统一的性能测试规范，并对软件版本的发布有明确的准入准出的标准要求。

4. 敏捷型

处于敏捷型性能测试等级的企业在理论基础和流程规范方面已经非常标准，并且把相关的规范流程融入工具和平台中，随着市场需求的变化也在持续完善理论基础及优化实施流程。在工具平台方面，已经使用平台进行协同和积累资产，企业一般采购市场已有的成熟产品或者结合自身的情况进行平台的自研，同时对工具平台能力的要求已经由原来压测逐渐变成压测和链路分析一体化。在团队建设方面，对人员的能力要求更高、知识面要求更广。处于该等级的企业的明显特征是在规范化的基础上融入 DevOps 体系，通过平台化的能力来支撑版本迭代后的持续测试。关于持续测试的内容将在第 11 章中详细介绍。

5. 赋能型

处于赋能型性能测试等级的企业在理论基础和流程规范方面不仅非常标准，还开始对其他部门开展培训和指导，让各部门掌握性能要点。在工具平台方面，平台除了本身具备性能压测链路分析等方面的能力外，还需要对接 CI/CD 平台和其他内部管理平台，完成从管理流程到快速实施交付的能力建设。在团队建设方面，性能测试工程师已是企业内部的专家，不仅需要完成本职的专业工作，还需要不断地通过性能平台给开发、运维等人员进行指导，让他们通过平台完成更细化的工作内容。处于该等级的企业的明显特征是在可持续性能测试能力基础上建立了整套性能测试体系及完善的工具平台能力，可对开发和运维团队进行赋能。

当对性能测试成熟度模型理解清晰后，企业可以根据自身的业务需求以及质量体系建设的要求，按照该模型进行自身能力的评估，为进入下一阶段进行准备。针对性能测试成熟度模型，其最终的目的是希望企业内部能够把性能质量作为企业业务系统上线的一条红线，以此来保证系统上线之后在生产环境中能运行稳定，无性能质量问题。

对于性能测试成熟度模型，在实际企业现状中会存在某一具体内容项的能力已经达到上一等级而其他能力还在下一等级的情况，这时评判等级则以其中最低成熟度的内容项来进行。比如企业 A 在理论基础及流程规范上已经非常完善，同时已经开始给其他内部和外部的团队进行赋能，但在工具使用上尚未达到平台化的能力，此时认定 A 企业在性能成熟度模型中只达到了规范型的等级，而非赋能型。

3.2 性能测试误区

在对企业内部性能测试现状调研的过程中，我们发现由于调研对接人员自身的经验不同，他们对性能测试的理解也不相同，特别是未深度参与过性能测试实施的人员往往会存在一定的理解偏差。以下针对企业相关人员最容易产生的误区进行分析，主要包括但不限于以下 4 个误区。

3.2.1 会用工具就会性能测试

关于"掌握性能测试工具就掌握了性能测试这个专项测试工作"的话题，企业和行业中很多测试人员一直存在理解上的偏差。在与企业的实际交流过程中，我们针对性地进行了调研，发现主要存在以下两种观点。

1）企业中部分 IT 管理人员（主要是对测试工作参与不多的人员）认为企业自研或者购买了好的工具平台，就能够解决企业 IT 系统在性能方面的质量问题。

2）部分行业及企业中从事功能测试的测试工程师，由于对性能测试不够了解，也会错误地认为只要掌握了性能测试工具就掌握了性能测试，并且能够成为一个专业的性能测试工程师。

以上误区的产生主要因为大部分管理者把性能测试归类于自动化测试，认为只需用工具即可实现，同时部分技术基础不全面的实施人员对性能测试本身的理解也不完整。

结合以上内容，对这个话题进行多方讨论，总结如下。

1）性能测试工具和平台是开展性能测试的必要的基础条件。

2）性能测试能否做好，除了好的工具平台外，还需要标准的流程规范以及优秀的人员能力。

3）性能测试做好是有一定的技术要求的，但是入门性能测试即可进行项目的压测实施，并不是普遍理解的"必须先做功能测试才能做性能测试"，在先后顺序上两者没有必然的关系。

3.2.2 调优是性能测试的唯一价值体现

性能调优一直是企业非常关注的内容之一，但是它根本讨论的是性能测试的价值不应仅限于调优结果。在企业内部，不同角色的人员可能会对此存在一定的认知误区。通过调研和分析，我们将企业的常见理解偏差现象归类总结为如下几个方面。

1）部分管理者、架构师及开发人员认为调优更为重要，因为性能缺陷是他们重点要解决的问题，更依赖于调优能力，并且对于工具平台来说智能化调优最为重要，能提供具体问题的定位和建议。

2）性能测试工程师，特别是资深性能测试工程师更关注性能调优的价值。

之所以存在这样的理解，主要原因还是角色不同，其所在的立场和知识面也不同，分析如下。

1）对管理者来说，解决问题才是关键，性能测试本身不能解决问题，只是发现问题。但是当出现重大生产事故的时候，大家还是更关注如何解决问题，所以对管理者来说更看重调优的价值。

2）对架构师及开发人员来说，他们更多是站在开发的维度上来思考，对测试的理解并不专业，同时他们在整个过程中的主要职责仍是解决问题，所以他们看待性能测试也会更看重性能调优。

3）对资深性能测试工程师来说，其职业发展到一定阶段后，更多往深度发展，而性能调优是方向之一，所以他们会更看重性能调优的价值。

结合以上内容，关于这一话题，我们做出总结。由于角色和立场的不同，不同人员对性能调优的理解可能存在一定的偏差，导致其只重视性能调优，忽略了性能测试本身。性能缺陷会经历一个发现、定位、解决的过程。从整个过程来说，性能测试能否发现问题是基础，其重要性不可忽视。性能调优的目的是更好地解决问题，从而保障系统性能和生产上的稳定。

3.2.3　出了生产事故才需要性能测试

企业往往在生产出现性能事故后才开始采取各种补救措施，去了解性能测试，开始认识性能测试的重要性。在这一点上，企业同样存在一定的误区。经过与企业交流，我们分析总结出以下几点理解上的偏差。

1）没有出现过生产事故，系统也比较稳定，所以不需要做性能测试。

2）一旦出现生产事故就快速扩容，认为通过堆服务器就能保证生产系统的稳定，不出性能事故。

3）当出现大的生产事故后，一部分企业只关注这次的问题，对单点问题进行跟踪和处理。

企业中相关人员存在以上理解偏差，主要是由于以下几个因素。

1）性能测试属于测试里面的一项内容，而测试本身在整个软件生命周期活动中还是以预防为主的工作，所以在没有出现问题前，性能测试属于可有可无的活动。

2）性能测试本身属于专项测试，对其理解需要一定的基础，但是大部分从业人员的基础相对较差，思维模式相对单一。

3）最早的实践是在系统上线前准备更多的资源来保证系统稳定性，这种方式可以在一定程度上解决生产的性能问题，但是浪费了大量的资源。

4）工作人员对于质量的意识还不够强，当出现生产故障的时候会处于一个"头痛医头，脚痛医脚"的情况里，无法在全局上结合当前的问题进行整体规划。

生产出现故障的时候，系统除了在大负载情况下出现性能问题，其实在小负载情况下也会出现故障。所以针对性能测试，需要按照事前、事中、事后 3 个阶段准备方案。

1）事前预防，通过性能测试获取系统的性能容量数据，做好事前预防工作。

2）事中应急，要准备好应急方案，当生产出现故障时能够快速恢复生产及定位问题。

3）事后复盘，针对生产事故进行事后复盘，通过下一轮迭代测试，持续优化，事前预防。

3.2.4　生产压测是金手指

随着"互联网＋"技术在各领域的应用与发展，网上业务激增，引发了企业对生产上的系统容量的重视。在与企业的交流过程中发现，工作人员在开展性能质量评估时往往直接选择全链路生产压测的方案，并且认为只有这个方案才能保障生产环境系统的性能稳定。调研分析认为，出现这种情况的主要因素包括但不限于如下方面。

1）最近几年大厂开始对外输出关于全链路生产压测的理念和技术，让很多非从业人员开始了解到性能相关的知识内容，但是这些输出只限于生产压测方面，并且更多是技术维度的实现，并未给出完整的执行方案，包括沟通成本、团队资源和风险应对等多方面的综合内容。

2）很多企业认为线下压测的价值不高，主要原因还是实验室环境和生产环境存在较多的差异，测试获取的数据存在偏差，所以认为只有在生产上进行性能测试和容量评估才能保障系统生产性能的稳定。

3）很多企业难以准备标准的性能测试环境，在性能测试越来越重要的情况下，第一反应是希望能够在生产上进行测试，以此避免环境准备带来的成本投入。

对于压测，企业需要结合实际和业务的情况出发。建议企业从线下压测开始，按照一定流程发展至生产压测，原因如下。

1）全链路生产压测涉及的验证工作内容是需要在线下完成的，包括压测规则验证、数据隔离验证等工作。

2）如果只是生产压测，发现性能问题后还需要一套线下环境来进行验证，特别是针对代码的优化，需要验证修改后的功能是否受到影响，再评估优化后的性能情况。

3）在等配的情况下，除了网络环境等因素外，在线下环境中同样可以获取系统容量的性能表现。

第 4 章 Chapter 4

性能测试流程规范

随着软件测试的发展，专项测试也变得越来越成熟和规范，性能测试作为软件测试发展过程中专项测试的一类，也变得越来越体系化，企业对于软件质量中的性能质量日益重视。当今企业中仍有大部分企业还通过单一的压测工具来完成性能测试，但其中的一小部分企业随着内部性能测试工作的长期开展与持续实践，已经在企业内部形成了标准的性能测试体系。

为保障项目性能测试的实施质量，建议每个性能测试团队都形成一套完整的测试流程规范体系，对整个性能测试流程进行指导，所有的项目性能测试实施都按照此规范开展。

通过本章，性能测试工程师在性能测试实施过程中，能够正确、完整地了解性能实施阶段，完成每个阶段的具体工作任务，获得测试过程中需要的指南、规范和模板，整理、总结过程中的产物。从而使测试组、项目组等不同部门及人员在系统性能测试中明确在每个实施阶段不同的职能边界，让性能测试流程更加规范，提高整个性能测试实施过程的效率。以下内容是基于建立统一标准的目标，结合大量不同企业内部建设并实施性能测试的流程总结的，企业在实际建设的过程中不能盲目套用，需要结合自身的现状进行分阶段建设，从而达到最佳的建设效果。

通常一个性能测试项目的生命周期可以划分为 6 个阶段：测试规划、测试准备、调试与确认、测试执行、报告编写、项目总结，如图 4-1 所示。

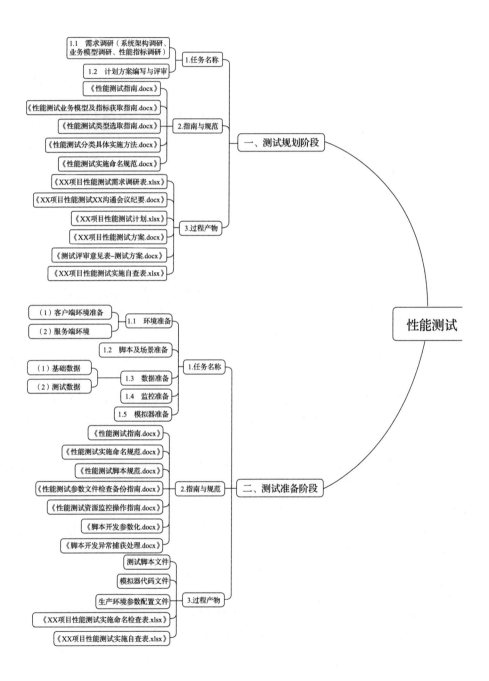

图 4-1 性能测试项

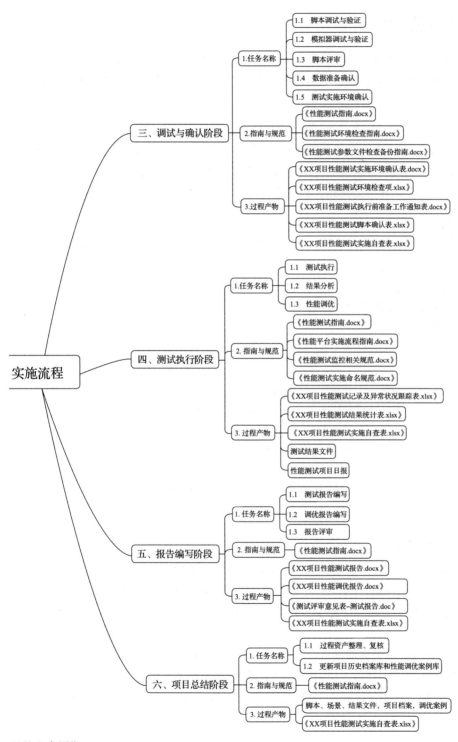

目的生命周期

4.1　测试规划阶段

测试规划阶段是性能测试标准流程的第一个阶段。该阶段主要是完成性能测试项目的调研工作，通过调研的内容进行性能测试项目的实施规划。以下从该阶段的目的、工作内容和材料 3 个方面详细介绍。

1. 目的

主要目的是促使测试团队在项目组申请测试项目后开始介入，共同沟通测试项目的详细情况，从而评估出测试项目的实施范围、度量指标、实施难度、人员投入、时间周期，从而产出测试计划及方案，并由团队相关人员进行评审。

2. 工作内容

测试规划阶段主要包括项目受理、会议沟通、计划方案编写及计划方案评审 4 项工作任务，具体如图 4-2 所示。

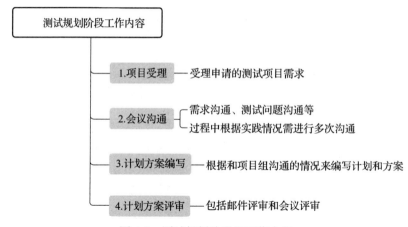

图 4-2　测试规划阶段的工作内容

对图 4-2 的说明如下：

1）项目组发起测试项目的申请，测试组受理申请的测试项目；

2）测试组与项目组通过会议沟通具体的测试需求、业务模型及度量指标、测试策略及测试环境等问题（本章主要针对流程中部分内容进行介绍，业务模型、测试模型等内容将在第 5 章进行详细介绍）；

3）测试组根据和项目组沟通的情况编写测试计划方案；

4）项目组及测试团队管理人员通过邮件或会议评审的方式，对测试计划方案进行评审，以确认其可行性，对测试计划方案将根据评审意见进行修改后重新评审直至通过。

3. 材料

下面针对测试规划阶段涉及的文档材料进行概要说明，以便项目组人员能够理解其目的。

1）《性能测试指南》。该指南指导性能测试工程师在性能测试实施过程中正确、完整地了解性能实施的阶段，并完成每个阶段的具体工作任务，获得测试过程中需要的指南、规范和模板，整理、总结过程中的产物。

2）《性能测试业务模型及指标获取指南》。该指南指导项目相关人员在每个项目实施过程中对业务模型和指标获取的规范操作。性能测试已经成为各类应用系统投产运行前的必经环节，为了更好地定义各类项目的业务模型，该指南提供有效的业务模型获取策略和规则，帮助项目组人员有针对性地估算和选取不同测试场景下的性能测试指标。

3）《性能测试类型选取指南》。业务系统日趋复杂，对性能测试的要求越来越高，这就需要性能测试工作更深入、细致。该指南通过细化并扩展测试类型，将之前测试类型与测试目的一对多的关系转化为一一对应的关系，使得项目组人员可根据不同的测试目的来选择合适的测试类型，同时与业内保持名称一致性，逐渐实现测试需求标准化，提高测试方案编写效率。该指南收集了性能测试中联机类系统常见的测试类型，并对相关类型的测试目的及测试方法加以描述，为相关人员提供测试类型选取上的参考。

4）《性能测试分类具体实施方法》。为了更好地保证实施方法的统一、规范，该方法在《性能测试类型选取指南》的基础上，对各类型的具体实施方法进行研究，旨在制定统一的实施标准，更好地满足性能测试项目需求，拓展性能测试服务。

5）《性能测试实施命名规范》。该规范适用于测试的所有阶段，可以指导整个实施过程中的命名相关操作，使其规范化，便于所有人员对性能测试实施中涉及的对象进行规范命名，增强性能测试在具体实施中的可读性、易读性和可维护性，在每个项目实施过程中完成命名上的规范性和标准性建设。

6）《XX 项目性能测试需求调研表》。该表用于指导项目组人员在调研过程中针对需要了解的内容进行标准化的获取操作，实现每个项目实施过程中在需求调研上的规范性和标准性建设，并且作为该阶段的输入和输出产物。

7）《XX 项目性能测试 XX 沟通会议纪要》。该纪要可以在每次项目会议后继续让不同团队和角色明确其需要完成的工作事项，在本次会议以及后续事项的推进上实现规范性和标准性建设，并且作为该阶段的输出产物。

8）《XX 项目性能测试计划》。该计划结合前期调研的内容和项目的时间等信息，在每个项目实施过程中完成规范性和标准性的计划步骤，并且作为该阶段的输出产物。

9）《XX 项目性能测试方案》。该方案结合前期调研的内容和项目的范围等信息，在每个项目实施方案上实现规范性和标准性操作，并且作为该阶段的输出产物。

10）《测试评审意见表 – 测试方案》。该表记录针对方案的评审内容，让每个项目都按照标准的评审意见来开展，并且作为该阶段的输出产物。

11）《XX 项目性能测试实施自查表》。该表适用于测试的所有阶段，让相关人员在整个项目实施过程中针对每个阶段的内容进行自查，避免缺失，从而保证整体的规范性和完整性，并且作为该阶段的输出产物。

4.2 测试准备阶段

测试准备阶段是在测试规划阶段完成之后开展的。该阶段主要针对测试规划阶段时经过评审的性能测试方案中的内容进行准备工作，为后续开展具体的调试和执行提供基础条件。以下从该阶段的目的、工作内容和材料 3 个方面进行详细介绍。

1. 目的

主要目的是使各部门人员明确前在测试执行前所需进行的准备工作，各项准备事项是否达标直接影响后续测试的准确性。

2. 工作内容

测试准备阶段主要包括环境准备、脚本及场景准备、数据准备、监控准备和模拟器准备 5 项工作内容，如图 4-3 所示。

对图 4-3 的说明如下。

1）运维部门根据不同的测试目的按一定比例搭建测试环境，项目组人员部署被测应用及验证系统主流程功能的可用性，环境准备完毕后测试组相关人员对服务器的软硬件配置及被测系统的应用配置及可用性进行验证。关于性能测试环境的搭建，第 6 章中进行了详细的介绍。

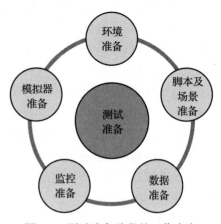

图 4-3 测试准备阶段的工作内容

2）测试组负责测试脚本的开发与场景策略的设计，一般包含基准场景、单接口 / 单功能场景、混合场景、容量测试场景、稳定性场景等。

3）测试的数据准备主要包含对基础数据和测试数据的准备，其具体开展将在第 5 章中进行详细介绍。

4）传统的监控主要是指通过工具或监控平台实现对应用、数据库、操作系统以及网络的使用情况进行监控，随着微服务的发展，传统的监控已经无法满足性能测试的需求，需要针对链路数据进行监控，获取性能测试执行过程中的各项数据指标。了解关于链路监控的具体内容，可阅读第 8 章。

5）当被测业务需调用其他第三方系统且无真实测试环境或环境不允许大量的真实调用时，例如调用短信系统、银联支付接口等，通常会准备 mock 服务来进行模拟。

3. 材料

下面针对测试准备阶段涉及的材料进行详细说明，以便项目组人员能够理解其目的。

1）《性能测试脚本规范》。该规范涉及脚本创建、脚本编辑、脚本注释和脚本存储等几个方面内容，可以使测试脚本具有可读性、易读性，增强性能测试实施过程的可维护性和可复用性，提升测试工程师的水平。

2）《性能测试参数文件检查备份指南》。为保证性能测试结果准确、可用，需在性能测试正式执行前对测试环境中的参数文件进行获取、检查、确认。为了更方便地从生产环境中提取参数配置，该指南对不同层次（操作系统、数据库、中间件及应用层）的参数文件进行了整理，进一步规避了测试环境中参数配置不一致引起的风险。

3）《性能测试资源监控操作指南》。该指南包括不同的操作系统及其重要的性能指标要求，能指导性能测试执行人员在执行性能测试时，对包括操作系统在内的各类资源进行监控，统计出真实有效的性能测试结果数据。

4）《脚本开发参数化》。为了拓展和完善性能测试实施时在脚本开发中对参数化功能的使用，满足日益复杂的测试项目实施需求，避免因脚本参数化不当带来的风险，并为性能测试实施人员提供专业的指导，该材料对脚本参数化功能进行了专业化的整理，系统全面地梳理了脚本开发中参数相关的知识，为性能测试实施提供了参考和备份。

5）《脚本开发异常捕获处理》。为了使脚本开发更完善，更好地降低实施中的风险，提高效率，该材料深入整理了在遇到错误时如何对脚本进行后续执行的设置，以及如何自定义异常，以便更有效地进行错误信息捕获，为性能测试实施提供了参考和备份。

6）测试脚本文件。准备测试脚本，输出相关文件。

7）模拟器代码文件。准备模拟器，输出模拟器程序和模拟器代码。

8）生产环境参数配置文件。输出生产环境的参数配置文件，掌握文件中的重要参数和所有配置内容。

9）《XX 项目性能测试实施命名检查表》。对脚本等内容进行命名规范性的检查。

4.3　调试与确认阶段

调试与确认阶段是在测试准备阶段完成之后开展的。该阶段一方面对前期准备的内容进行确认，查看其是否按照方案准备，另一方面进行环境准备后的调试工作，为后续测试执行阶段的工作开展提供保障，同时为测试结果数据的准确性提供保障。以下从该阶段的目的、工作内容和材料 3 个方面进行详细介绍。

1. 目的

主要目的是排查并解决各类隐患问题，保障后续的测试符合预期的策略。

2. 工作内容

调试与确认阶段主要包括调试和确认两个方面的工作内容，具体如图 4-4 所示。

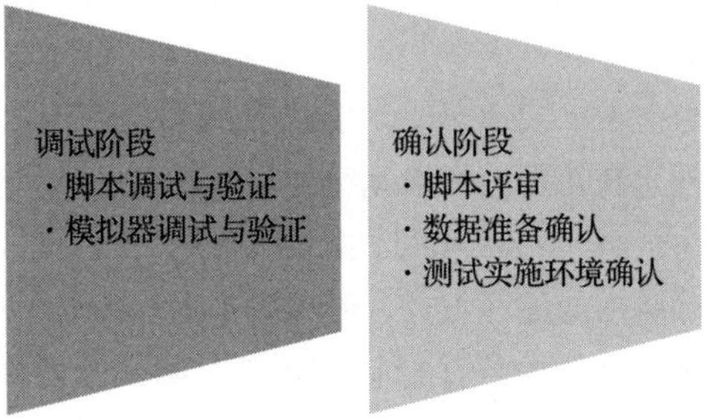

调试阶段	确认阶段
·脚本调试与验证	·脚本评审
·模拟器调试与验证	·数据准备确认
	·测试实施环境确认

图 4-4　调试与确认的工作内容

调试阶段主要验证测试脚本和模拟器的可用性。

1）脚本调试与验证主要查看运行脚本后数据库的业务数据是否确实进行了变更，防止测试脚本中遗漏或包含错误的检查点，导致测试脚本未达到真实的业务目的。

2）模拟器调试与验证主要是在测试环境接入模拟器后，通过实际的业务操作来验证相关业务调用模拟器后的效果是否与预期的效果一致。

确认阶段的主要内容为脚本评审、数据准备确认、测试实施环境确认。

1）脚本评审主要包括检查测试脚本中的接口数是否与预期一致、脚本内容是否符合真实的业务逻辑、是否缺失关键检查点等。

2）数据准备确认主要是验证测试数据是否满足真实的业务规则要求。首先确认准备的基础数据是否和生产保持一致，防止出现与生产数据量存在大的偏差或测试空库的情况；其次对关键业务信息是否进行了脱敏等进行验证。

3）测试实施环境确认主要包括以下几个方面：

❑ 被测系统的硬件检查是否和预期方案一致（应用服务器、数据库服务器、负载均衡等相关设备）；

❑ 被测系统的软件检查是否和预期方案一致（应用版本、数据库等相关软件）；

❑ 性能测试控制器、压力机、模拟器等设备的功能验证。

3. 材料

针对调试与确认阶段涉及的材料进行详细说明，以便项目组人员能够理解其目的，说明如下。

1）《性能测试环境检查指南》。为保证性能测试结果准确、可用，需在性能测试正式执行前对测试环境配置进行确认。该指南对系统不同层次的配置项进行了整理，梳理了可能引起系统性能差异的主要配置项，相关人员可通过其建议对测试环境进行确认，进一步规避测试环境不一致引起的风险。

2）《XX项目性能测试执行前准备工作通知表》。该表用于在开始性能测试实施前对所有相关人员进行通知，标志性能测试所有前期工作都已完成。

3）《XX项目性能测试实施环境确认表》。按照模板获取环境的相关信息，并且与不同部门按照方案的环境需求进行环境内容的确认，以保证开始执行前的环境条件已具备。

4）《XX项目性能测试环境检查项》。按照模板记录性能测试环境需要检查的内容，以便于在执行前记录基线内容，并对后续执行过程进行持续跟进。

5）《XX项目性能测试脚本确认表》。该表让业务、研发、测试等不同部门能够更加明确脚本的编写方式，避免脚本内容沟通不一致导致实施后的执行结果无效。

在该阶段注意按照要求对测试开始执行前需要备份的文件进行备份，避免实施过程中文件变更导致项目组人员无法了解其初始内容。

4.4　测试执行阶段

测试执行阶段是在测试准备阶段和调试与确认阶段的工作全部完成之后开始的。该阶段主要是完成测试执行以及性能问题定位、分析和调优等工作，这些工作要与项目相关成员共同评审并完成。以下从该阶段的目的、工作内容和材料 3 个方面进行详细介绍。

1. 目的

测试执行阶段常被误认为一个单一的事项，事实上它是一个包含多个步骤且需要多次重复的流程。该阶段的主要目的如下：

- ❑ 发现并解决被测系统在性能方面的隐患；
- ❑ 了解系统的整体性能表现是否满足预期；
- ❑ 了解系统最大的处理能力；
- ❑ 评估系统的能力，发现并解决被测系统的性能隐患和瓶颈点；
- ❑ 验证系统的稳定性和可靠性。

2. 工作内容

测试执行阶段主要是指性能测试项目的具体实施过程，包括测试执行、结果分析和性能调优 3 个重要方面，具体如图 4-5 所示。

对图 4-5 的说明如下。

1）测试执行阶段是通过执行测试案例来获得系统处理能力指标数据，发现性能测试缺陷的阶段。测试执行期间，项目组人员借助测试工具执行测试场景或测试脚本，配合使用各类监控工具，并在执行结束后统一收集各种结果数据进行分析。根据需要，执行阶段可进行系统的调优和回归测试。

2）测试执行过程有相应的优先级策略，优先执行级别较高的测试案例。测试时通过对每个测试结果进行分析来决定是重复执行当前案例还是执行新的测试案例。通常发现瓶颈问题会立即调整并重新执行测试用例，直到当前的案例通过。

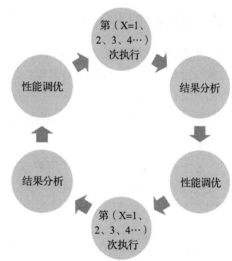

图 4-5　测试执行阶段的工作内容

3）在该阶段，测试的执行、分析、调优、回归测试工作会循环进行，工作人员须认真记录全部执行过程和执行结果，执行结果的数据是分析瓶颈的主要依据。其中如何进行性能调优的内容会在第 9 章中进行详细的介绍。

4）性能调优是项目过程中非常重要的一部分，因为涉及的技术面非常广，需要资深性能测试工程师持续提升和积累来实现。结果分析主要是发现系统的瓶颈点，性能调优则是通过技术手段解决性能瓶颈。

3. 材料

针对测试执行阶段涉及的材料进行详细说明，以便于项目组人员能够理解其目的，具体的说明如下。

1）《性能测试监控相关规范》。该规范指导工作人员在压测执行过程中，针对发现的性能问题，结合相关的工具和规范要求进行具体的问题定位和风险判断，结合项目时间等信息进行更深层次的监控，避免监控本身对性能的影响导致系统性能变差。

2）《XX 项目性能测试记录及异常状况跟踪表》。按照模板在项目实施过程中针对出现的问题进行记录和跟踪，了解问题的现状、解决程度和影响。

3）《XX 项目性能测试结果统计表》。按照模板进行测试结果的统计，使压测的测试结果更清晰，并且基于测试结果给出系统的性能表现的结论。

4）测试结果文件。该材料主要用于输出相关的测试结果。

5）性能测试项目日报。结合整体计划，输出当日的性能进展情况和项目的整体情况，同时反馈过程中的问题和做出下一步计划安排。

4.5　报告编写阶段

报告编写阶段是在测试执行阶段完成之后开展的，一般情况下工作人员也会在性能测试执行过程中进行报告初稿的准备。该阶段主要是完成项目执行之后的报告编写工作，包括性能测试报告和性能调优报告。在完成报告编写后让项目相关人员进行评审。以下从该阶段的目的、工作内容和材料 3 个方面进行详细介绍。

1. 目的

一方面，报告让阅读者了解测试项目的基本要素、测试过程、测试数据、测试结论等，直观查看被测系统的信息。另一方面，测试报告中会给出需注意的风险项，供项目组和运维部门参考，使其在系统上线前做相应调整。

2. 工作内容

本阶段主要进行性能测试报告和性能调优报告的编写、评审、修改工作。

3. 材料

下面针对报告编写阶段涉及的材料进行详细说明，以便项目组人员能够理解其目的。

1）《XX 项目性能测试报告》。按照模板进行性能测试报告的编写和输出。

2）《XX 项目性能调优报告》。按照模板进行性能调优报告的编写和输出。

3）《测试评审意见表 – 测试报告》。按照模板进行测试报告的评审会议的内容记录，输出对报告的评审意见表，持续完善对该报告的跟踪记录。

4.6　项目总结阶段

项目总结阶段是在项目性能测试工作全部完成之后开展的，主要是对本项目的性能测试实施过程中涉及的过程资产和最终资产内容进行整理，以及对测试报告进行对外发布。以下从该阶段的目的、工作内容和材料 3 个方面进行详细介绍。

1. 目的

一方面，对测试资产进行归档，使工作人员在系统下次迭代的测试实施中能快速地找到参考的资料；另一方面，对项目实施全流程进行回顾，并将有价值的信息存储在团队资料库中。

2. 工作内容

本阶段的工作任务主要是整理、复核测试过程资产的完备性，更新项目历史档案库和性能调优案例库。

3. 材料

下面针对报告编写阶段涉及的材料进行详细说明，以便项目组人员能够理解其目的。

1）每个项目管理目录下要求的测试过程资产的相关文件，如脚本、场景、结果等文件。整理每个阶段的输入和输出材料，将其放在对应的项目管理目录下，便于标准化、统一化的管理。

2）项目档案。整理相关项目的数据和材料，形成历史档案，用于长期跟踪，特别是完成针对历史数据和可复用材料的归档。

3）调优案例。输出调优案例，整理到性能调优案例库中，后续项目出现相同问题时工作人员可以快速查询该案例库。

性能测试模型

我们在第 4 章对性能测试流程进行了介绍，但是测试人员只了解流程还远远不够。要达到预期目标的最佳实践效果，往往离不开理论的指导，对性能测试体系建设来说也不例外，性能测试体系理论的核心价值是在项目实践过程中体现的。我们针对具体方案的设计进行抽象和总结，将其归纳为 6 个性能测试模型。在企业建设性能测试体系的过程中，性能测试模型可作为性能测试项目实施的基础理论，当每个项目开展性能测试时，基于该理论进行具体的性能测试方案的设计，从而保障企业内部性能测试实施过程的标准化、规范化。

性能测试模型是性能测试工程师开展性能测试项目必须掌握的内容，他们只有深度掌握这 6 个模型，并在不同的项目实施方案设计中灵活运用，才能达到性能测试项目的预期目标。图 5-1 为 6 个性能测试模型的总览。

如图 5-1 所示，性能测试模型包括业务模型、数据模型、策略模型、监控模型、风险模型和执行模型。针对每个模型，本章会展开描述，包括每个模型的目的是什么，模型的内容是什么，具体的方法是什么等。同时在讲解中会结合企业实际的项目，让项目组成员深入理解针对每一个项目开展性能压测时从哪些方面入手，具体怎么入手，从而达到预期的测试目标。

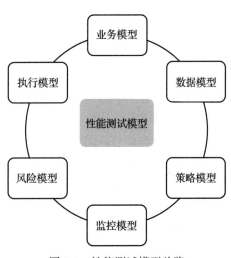

图 5-1　性能测试模型总览

5.1　业务模型

业务模型是一组功能点或接口的集合及其占比情况，用于合理地模拟生产上真实的业务发生场景。通过不同建模策略和建模规则，获取一定量的具有代表性的功能点或接口及其占比，作为性能测试方案实施的依据。目前常用的业务模型分析方法重点关注具体接口提取规则，而本章从分析数据来源开始，制定了一整套建模方法，系统地归纳总结了建模过程的步骤及其关注点。

5.1.1　业务模型的目的和内容

业务模型作为性能测试方案实施的重要依据之一，通过对建模方法和建模原则的分析来完成最终模型的建立。

业务模型建立的目的主要在于两个方面。

在实施范围上，业务模型为本项目明确实施范围，梳理涉及的业务系统及其完整链路等。比如，针对"加购"业务场景进行压测，涉及的业务系统包括前置系统、订单管理系统，链路涉及用户从手机 App 操作到前置系统再到调用订单管理系统的完整路径。

在实施结果价值上，业务模型为性能测试提供更接近于生产实际的业务场景，使测试结果对生产更具有参考性。设计的测试场景与生产用户使用的场景差异越小，其测试结果对生产的参考价值越大。

总的来说，业务模型建立的核心目的是在用户业务场景使用上保障压测时的真实性。

根据业务系统生产运行的情况，业务建模包括以下 3 种业务场景模型。

1）日常业务场景模型：是指在正常工作时间内，根据用户访问量曲线较平缓时的业务场景而形成的模型。

2）高峰业务场景模型：是指在高峰业务量的时间内，根据交易量较大或者用户访问集中时的业务场景而形成的模型。

3）异常高峰场景模型：是指根据交易量爆炸式增长或者用户集中访问系统时的业务场景而形成的模型。异常高峰场景一般用来复现生产上的异常问题，或者对系统做破坏性容灾测试。

5.1.2　业务建模方法

业务模型的建模主要由数据分析、功能点/接口选取、占比推算 3 个部分组成。日常业务场景、高峰业务场景、异常高峰场景的模型的不同主要体现在功能点或接口选取的时间段上。日常业务场景通常会选取平常日或小时的数据；高峰业务场景会选取高峰日、小时、分，或者特殊日、小时、分的数据；而异常高峰场景往往会选取异常产生的时间点的数据。仅从业务模型的角度来说，异常高峰场景在没有生产数据做支撑的前提下，可参考高峰业务场景的模型。

1. 数据分析

接近实际生产运行的业务模型须建立在合理有效的数据来源基础上。系统的运行数据往往是业务模型分析最有效的参考依据，但有些被测系统因各种原因不能提供有效的生产运行数据，如未投产的新系统。故以下从生产数据分析、类似系统数据分析和规划数据分析3种情况来描述数据分析的过程。

（1）生产数据分析

一般从系统生产环境中提取运行数据，均是在一个大的时间段内提取数据。为了获取业务模型，需细化分析该时间段内的交易量、交易发生时间及变化率等。

生产数据分析的具体步骤如下：

1）根据测试的具体目标选定用于数据分析的时间段，如季度、月、周等；

2）根据选定时段内交易量变化趋势或者系统运行情况，选定平常日、高峰日或者特殊日，一般特殊日为月末日、年末日、节假日等；

3）对于选定的平常日、高峰日或特殊日，按实际需求细化到小时、分进行评估，得到更小时间段内的交易及其交易量，而对于异常情况，一般直接定位到具体几个小时进行分析。

图 5-2 为银行核心业务系统高峰日的交易情况统计图。

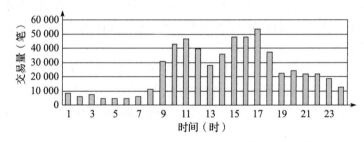

图 5-2　银行核心业务系统"高峰日 – 小时"交易量趋势图

如图 5-2 所示，其中 15 时～ 17 时的交易量约为 50 000，若以小时为单位进行建模，则可选取当日交易高峰时段 15 时～ 17 时为分析基准。

（2）类似系统数据分析

在系统未投产没有运行数据的情况下，可以优先参考功能相似的系统的运行情况，数据分析方法同上。同时，获取的业务模型须兼顾被测系统功能点的变化，根据实际情况对功能点进行合理的拆分、合并以及数量调整。

比如某电商平台需要上线某 App 系统，由于该系统自身还没有生产用户数量，此时在设置业务模型时可以参考其他类似 App 系统的业务场景，如设置"首页"功能压力占比 50%、"商品详情"功能压力占比 10%、"加入购物车"功能压力占比 20%、"下单"功能压力占比 15%、"查询"功能压力占比 5%，将其来作为系统压测的业务模型。

（3）规划数据分析

对于没有任何数据可参考的系统来说，需同业务 / 产品部门、开发部门、运维部门一同分析未来生产上可能出现的业务场景，获取业务模型。一般在前期系统技术方案中，会明确系统须支撑的相关交易场景及其交易量。

2. 功能选取

通过前期数据分析，可得到某个时间段内的功能点或接口及其请求量，作为备选集合供后续进一步筛选。这些功能点或接口往往数量繁多。因此，基于测试目的和效率等方面的考虑，在业务模型的建立时通常需要遵循 4 个规则：TOP 规则、特殊交易规则、内外部系统覆盖规则和等价类规则。一次建模过程可以同时使用一个或多个规则，从而更准确地获取业务模型。

（1）TOP 规则

TOP 规则要求在备选集合中选取占交易总量较大的交易纳入业务模型。TOP 规则通常会采取以下步骤实施：对所有的交易进行占比分析；按占比从高到低进行累加；将占比累加值不小于选取阈值的交易纳入业务模型范围。该阈值通常为 90% 或以上，可根据具体项目情况设定。TOP 规则应用示例如图 5-3 所示。

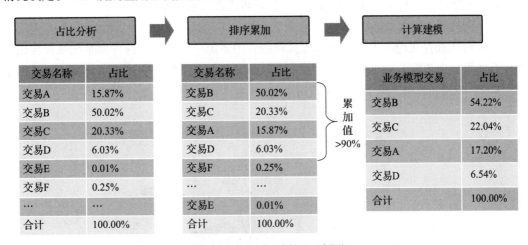

图 5-3 TOP 规则应用示例图

如图 5-3 所示，这是一个交易选取阈值设定为 90% 的业务模型的分析过程，其中占比累加值大于 90% 的交易 B、C、A、D 被选入业务模型。

（2）特殊交易规则

该规则要求在备选集合中选取那些投产运行后可能对系统有潜在性能风险的功能点或接口纳入业务模型。这类功能点或接口主要的特点有：

❏ 实现逻辑复杂；

❏ 与其他功能点或接口采用不同的实现机制，如不同的中间件、通信协议等；

❏ 生产上出现过性能问题；

❏ 代表对本模块、其他关联模块或外围系统等有潜在性能风险的新增交易。

在某系统的实际业务占比分析中,其交易占比如图 5-4 所示。

柜面交易:35%		
序号	业务名称	类型
1	存款公共查询(账号+子账号)	查询类
2	密码校验	交易类
3	尾箱余额查询	查询类
4	存款开户查询(账号+产品代码)	查询类
5	流水查询	查询类

渠道交易:64%		
序号	业务名称	类型
1	结售汇报价接收	查询类
2	自动牌价接收	交易类
3	客户账户余额查询	查询类
4	数字电视转账	查询类
5	对公账户提醒	查询类

其他交易:1%		
序号	业务名称	类型
1	信贷业务	查询类
2	大小额业务	交易类
3	代收代付业务	查询类
4	其他业务	查询类

图 5-4 某系统交易占比图

图 5-4 为某系统的实际业务交易占比。在仅占 1% 的"其他交易"中,"信贷业务"为新增交易,采用了一个公用功能模块,投产后可能对别的交易产生性能风险。此外,"大小额业务"的处理逻辑复杂且执行时间过长。因此将二者纳入业务模型。

(3)内外部系统覆盖规则

在被测系统存在内部子系统或者相关联的外围系统的情况下,内外部系统覆盖原则要求在备选集合中选取功能点或接口时,应在原则上覆盖该系统的众多子系统或相关外围系统。如图 5-5 所示,这是某系统交易占比。

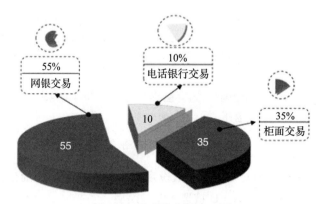

图 5-5 某系统交易占比图

图 5-5 所示的系统受到来自"网银交易""柜面交易""电话银行交易"等不同外围系统的压力。因此,尽管网银与柜面交易已占到所有交易的 90%,电话银行交易占比较小,但是为了全面考查 3 个外围系统对被测系统的性能影响,也必须从电话银行交易中选择部分重要交易纳入测试。

(4)等价类规则

等价类规则是指建立业务模型时根据测试目的,适当地将技术实现相同的交易进行合并，在对服务器端造成同等压力的前提下降低业务模型复杂度。图 5-6 为某系统交易等价类合并的示意图。

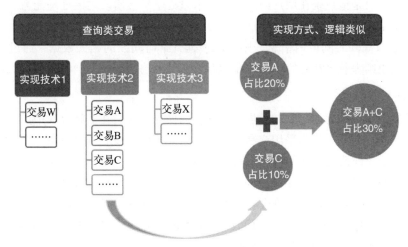

图 5-6　某系统交易等价类合并示意图

如图 5-6 所示，对于部分查询交易，系统采用了 3 种技术进行实现，在交易选取时对同样采用实现技术 2 的交易 A、C 进行合并，并根据交易 A、C 的交易总量重新计算占比。

3. 占比推算

通过上述步骤可得到入选业务模型的待测功能点或接口及其数量列表。重新计算各功能点或接口的占比，保证占比总和为 100%，形成最终的业务模型。

5.1.3　业务模型中常用性能指标的补充说明

在第 2 章深度解读性能测试典型指标时，针对性能指标提供了明确的标准定义。企业在实践过程中不断深入和积累，逐渐对部分性能指标的标准进行了补充，特别是在结合业务场景的分析过程中。

1. 系统处理能力

在第 2 章中已对系统处理能力做了标准定义，本节主要是对 RPS（Request Per Second，每秒请求数）进行补充。我们知道 TPS 主要从事务数的角度来进行统计，而 RPS 主要从请求数的角度来进行统计。其中一个事务可以包含多个请求，当事务中的请求只有一个的时候，TPS 等于 RPS。

对 TPS 和 RPS 来说，TPS 更为业务人员所理解，而 RPS 更能考查出系统真实的处理能力。在实际分析系统处理能力的时候，需要根据业务和项目组的关注点，采用不同指标进行衡量。

获取系统处理能力时，首先考虑系统在设计时是否已有相关的规划值，如规划业务数，若有，则将其直接转化为 TPS 或者 RPS。在没有明确业务规划指标的前提下，对系统处理能力的估算要综合考虑未来系统所承受的业务量，一般会选取系统规划的最大年限。

根据测试目的的不同，系统处理能力指标一般可以分为日常和高峰两种。其中，日常系统处理能力主要是指系统在用户访问以及请求量处于平缓阶段内的处理能力。而高峰系统处理能力主要是指系统在访问和交易量高峰时间段内的处理能力。

若无法获取高峰时间段内信息，则可以根据日常时间段的相关数据，通过经验公式进行折算。二八原则为业界常用的规则，即80%的业务交易量需在20%的工作时间内完成。

2. 响应时间

本节主要对不同维度的响应时间进行定义，以便测试人员在实施过程中灵活使用。

对于系统响应时间，通常采用交易平均响应时间、90%交易响应时间、最大/最小响应时间等指标衡量系统性能。这些指标的具体解释如下。

❑ 交易平均响应时间：在单位时间内某交易运行多次的响应时间的平均值。

❑ 最大/最小响应时间：在单位时间内某交易所有响应时间中的最大和最小值。

❑ 90%交易响应时间：在单位时间内某交易运行多次，将所有响应时间按升序排列，得出前90%的交易的响应时间都小于的值。

性能测试主要考查系统的交易平均响应时间和90%交易响应时间，最大/最小响应时间一般作为系统问题诊断的辅助手段。

响应时间分析是在业务模型的基础上实现的，需要针对每个不同功能或接口获取响应时间的指标。单个功能或接口响应时间的提取步骤如下：

1）明确所测交易的步骤，划定计算时间的事务范围；

2）取得业务部门的需求指标；

3）明确用户在操作过程中可接受的最大响应时间；

4）根据测试目的，决定是否去除前端页面展示等与服务器交互无关的时间消耗；

5）根据测试环境与生产环境的差异进行调整；

6）获得最终的系统响应时间。

3. 用户数

第2章中已对用户数（系统注册用户数、在线用户数和并发用户数）做了标准定义。在实际项目实施过程中，不管是业务人员、项目经理、开发工程师等都会对并发用户数产生不同的理解，而压测结果中的并发用户数通常对应压测工具中的线程数（脚本中不增加任何等待时间），并非真实用户数。

在压测实施中，如果需要采用并发用户数进行测试，那么在这些用户操作间将不加任何的间隔时间。对于并发用户数，可以采用平均值（平均并发用户数）和峰值（最大并发用户数）进行计算。常规测试场景中大部分采用平均值进行测试，在某些极端情况的测试场景中可以考虑采用峰值进行施压。在浪涌测试场景中或者峰值测试场景中，可采用峰值在峰值点施加压力。

4. 成功率

在实际项目实施统计过程中，成功的概念分为业务逻辑成功、系统响应成功等，可根据不同系统的测试要求进行调整。性能测试一般只采用正案例对系统进行施压，因此测试过程中产生的错误功能点或接口一般都是系统无法承受压力导致的。一般联机系统均需满足99.9% 的成功率，具体指标可视具体项目需求设定。

5. 资源占用率

企业内部定义标准指标范围时，一般参考企业中运维部门定义的指标范围，同时可以结合具体的项目需求来对该范围进行调整。

5.1.4　业务模型中测试指标的选取规则

基于第 2 章提供的度量指标的定义，在落地时对业务模型中测试进行补充和完善。测试指标的选取与测试目的及系统的交易场景密切相关。结合性能测试经验，目前系统处理的主要场景分为联机类和批量类场景，本节针对这两类场景给出测试指标建议。

1. 联机类场景

联机类场景主要是指系统处理一些实时性的在线交易请求时的情况。在这个场景下，性能测试主要考查系统能否处理日常业务交易，并满足高峰时需达到的用户数或者系统处理能力。

一般情况下，在选取性能测试指标时，系统处理能力、用户数、响应时间、成功率、常规资源占用率（CPU、内存）均需要纳入选取范围。但为进一步定位系统问题，可根据以下要素，有针对性地对指标进行筛选。

（1）前端与后台的交互方式

1）提供客户端或者 Web 操作页面。采用 C/S 或 B/S 架构的应用系统会提供客户端或者 Web 页面与用户交互，这类系统会关注用户体验。在不同的在线用户数或者并发用户数下，系统的性能表现不同。因此，针对需要验证是否满足 3 年规划指标的系统，必须考虑在高峰时间段内系统的在线用户数或者并发用户数。

2）仅提供接口服务。对于该类系统，在测试前需要考查同一时刻需要同时处理的请求数。可分析能调用被测系统接口服务的前置系统的个数及其线程数或者进程数，来衡量请求数。

3）前后台交互为长连接或者短连接。如采取长连接的方式进行交互，应考虑系统维护连接所消耗的资源，所以需使用在线用户数和用户操作间隔时间对系统进行施压和考查。如采用短连接的方式进行交互，在线用户数和并发用户数均可作为指标。

（2）业务的复杂度

大部分业务均由多个步骤组成。因此，在获取响应时间指标时，需明确是否有必要考查单个步骤的系统响应时间。若仅需关注其中某些步骤，则需明确具体的响应时间计算的起始点。一般脚本录制中，对于人为操作的等待时间，需从时间计算中去除。

对于流程性的复杂业务功能，在制定系统处理能力指标时，需明确流程完成数、中间单步骤完成数、系统请求数等数据的计算的颗粒度，我们按需采用合适的计算方法即可。

（3）业务系统与非业务系统

针对处理业务的系统，其成功率建议不低于99.9%。一般核心业务系统的成功率要求满足99.99%。针对非业务类管理系统，成功率要求应不低于98%。

（4）数据存量

系统在长时间使用过程中会产生存量数据，影响系统的性能表现。因此，需要根据实际系统归档时间和系统规划年限，确认在线表大小。

下面对几类常见系统进行详细介绍。

（1）业务交易类应用系统

业务交易类系统主要是指涉及交易、支付等业务处理的系统，该类系统的主要功能如处理银行存取款功能，处理电商应用加购、下单、支付功能等。该类系统更注重业务交易处理的正确性和及时性，其性能测试指标要求如表5-1和表5-2所示。

表 5-1　业务交易类应用系统性能测试指标要求概述

性能指标	指标要求	是否必须
响应时间	由于各个功能的业务不同、逻辑处理不同，需针对不同的功能给出不同的响应时间需求 若单个功能采用流程化方式实现，那么单个功能会包含多个子功能，对此则推荐提供两个指标，即整个功能的响应时间和各子功能的响应时间（至少提供其中一个指标）	是
系统处理能力	业务类应用系统需重点关注该指标 若单个功能采用流程化方式实现，那么单个功能会包含多个子功能，对此则推荐提供两个指标，即整个功能的处理能力和各子功能的处理能力（至少提供其中一个指标）	是
成功率	不低于98%	是
资源占用率	常规指标为 CPU 利用率、内存占用率，若存在大量文件读写，则建议使用相关指标，其余视具体应用而定	是
在线用户数	按不同的功能点，列出该系统的在线用户数以及操作间隔时间	否，按需给出在线用户数
并发用户数	通过沟通和公式获取并发用户数	是
数据量	根据归档策略以及规划年限定义数据需求	是

表 5-2　某业务交易类应用系统性能测试指标要求

性能指标	指标要求
响应时间	流程 A 的响应时间 1 秒 流程 B 的响应时间 10 秒 流程 C 的响应时间 90 秒

（续）

性能指标	指标要求
系统处理能力	20XX 年峰值分钟业务数：1 800÷60=30×60%=18（笔／秒） 20XX 年峰值分钟请求数：66 000÷60=1 100×60%=660（次／秒）
成功率	不低于 98%
资源占用率	CPU 利用率不超过 70% 内存占用率不超过 90%
数据量	用户表 XXX 万条

（2）管理类应用系统

管理类应用系统指那些为日常工作或者上级监管提供处理功能的系统，比如客户关系管理系统。该类系统面向企业内部用户，需重点关注响应时间以及系统所能承受的在线用户数或者并发用户数，因此二者同时作为系统的考查重点。如无法估算合理的并发用户数，可采用在线用户数和操作间隔时间代替。管理类应用系统性能测试指标要求如表 5-3 和表 5-4 所示。

表 5-3　管理类应用系统性能测试指标要求概述

性能指标	指标要求	是否必须
响应时间	由于各个功能的业务不同、逻辑处理不同，需针对不同的功能给出不同的响应时间需求 若单个功能采用流程化方式实现，那么单个功能会包含多个子功能，对此则推荐提供两个指标，即整个功能的响应时间和各子功能的响应时间（至少提供其中一个指标）	是
系统处理能力	管理类应用系统需重点关注该指标 若单个功能采用流程化方式实现，那么单个功能会包含多个子功能，对此则推荐提供两个指标，即整个功能的处理能力和各子功能的处理能力（至少提供其中一个指标）	否
成功率	不低于 98%	是
资源占用率	常规指标为 CPU 利用率、内存占用率，若存在大量文件读写，则建议使用相关指标，其余视具体应用而定	是
在线用户数	按不同的功能点，列出该系统的在线用户数以及操作间隔时间	二者必须提供一组，其中在线用户数必须提供
并发用户数	通过沟通和公式获取并发用户数	
数据量	根据归档策略以及规划年限定义数据需求	是

表 5-4　某管理类应用系统性能测试指标要求

性能指标	指标要求
响应时间	登录时间不超过 3 秒，其他功能响应时间不超过 2 秒
系统处理能力	4 年预估日均交易数为 30 000 笔／天，假设交易集中在 15 小时内完成，则应用的 TPS 不小于 0.55 笔／秒
成功率	不低于 99%

（续）

性能指标	指标要求
资源占用率	CPU 利用率不超过 70%，内存占用率不超过 80%
在线用户数	XXX
并发用户数	XXX
数据量	用户表 XXX 万条

（3）报表类应用系统

报表类应用系统是那些通过对数据库（数据仓库）进行分析后，产生大量以报表形式进行展示的可用结果的系统。这类系统特点在于，多数报表生成功能对数据库单个操作时间较长，总体完成数据分析和展示的时间较长（相较于一般的联机类交易）。对于报表类应用系统性能测试指标要求如表 5-5 和表 5-6 所示。

表 5-5　报表类应用系统性能测试指标要求概述

性能指标	指标要求	是否必须
响应时间	不同的报表功能，响应时间需求不同 若过程中系统与前端存在多次交互，建议给出单个交互步骤的响应时间指标	是
系统处理能力	按生成的报表数进行计算	否
成功率	推荐 95% 以上	是
资源占用率	常规指标为 CPU 利用率、内存占用率，若存在大量文件读写，则建议使用相关指标，其余视具体应用而定	是
在线用户数	按不同的功能点，列出该系统的在线用户数以及操作间隔时间	二者必须提供一组，其中在线用户数必须提供
并发用户数	通过沟通和公式计算获取并发用户数	
数据量	根据归档策略以及规划年限定义数据需求	是

表 5-6　某报表类应用系统性能测试指标要求

性能指标	指标要求
响应时间	XX 简表 50 秒 XX 简表 30 秒 XX 简表 60 秒
系统处理能力	无
成功率	不低于 99%
资源占用率	CPU 利用率不超过 70% 内存占用率不超过 80%
在线用户数	XXX
并发用户数	XXX
数据量	根据 3 年规划，用户表为 XXX 万条

（4）接口服务类应用系统

接口服务类应用系统主要是指为其他系统提供接口服务的系统，如提供 Web Service 的系统，本节中服务特指执行单个处理请求（非批量）的系统。接口类应用系统可分为同步调用和异步调用。对于异步调用的短连接系统，需额外注意在峰值并发数下运行的情况。与该类系统的项目组沟通时，可按照如表 5-7 和表 5-8 所示的模板要求给出性能测试指标。

表 5-7　接口服务类应用系统性能测试指标概述

性能指标	指标要求	是否必须
响应时间	提供接口调用、处理以及返回所消耗的时间	是
系统处理能力	服务处理能力	否
成功率	按服务的实时性需求制定，一般推荐 99.9%	是
资源占用率	常规指标为 CPU 利用率、内存占用率，若存在大量文件读写，则建议使用相关指标，其余视具体应用而定	是
在线用户数（即连接数）	对于使用同步、异步长连接的接口，在线用户数等于长连接数量 对于同步调用的短连接，在线用户数等于最大请求数，同时需提供请求间隔 对于使用短连接方式被异步调用的系统，建议关注峰值并发数下运行时对并发请求数的估算，跨系统异步调用存在任务分发的不稳定性	长连接：是 同步短连接：与并发请求数二者之间必须提供一个 异步短连接：与并发请求数二者之间必须提供一个
并发用户数（即并发请求数）	对于同步调用的短连接，并发用户数等于最大并发请求数 对于使用短连接方式被异步调用的系统，建议关注峰值并发数下运行时对并发请求数的估算，跨系统异步调用存在任务分发的不稳定性	同步短连接：与在线用户数二者之间必须提供一个 异步短连接：与在线用户数二者之间必须提供一个
数据量	根据归档策略以及规划年限定义数据需求	是

表 5-8　某接口服务类应用系统性能测试指标要求

性能指标	指标要求
响应时间	接口 A0.5 秒 接口 B0.3 秒 接口 C1 秒
系统处理能力	0.5 笔 / 秒
成功率	不低于 99.9%
资源占用率	CPU 利用率不超过 75% 内存占用率不超过 80%
并发用户数	XXX
数据量	根据 3 年规划，用户表为 XXX 万条

2. 批量类场景

批量交易主要是以成批连续的方式处理数据库中的数据。这类场景一般由程序触发执行或者在固定时间段内执行，性能测试需验证批量交易是否能够在规定的时间段内处理完既定数据量的任务，如表 5-9 和表 5-10 所示。

表 5-9　批量类应用系统性能测试指标概述

性能指标	指标要求	是否必须
响应时间	关注既定数据量下批量运行所需时间	是
资源占用率	常规指标为 CPU 利用率、内存占用率，若存在大量文件读写，则建议使用相关指标，其余视具体应用而定	是
数据量	根据归档策略以及规划年限定义数据需求，包括可提供记录数、文件大小以及数量	是

表 5-10　某应用系统批量处理的性能测试指标要求

性能指标	指标要求
响应时间	功能 A：1 000 万数据量的批量处理在 3 小时内完成 功能 B：在半小时内完成 20 万数据量
资源占用率	应用、数据库的 CPU 和计算内存的占用率都不超过 80%
数据量	功能 A：1 000 万 功能 B：20 万

5.2　数据模型

本节所描述的数据模型是指模拟系统在上线后的生产环境中的数据准备情况，包括当前的数据，也包括未来年度规划的数据情况，通过不同的方式来进行数据的准备，使系统的数据情况符合系统生产运行时的情况，以此作为性能测试方案实施的重要依据。

数据建模作为性能测试方案的重要组成部分之一，其目的是在实施性能测试时更加真实地模拟生产环境数据情况下系统的运行状态，以便在真实用户使用系统时，系统能够在性能方面提供稳定的服务能力。其核心目的是在数据方面保障压测时的真实性。

5.2.1　数据建模的 2 项核心内容

数据模型的内容主要包括两大部分，第一部分为基础数据，也叫存量数据；第二部分为测试数据，也是压测过程中脚本使用的数据。

1. 基础数据

基础数据是指被测系统在实际生产上数据库中的数据，它包括整个数据量的规模和系统涉及的关键表的数据情况。尽量保持压测任务涉及的关键表的数据库接近生产环境，避免数据量差异过大造成压测结果与真实环境的性能表现存在偏差。基础数据的准备工作一般由运维部门和项目组负责。

基础数据包括数据库的数据和缓存数据（如 Redis 中存储的数据），它分为两个部分，第一部分是整体数据量，第二部分是系统涉及的关键表的数据量，具体如下。

❑ 整体数据量规模：整体数据库存储为 20GB，Redis 缓存使用 5GB，20 万条记录。
❑ 关键表数据量规模：客户信息表 = 500 万条记录；用户信息表 = 600 万条记录；账单信息表 = 1000 万条记录；SIM 卡数据总表 =200 万条记录；号码数据总表 =1 亿条记录；业务操作记录表 =5 亿条记录等。

2. 测试数据

业务测试数据是指业务模型中各个功能点所需要使用的执行数据，这些数据必须尽可能模拟生产上的实际情况，以满足用户使用情况下的数据要求。业务测试数据的准备工作一般由运维部门和项目组负责，较多情况下也会由测试部门进行准备。下面看几个数据准备的示例。

（1）功能一：存款功能
❑ 测试数据量 = 10 万条记录
❑ 约束 1：从各市客户中随机选取
❑ 约束 2：可用状态等其他方面的要求
（2）功能二：取款功能
❑ 测试数据量 = 15 万条记录
❑ 约束 1：从各市客户中随机选取
❑ 约束 2：可用状态等其他方面的要求
（3）功能三：用户登录
❑ 测试数据量 = 100 万条记录
❑ 约束 1：用户登录 80% 数据已缓存
❑ 约束 2：用户返回信息大小不一致等其他方面的要求

5.2.2 数据建模的 3 套方案

数据模型的建模主要针对基础数据、测试数据、执行方案，通过不同的方法进行准备，具体如下。

1. 基础数据准备方案

基础数据的准备我们一般通过两种方式进行准备。第一种通过复制生产数据，同时对生产的数据进行信息的脱敏，把脱敏后的数据作为基础数据。第二种通过造数据来完成基础数据的准备，造数据可以通过直接插入数据库的方式来完成，也可以通过业务功能接口来完成。具体使用哪种方式，可以结合具体项目实际情况来进行选择。

2. 测试数据准备方案

对于测试数据，我们一般分为两种类型。第一种是消耗型数据，比如注册需要用的手机号、购买的商品数量等。第二种是可重复使用的数据，比如登录的用户、查询的订单等数据。针对这两种类型的数据，一般我们通过以下几种方式进行准备：第一种是针对商品数量的数据，直接修改商品数量的上限来完成；第二种是针对查询或者登录要用到的数据，通过数据库插入数据或者使用业务接口完成业务功能来实现。比如使用登录功能的用户，可以通过注册接口来完成登录用户信息的准备，然后通过 SQL 语句获取数据库中可用的测试数据来使用。另外针对需要准备多少数据量的问题，测试数据可以按照实际需要的量来进行准备，比如登录需要达到 2000 并发用户数，那我们可以准备至少 2000 登录用户数，一般情况下我们会按照比例多准备一些测试数据。

3. 执行过程中数据准备方案

执行过程中数据准备其实主要考虑两点内容。第一点，如何保障基础数据是一致的。随着压测场景的执行，数据库中的数据也会越来越多，此时需要考虑如何保障每次压测场景的基础数据是一致的。第二点，如何让一次性消耗的数据可以持续使用。针对部分特殊业务场景，可能无法准备所有压测场景的数据，或者准备如此大量的数据其实和生产环境是不一致的。在以上两种情况下，我们一般先准备好需要的数据，然后进行数据的备份，当每次场景执行完成后再进行数据的恢复。数据的备份可以采用快照方式，也可以采用数据库备份恢复的方式，具体使用哪种方式主要取决于数据量的大小。

5.3 监控模型

监控模型是指通过工具实现对应用、数据库、操作系统以及网络的使用情况进行监控，获取在性能测试执行过程中的各项指标。

监控模型作为性能测试方案的重要组成部分之一，其目的是在实施性能测试时由浅入深地全方面监控服务端链路的整体性能情况，从而通过监控指标准确地对当前业务场景下的系统性能作出评估，同时通过监控数据快速完成性能问题的定位。其核心目的是在监控方面保障压测时对数据的全方面度量评估和对问题的快速定位。

监控模型的内容主要包括但不限于以下 4 个部分：第一部分为操作系统层监控，第二部分为应用指标层监控，第三部分为组件指标层监控，第四部分为网络带宽层监控。操作系统层监控部分主要监控的指标包括被测服务的 CPU 利用率、内存占用率、磁盘使用情况等。应用指标层监控部分的主要指标包括 TPS、QPS、各类响应时间、事务或接口的成功率、失败请求的报错和返回等。组件指标层监控部分的主要指标包括数据库服务器的情况，如索引、慢 SQL、连接数等，以及 Kafka 服务的情况，如队列情况等，由于涉及内容较多，此处不详细介绍。网络带宽层监控部分的主要指标包括网络带宽的使用大小、网络的丢包情况等。

监控模型的建模主要通过不同的方法进行监控，具体如下。

1）操作系统自带命令和工具，是指通过操作系统本身自带的命令来进行相关指标的监控。例如可以通过 top 命令查看 Linux 服务资源的使用情况，可以通过资源管理器工具查看

Windows 服务器资源情况等。

2）开源工具，是指通过开源工具来完成监控。比如使用 JMeter 来完成应用层相关指标的监控，比如使用 nmon 工具来完成对操作系统的监控等。

3）商业化工具，是指通过采购相关商业化的工具来完成对相关指标的监控。比如使用 LoadRunner 来完成应用层相关指标的监控等。

5.4　策略模型

策略模型是指在性能测试执行过程中，通过制定不同的执行实施策略来获取在各种不同情况下的系统性能指标，并评估这些指标是否达到预期效果。它对第 1 章的性能测试类型进行了补充和完善。

5.4.1　策略建模概述

策略建模作为性能测试方案的重要组成部分之一，通过设置不同的策略来实现不同的测试目的和需求。在对业务模型中的功能点或接口进行策略的设置时，其核心目的是在测试策略方面保障测试执行场景的多样性。

这里介绍的策略模型内容基于第 1 章中介绍的性能测试的类型，在企业实际建设过程中对其他性能测试类型方面进行补充。它的内容主要包括但不限于以下重要测试场景：

❑ 基准测试；

❑ 单场景测试；

❑ 负载测试；

❑ 容积测试（容量测试）；

❑ 稳定性测试；

❑ 健壮性测试；

❑ 压力测试；

❑ 恢复性测试；

❑ 浪涌测试；

❑ 批量处理场景测试。

5.4.2　策略建模方法

以下针对每一个模型的内容进行具体说明，包括模拟场景、测试目的、负载压力、执行方法、指标要求和测试结果分析几个维度，如表 5-11 至表 5-21 所示。其中表 5-16 和表 5-17 的健壮性测试用于验证系统是否能在出现故障的情况下保持继续运行的能力，这里基于两个常用场景出现故障的情况进行描述，其他场景下的故障可根据具体项目来具体定义。

表 5-11 基准测试

事项	内容
模拟场景	在系统无其他负载压力情况下，单用户进行单个交易 / 功能点操作
测试目的	测试环境确认之后，对业务模型中涉及的每种功能做基准测试，目的是检查业务本身（单个接口 / 功能点）是否存在性能缺陷，其响应时间可作为基准值，为将来混合场景的系统测试及性能分析提供参考依据
负载压力	一个并发线程
执行方法	使用负载模拟工具编写脚本，实现客户端向应用服务器发送交易请求并接收返回结果，采用一个用户并发执行场景迭代 100 次（可根据具体项目调整）的方案，每次迭代间等待 1 秒，场景执行结束为止
指标要求	各交易响应时间的最大值满足预期指标 各交易成功率满足 100%
测试结果分析	响应时间 成功率

表 5-12 单场景测试

事项	内容			
模拟场景	在系统无其他负载压力下，一定用户并发进行单个接口 / 功能点操作			
测试目的	单场景测试是针对业务模型中的每种功能，利用一定量的并发进行加压测试，获取其性能表现，并验证接口 / 功能点是否存在并发性能问题			
负载压力	使用负载模拟工具编写脚本，向系统发送业务请求并接收返回结果，使用不同并发压力进行测试（按需），获取单功能的性能表现 ❑ 对单个接口 / 功能点的性能拐点无要求时，按"预期系统整体负载指标 × 交易占比"来计算最大值并获取对应的负载压力，特殊情况可根据项目需求调整 ❑ 对单接口 / 功能点的性能拐点有要求时，按如下方式逐步递增负载压力			
	测试场景 / 功能	加载 / 卸载方式	并发用户数	持续时间
	功能点 1	持续加压，保证虚拟用户全部正常登录，如以每 3 秒 5 个用户的速度加载 卸载功能同理，保证虚拟用户全部正常退出	施加不同并发用户数，可根据情况增加或减少并发，直到找到系统的性能拐点	30 分钟
	功能点 2		不同用户并发，可根据情况增加或减少并发，直到找到系统的性能拐点	30 分钟
执行方法	按单场景的负载压力保持运行 20 分钟			
指标要求	可不作指标要求，或根据项目组特定需求而定			
测试结果分析	响应时间 系统处理能力 成功率 资源平均占用率			

表 5-13　负载测试

事项	内容
模拟场景	在可能发生的业务模型下，按照一定用户数进行并发操作
测试目的	在方案中给定的业务模型下，验证系统是否满足预期的性能指标
负载压力	项目组预期负载指标：TPS、并发用户数、在线用户数
执行方法	按负载指标的负载压力保持运行 30 分钟
指标要求	满足方案中给定的各项性能测试指标
测试结果分析	响应时间 成功率 系统处理能力 资源平均占用率

表 5-14　容量测试

事项	内容		
模拟场景	在可能发生的业务模型下，按不同用户数逐渐加压，直到找到系统处理能力的拐点或瓶颈		
测试目的	在方案中给定的业务模型下，在满足负载指标（TPS、并发用户数或在线用户数）的情况下，获取系统的最大处理能力		
负载压力	使用逐步递增的并发线程数		
执行方法	使用容量测试的负载压力保持运行 30 分钟		
	加载 / 卸载方式	并发用户数	持续时间
	持续加压，保证虚拟用户全部正常登录，如以每 3 秒 5 个用户的速度加载 卸载功能同理，保证虚拟用户全部正常退出	分别施加 10、20、30、40、50、60 个并发用户的，可根据情况增加或减少并发，直到找到系统性能拐点	每次 30 分钟
指标要求	满足方案中给定的各项性能测试指标		
测试结果分析	响应时间 成功率 系统处理能力 资源平均占用率		

表 5-15　稳定性测试

事项	内容
模拟场景	在可能发生的业务模型下，按一定用户数持续 24 小时执行操作
测试目的	在方案中给定的业务模型下，在一定负载压力下验证系统是否可长时间稳定运行，特别关注是否有内存泄漏等问题
负载压力	负载压力选取方式一般如下： ❑ 如果以并发用户数为指标，负载压力选用容量测试最大处理能力对应的并发用户数的 75% ❑ 如果以 TPS 为指标，可选取容量测试最大处理能力的 75% ❑ 可根据具体项目与项目组沟通而定
执行方法	按稳定性测试的负载压力保持运行 24 小时（可根据项目需求延迟执行时间）

（续）

事项	内容
指标要求	满足方案中给定的各项性能测试指标
测试结果分析	响应时间 成功率 系统处理能力 资源平均占用率

表 5-16　健壮性测试（1）

事项	内容
模拟场景	负载均衡的服务器硬件（或应用进程）之一发生故障
测试目的	当负载均衡的服务器硬件（或应用进程）之一发生故障时，获取系统的性能表现
负载压力	一般情况下，建议使用容量测试中的峰值负载压力，若项目组有特殊要求可自行定义，但不应低于方案中预期负载指标
执行方法	1）常规场景 步骤一：正常负载均衡情况下保持运行 30 分钟 步骤二：关闭一台服务器（或一个应用进程）后，在负载压力不变情况下保持运行 30 分钟 步骤三：重启被关闭的服务器（或应用进程）后，在负载压力不变情况下保持运行 30 分钟 2）特殊场景（系统采用 F5 负载均衡器实现负载均衡，且发压客户端与系统启用了会话保持设置） 准备工作：将压力发起端 IP 平均分为 2 组，每组 IP 均不重复，通常采用虚拟 IP 实现，每组分配的虚拟 IP 数视项目而定 步骤一：采用第一组 IP 进行发压，正常负载均衡情况下保持运行 30 分钟 步骤二：关闭一台服务器（或一个应用进程）后，在负载压力不变情况下保持运行 30 分钟 步骤三：重启被关闭的服务器（或应用进程）后，同时使用第二组新 IP 在负载压力不变情况下保持运行 30 分钟
指标要求	阶段一：指正常负载均衡情况下保持运行 30 分钟。满足方案中给定的性能测试指标 阶段二：指关闭服务器硬件（或应用进程）的瞬间。允许有交易失败，但交易失败时间段不能超过负载设备检测时间，若项目组有特殊要求，则建议不超过 3 分钟 阶段三：仅指部分服务器硬件（或应用进程）提供服务期间，即交易失败到重启动作发生之间的时间段。其中，客户端发起的请求应被其他服务器（或应用进程）正常处理，成功率不低于指标要求；响应时间不能超过指标要求（可选）；TPS 不能低于未关闭前 TPS 的 $(1-1/n) \times 100\%$，其中 n 为服务器（或服务器实例）数量（可选）；资源使用率满足指标要求（可选） 阶段四：指重启服务器硬件（或应用进程）操作时间。其中，项目组需要给出重启服务器硬件（或应用进程）所耗时长（指重启动作发生到重启成功之间），实际重启时长不能超过给定指标；性能的指标要求同阶段二 阶段五：指重启服务器硬件（或应用进程）成功后。系统性能各项指标接近未关闭前，变化幅度不低于项目组给定的阈值，参考值为 5%
测试结果分析	响应时间 成功率 系统处理能力 资源平均使用率

表 5-17　健壮性测试（2）

事项	内容
模拟场景	健壮性测试关注关联系统影响场景 场景一：与被测系统交互的外围系统或接口服务无响应（项目组指定交易） 场景二：与被测系统交互的外围系统或接口服务的响应时间增加但未超时（项目组指定交易） 场景三：与被测系统交互的外围系统或接口服务响应超时（项目组指定交易） 场景四：与被测系统交互的外围系统或接口服务的响应时间随机（项目给出随机时间上下边界值）(项目组指定交易）
测试目的	当与被测系统交互的外围系统或接口服务出现异常时，获取被测系统的性能表现
负载压力	一般情况下，建议使用容量测试中峰值负载压力，若项目组有特殊要求可自行定义，但不应低于方案中预期的负载压力指标
执行方法	使用负载压力保持运行 30 分钟
指标要求	场景一：项目组指定交易之外的其他交易平均响应时间、成功率需满足指标要求 场景二：项目组指定交易之外的其他交易平均响应时间、成功率需满足指标要求；项目组指定交易成功率需满足指标要求，平均响应时间需满足增加延迟后的需求指标（原指标时间＋增加的延迟时间） 场景三：项目组指定交易之外的其他交易平均响应时间、成功率需满足指标要求 场景四：项目组指定交易之外的其他交易平均响应时间、成功率需满足指标要求；项目组指定交易允许交易失败，但成功率需满足项目组根据场景给定成功率指标
测试结果分析	响应时间 成功率 系统处理能力 资源平均使用率

表 5-18　压力测试

事项	内容
模拟场景	系统在极限负载压力下持续运行 若系统采用排队机制，则不建议实施极限测试；若系统在 10 倍容量测试中的峰值负载压力下 CPU 或内存资源的平均使用率仍不能达到 90%，则不建议实施极限测试
测试目的	获取系统在极限负载情况下的性能表现
负载压力	以容量测试获取的最大并发用户数为基础，逐步增加压力，使服务器 CPU 或内存资源的平均使用率临近 90%，将此时的负载作为极限测试的负载压力
执行方法	使用极限负载压力持续运行 1 小时
指标要求	系统中各服务器实例均处于运行状态
测试结果分析	响应时间 成功率 系统处理能力 资源平均使用率

表 5-19 恢复性测试

事项	内容
模拟场景	验证系统能否快速地从错误状态中恢复到正常状态
测试目的	验证系统在负载压力过大的情况下，从处于过载状态无法正常处理请求，恢复到最大处理能力对应负载后的性能表现，关注压力减小后交易成功率、系统处理能力、资源使用率等指标是否恢复正常 备注：过载状态主要表现为交易的失败率陡增，系统无法正常处理请求
负载压力	高峰压力：以容量测试获取的最大负载为基础，逐步增加压力，使系统交易成功率不满足指标的临界点压力 低峰压力：采用容量测试获取的最大负载压力
执行方法	步骤一：采用高峰压力执行测试 10 分钟 步骤二：降低负载压力到低峰压力，运行 30 分钟
指标要求	步骤一：无指标要求 步骤二：接近正常情况下容量测试中最大负载时的指标，变化幅度在项目组给定的阈值内，参考值为 5%
测试结果分析	响应时间 成功率 系统处理能力 资源平均使用率

表 5-20 浪涌测试

事项	内容
模拟场景	高峰和日常压力交替多次出现，对系统进行访问
测试目的	验证系统在高峰、低峰压力多次出现的情况下是否存在异常
负载压力	高峰压力：采用容量测试获取的最大系统处理能力作为高峰压力 低峰压力：采用负载测试的系统处理能力（或者容量测试中峰值负载压力的 20%）作为低峰压力
执行方法	步骤一：使用高峰压力稳定运行 20 分钟 步骤二：降至低峰压力，稳定运行 20 分钟 步骤三：以上两个步骤再按顺序执行两遍 备注：共 3 个周期的波峰 / 波谷
指标要求	测试执行期间各阶段指标需满足预期 每个周期的 TPS 波峰 / 波谷变化幅度需在可接受阈值（由项目组提供，建议在 5% 之内）范围内
测试结果分析	按负载变化分阶段统计各指标平均值 分析整个测试过程中 3 个周期响应时间、系统处理能力、资源使用率趋势

表 5-21 批量处理场景测试

事项	内容
模拟场景	在无背景压力或特定背景压力下执行批量测试
测试目的	验证在既有测试环境下待测批量能否满足业务预期规划指标

（续）

事项	内容
负载压力	项目组准备所需要的批量测试数据，并触发批量执行 系统测试处监测系统资源
执行方法	在预期处理时间内批量处理完成规划数据量 成功率和资源使用率需满足预期 其他指标需满足预期（若有），如批量交易的 TPS
指标要求	批量执行时间、处理数据量以及 TPS（若有），如项目组从日志中反馈批量执行发起的时间点及结束的时间点、批量处理的数据量、批量完成的轮数等 资源使用率平均值及趋势
测试结果分析	在无背景压力或特定背景压力下执行批量测试

5.4.3　策略模型中测试类型的选取建议

联机类系统通常选取的性能测试类型主要为基准测试、单场景测试、负载测试、容量测试、稳定性测试。根据具体测试目的，可通过增删来选取适当的性能测试类型。以下针对常见测试目的来提供一些测试类型选取建议，可根据相应的目的进行组合，形成高效的测试策略，如表 5-22 所示。

表 5-22　不同测试目的与软件宜采用的性能测试类型

测试目的	基准	单场景	负载	稳定性	容量	健壮性	恢复性	浪涌
验证系统是否满足预期的性能指标（上线或几年规划）	◎	◎	●					
验证系统的稳定运行能力	◎	◎		●				
获取系统的最大处理能力	◎	◎			●			
验证系统在异常状态下的健壮性	◎	◎				●		
验证系统异常情况下的自恢复能力	◎	◎					●	
验证系统在高峰和日常压力交替时的可靠性	◎	◎						●
获取当前系统主要参数的最优配置	◎	◎			◎			

注：◎表示可选，●表示必选。

5.5　风险模型

风险模型是指在性能测试实施过程中可能存在的风险，这些风险主要是由外部因素导致的而不是应用系统本身产生的。

风险模型作为性能测试方案的重要组成部分之一,通过在实施性能测试过程中提前对可能存在的风险进行评估和拟定应对方案,以保证性能测试实施过程的顺利进行,以及在出现问题后能够快速解决问题,验证测试结果数据的准确性。核心目的是在风险方面保障压测的可控。

5.5.1 风险模型的 6 项基本内容

风险模型的内容主要包括 6 项,分别为脚本风险、数据风险、业务风险、环境风险、监控风险和版本风险。

1)脚本风险:开发性能测试脚本遇到的技术问题,例如加密解密、开发语言、安全认证、参数化不正确、循环配置不正确、验证方法不正确、场景运行参数不正确等。

2)数据风险:数据库中的基础数据和性能测试案例所需测试数据欠缺、不足、不真等问题,例如某个业务需要 10 万条测试数据而数据库中总共 100 条。

3)业务风险:由于业务人员在前期沟通时没有透露全部信息,测试团队开发性能测试脚本时遇到业务逻辑不正确或者业务数据条件不正确等问题。

4)环境风险:性能测试环境的管理权问题,例如性能测试数据经常被功能测试工程师改变,或者在性能测试环境中运行着不知名的程序占用了大量的 CPU 和内存资源等。

5)监控风险:在用性能测试工具监控时可能存在对某些对象无法实现监控的问题,比如在用专用监控工具监控的时候可能涉及版本、费用、有效周期、使用人员能力等方面的问题。

6)版本风险:在开发过程中可能存在缺乏版本控制手段或者版本控制手段不符合规范的情况,这些会导致测试脚本开发阶段与测试执行阶段中的被测系统版本不同而无法执行测试,或者测试执行过程中与测试执行过程后的被测系统版本不同而出现性能问题。

5.5.2 风险建模的 5 个方面

针对以上可能存在的风险,我们一般会从以下几个方面做到一定程度上的风险把控,具体如下。

1)多次确认:针对业务模型中涉及的业务关系以及脚本编写涉及的技术内容等进行多次确认和沟通。

2)内容评审:针对业务场景、数据准备和完成的脚本内容,组织相关业务人员和技术人员进行评审工作。

3)人员协调:协调好相关的运维工程师、开发工程师在压测执行过程中进行更全面的监控数据的分析,提高项目实施的效率。

4)环境管理:针对独立的性能测试环境,由测试团队项目实施人员进行独立管理,压测过程中禁止其他人员使用。针对共用环境,需要制定环境使用的时间段,同时在执行前进行人工确认,最终希望在压测执行时明确压测平台对被测服务的执行情况,避免最后存在共用的情况。

5）版本管理：进行压测版本的有效管理和每一轮压测的回归，对压测的应用版本，由开发与性能测试工程师确认无误后进行压测环境的版本发布，同时性能测试人员记录时间和版本以及对应的测试结果。

5.6　执行模型

执行模型是指性能测试项目的开展是按照一定的流程和规范来进行的。执行模型作为性能测试方案的重要组成部分之一，在实施性能测试项目时能够使测试人员明确每个阶段及其工作内容，核心目的是在执行方面保障性能测试项目有效且顺利开展。性能测试流程规范体系就是执行模型的核心内容，这些内容其实在第 3 章介绍过了，所以在此就不展开了。

性能测试环境

在软件的整个生命周期过中会涉及不同的环境，包括但不限于开发环境、测试环境、预 / 准生产环境和生产环境等。在测试环境中包括但不限于功能测试环境、性能测试环境、用户验收测试环境等。不同测试环境有着不同的测试目的，为了帮助读者了解性能测试环境的特殊性，本章会详细讲解与性能测试环境相关的内容。

测试目的不一样，对测试环境的准备和搭建也会不一样。为什么性能测试的环境准备工作非常重要？接下来从两个维度来解答。

首先，性能测试指标结果数据是否准确是衡量性能测试价值的重要标准之一，如果性能测试数据不对或者不够准确，其价值很低，对评估系统能否满足线上业务指标没有任何参考意义，甚至还会导致错误的判断，从而造成生产系统宕机，产生不可挽回的重大经济损失。所以能否获取非常准确的数据对性能测试环境的搭建和准备是至关重要的。

其次，通过性能测试发现性能问题并对其进行定位和解决是保障系统上线后在生产环境中不出现性能问题的重要手段之一。在不同的性能环境下进行性能测试，一定会对性能问题的发现、定位和解决有着不同的影响，能否更好、更全面地发现并解决问题对性能测试环境的搭建和准备也是至关重要的。

6.1 准备性能测试环境的 3 个原则

性能测试环境的准备直接影响着性能测试的结果是否存在价值，那么应该遵循哪些原则来进行性能测试环境的准备呢？这样准备的原因又是什么？以下通过 3 个原则来进行详细的论述。

1. 真实性原则

真实性原则是指在准备性能测试环境时，尽量和目标环境（一般指生产环境）一致，或者直接使用生产环境。这样做的主要原因是，越真实的性能测试环境越能够使人更全面地发现存在的性能问题，并且越能够获取更准确的性能测试结果数据。在提前解决生产性能问题的同时，其数据也能提供给业务部门，便于业务部门了解系统性能容量的情况，可以对性能测试结果数据进行准确的评估，有利于保证系统生产的稳定。

真实性原则主要包括但不限于以下几个方面。

❑ 基础设施，包括 CPU、内存、磁盘（包括型号、大小、性能等）等硬件指标，操作系统及版本、应用中间件及版本、数据库及版本等软件指标，以及如带宽大小、网络延迟和抖动等网络指标。

❑ 应用版本，主要是指应用程序开发的业务系统的版本需要与目标版本一致。

❑ 数据量，主要是指应用系统生产数据库及其他业务存储的数据容量大小，同时不同表的数据量需要与目标环境一致。

2. 独立性原则

独立性原则是指性能测试环境是独立的，特别在压测的过程中，测试环境必须是独立使用的，不能和其他测试工作并行使用。主要原因是性能测试会受到其他因素的干扰，导致结果数据的不准确，不准确的结果就会导致性能测试的投入无效，可能还会出现误判的情况。如果不能保证性能测试过程中环境的独立，造成的影响就是数据的不准确和无效工作。

独立性原则主要包括但不限于以下方面。

❑ 不共用环境。与开发、功能测试等任务不共用同一套环境，性能测试有独立的测试环境。共同调用该环境的系统需错峰使用，不能共用。

❑ 压测场景串行开展。在性能测试过程中，对一个系统进行压测时，针对不同的测试场景需串行开展，不能并发，否则会互相影响测试结果。

3. 收益性原则

收益性原则是指我们在准备性能测试环境的过程中需要考虑成本的投入和产出，技术是为业务服务的，所以不能只考虑技术实现，还需要考虑投入产出比。

之所以会提出收益性原则，主要是出于如下两种场景的考虑：一种是系统涉及服务较多，重新搭建一套和生产环境相等配置的测试环境的成本较大，同时一直保留一套与生产完全一样的性能测试环境的成本更大；另一种是直接在生产环境上进行压测，此时除了需要准备额外的部分资源外，其风险也较大，可能会对生产造成影响。

在这两种不同场景下，需要结合目标和收益来整体考虑如何进行性能测试环境的准备，这是很重要的。

收益性原则主要包括但不限于以下方面。

❑ 资源成本：主要涉及硬件资源等方面投入的成本，特别是针对微服务架构在 50 个服务节点以上场景时进行的资源准备等。

❑ 人力成本：主要涉及运维工程师和开发工程师工作量的投入，比如需要投入运维相关机器，还需要开发人员进行应用系统的维护工作等。

6.2　方案选择

前面讲到了性能测试环境准备的重要性，也分析了进行性能测试环境准备的三大原则，下面将讨论如何结合性能测试的目的有效地准备环境，以达到预期效果。

6.2.1　环境准备最优方案概述

企业开展性能测试的目的包括但不限于功能并发性能评估、系统整体性能评估、系统生产容量评估。

在不同性能测试目的下，环境准备的最优方案如表 6-1 所示。

表 6-1　环境准备最优方案表

性能测试目的	环境类型
功能并发性能评估	开发环境
	功能测试环境
	独立性能测试环境
系统整体性能评估	独立性能测试环境
	生产环境
系统生产容量评估	生产环境

如表 6-1 所示，结合三大原则统筹考虑，对于不同的性能测试目的可以选择一种或多种环境来进行准备。下面对表格中提及的 4 种环境进行说明。

1）开发环境：是指进行程序开发所需要的环境，它可以是开发者自己的电脑设备，也可以是用于开发的测试环境，其环境变更比较频繁，一般情况下开发环境都指后者。

2）功能测试环境：是指用于功能测试的环境，主要用于验证系统的功能是否正确，一般情况下服务器的资源配置基本上以最小单元组成，被测应用软件的版本相对稳定，变更一般以一轮迭代的方式进行更新。

3）独立性能测试环境：是指独立进行性能测试的环境，只用于性能测试结果的获取，以及性能问题的发现、定位和解决。在软硬件资源配置上一般会要求和生产环境等配，当然如果生产环境的服务器资源较大，可能也会按照等比例的方式进行准备。被测应用软件的版本基本上是功能相对稳定的，每次系统应用版本的变更会按照开发迭代计划进行性能测试环境发布，比如 1 个月 1 次。

4）生产环境：是指实际用户使用的环境。当然还有准生产环境和预生产环境，针对这两种环境来说，软硬件都与生产环境一致，一般情况下因为此时应用还没有被正式用户使用，我们会把它们当成独立性能测试环境来使用。关于应用版本基本上是应用软件的最新版本。另外暂不考虑灰度环境。

6.2.2　功能并发性能评估

功能并发性能评估主要是指通过对功能或者接口进行并发性能测试，获取单个功能或者接口的各个性能指标，包括响应时间、系统处理能力、成功率等指标。

功能并发性能评估要达到以两个目的：评估功能和接口在并发情况下是否存在性能问题，这是最重要的目的；了解并发情况下的性能指标情况。

为了达到并发性能评估的目的，在环境准备方案选择时可以考虑 3 种环境：开发环境、功能测试环境和独立性能测试环境。前两种环境可以很好地发现并发情况下的性能问题，但是性能指标参考价值可能不大，而独立性能测试环境能够同时达到上述两个目的。没有选择生产环境的主要原因在于风险较大，并且前面 3 种环境下已能够达到预期目标。

在企业落地性能测试的过程中，针对系统中的单个功能或接口，在测试环境的选择上可以结合不同的目的来进行，具体如下。

1）开发自测。开发完成某个模块或者更新完成迭代功能，测试目的是评估新功能或迭代功能的性能表现。此时可以选择针对单个功能点进行性能并发测试的本地环境或者开发环境，目的是验证单个功能点是否存在性能问题，同时获取当前环境下的性能表现。该环境可能支持的并发量较小，但必须可以进行并发性能评估，并验证功能的并发能力是否达到预期。比如，针对刚开发完成的"注册"功能进行并发性能评估，可以在开发环境中由开发工程师进行性能自测，验证该功能的性能情况。

2）测试评估。开发人员对产品完成自测后，测试工程师会逐步开展软件的测试工作，此时包括功能测试和性能测试等。性能测试的目的是评估在功能验证正确的情况下系统的性能表现，而其中一个子目的是评估每个功能或者接口是否存在性能问题，同时获取当前配置下的性能指标情况。此时可以选择功能测试环境或者独立的性能测试环境来进行测试。在选择功能测试环境的情况下，一般功能测试的环境很难和生产环境有相同的配置，但是该环境在稳定性上会优于开发环境，所以可以通过功能测试环境获取单个功能和接口的性能指标数据，并将其作为性能参考值。在选择独立的性能测试环境的情况下，软硬件配置和生产环境一致，所以我们在该环境上可以做到上线前对单个接口的性能问题进行定位和优化，满足功能生产上线需要达到的性能指标。比如，在独立的性能测试环境中获取"注册"功能的性能表现，定位并优化测试过程中遇到的性能问题，来达到上线前的指标要求。

6.2.3 系统整体性能评估

系统整体性能评估主要是指通过模拟不同时刻业务场景，对系统的混合功能或接口进行性能测试，以获取单个功能或者接口在业务场景混合情况下的响应时间、系统处理能力、成功率、资源占用率等指标。通过这些性能指标进行业务换算，进而评估系统的整体性能。

系统整体性能评估的目的是，在一定环境下模拟真实用户的业务场景，评估在该场景下系统的整体性能表现，解决过程中遇到的性能问题，并且满足系统的上线要求。

要进行系统整体性能评估，一般选择功能测试环境或独立的性能测试环境，其中独立的性能测试环境是最佳选择。之所以保留了功能测试环境，主要是考虑到收益性，特别是针对服务节点达到 30 个以上并且涉及服务器数量较多的情况。

在企业落地实施性能测试的过程中，针对一个电商系统进行上线前的性能评估。在测试环境的选择上可以结合以下两种情况进行考虑。

若该系统上线前业务量小，每天交易量在 2000 笔左右，每日用户访问量在 50 000 人，涉及的服务器数量大概在 10 台以内。基于以上情况，如果有功能测试环境，并且其配置与生产环境相差不大，可以选择功能测试环境进行性能测试，但是建议功能测试和性能测试串行开展。另外考虑到准备一套独立的性能测试环境的成本相对可控，如果需要进行持续的性能跟踪，建议搭建一套独立的性能测试环境。环境的选择应该视具体企业实际情况而定，合理才是最优选择。

若该系统生产业务量较大，服务器数量已经达到 100 台以上。基于以上情况，建议搭建独立的性能测试环境，但是从收益性原则考虑，可以分 3 个部分。第一部分是搭建一套完全等配的环境，在 1 个月内完成系统的整体性能评估。第二部分是完成整体性能测试环境，环境配置可以缩减为原来配置的十分之一，在此配置上做持续的性能跟踪。第三部分是结合实际的情况对该独立性能测试环境进行随时扩缩容操作，以完成其他场景下的性能目标。所以这样的情况下，只建议准备独立的性能测试环境。

6.2.4 系统生产容量评估

系统生产容量评估主要是指模拟生产业务场景，通过性能测试获取系统在生产环境下的容量情况，评估系统在高峰时候能否稳定运行。此时涉及的主要指标包括用户数、响应时间、系统处理能力、成功率、资源占用率等。通过容量的性能指标进行业务换算，可评估系统生产能够支撑的最大业务容量。

系统生产容量性能评估的主要目的是验证生产环境能够支持的最大容量情况，避免系统在峰值时出现性能事故，保证系统能够稳定运行，同时基于生产环境容量情况采取一定的保护措施。

针对系统生产容量评估，只能选择生产环境，没有其他可选择的方案。在企业落地生产容量测试的过程中，针对不同的行业和业务系统，对环境的选择存在一定的差异，具体如下。

❑ 非 24 小时在线系统：比如证券行业的核心交易系统，每天 3 点以后就停止交易，同时周末、节假日也是非交易日。针对这种类型的系统直接使用生产环境，不需要对生产环境做任何变动，可以通过容量测试进行评估，在过程中需要注意对测试数据的清理。

❑ 24 小时不停机的业务系统：比如电商业务系统。针对这类系统，我们在使用生产环境进行容量评估的时候，需要对生产环境做一定的改造（不管是侵入式还是非侵入式，比如进行数据隔离），此时会存在污染生产数据的风险，所以整个实施过程需要通过非常专业的流程和技术规范来进行整体把控。

Chapter 7 第7章

性能测试工具平台

工欲善其事，必先利其器，在性能测试领域也是如此，找到适用企业自身情况的性能测试工具平台可以极大地提高性能测试的效率。目前各大企业根据不同的发展阶段选择不同的工具平台，例如开源的压测工具 JMeter、付费的压测工具 LoadRunner，以及自主研发的全链路压测平台等。本章将详细介绍各种压测工具。

7.1 常见压测工具对比

前文提及 JMeter、LoadRunner、全链路压测平台，本节从宏观的几个主要方面比较一下各工具的优缺点，具体如表 7-1 所示。

表 7-1　工具平台主要优缺点对比表

工具名称	主要优点	主要缺点
JMeter	轻量级工具，安装简单 图形化界面，新手上手快 开源，支持二次开发，例如，对私有协议，可以二次开发插件来支持相应的协议	报告分析模块较少 自有支持的协议较少 脚本录制功能简陋 高并发及复杂业务场景使用要求较高
LoadRunner	支持多种标准协议，并在版本中不断完善 支持多语言脚本开发 支持多种协议的脚本录制，录制回放功能强大 具有强大的实时监控与数据采集功能 报表分析功能较全，可以精确分析结果，定位问题	非开源，用户无法自行扩展 部署安装相对笨重，资源占用率高 功能复杂、学习成本较高

（续）

工具名称	主要优点	主要缺点
全链路压测平台	全流程一体化，高效协同 低代码脚本编写和模板化能力 支持链路的梳理和监控跟踪分析 多地域高仿真高并发流量模拟 智能化测试结果评估及问题定位 多版本性能基线持续跟踪 过程资产统一化管理 各维度数据统计分析及度量	功能强大的平台本身复杂度较高，维护成本高 脚本录制功能简陋

7.2　LoadRunner 简介

LoadRunner 最初是由 Mercury 公司开发的一款性能测试工具，2006 年被惠普公司收购。它是一款适用于各种体系架构的自动化性能测试工具，通过模拟实际用户的操作行为和实时性能监控，来协助测试工程师迅速地发现被测系统的性能瓶颈。

作为一款商用化的产品，LoadRunner 在国内性能测试领域早期占据了半壁江山，大多数早期的性能测试从业者对它都不陌生，目前仍有不少金融行业的测试团队在使用它来进行性能测试。

LoadRunner 主要由 VuGen、Load Generator、Controller 和 Analysis 等几个核心模块组成。

1. VuGen

VuGen（Virtual User Generator，虚拟用户生产器）是用于生成虚拟用户脚本的工具，因此它也被称为虚拟用户脚本生成器。VuGen 是基于"录制 – 回放"模式的工具，提供了整个脚本的开发环境。在录制脚本时，VuGen 会记录虚拟用户所执行的操作并生成函数及对应的请求信息以代码的形式将这几个操作记录下来，生成可供后续编辑的原始脚本文件。在录制期间，VuGen 会监控虚拟用户的行为，记录用户发送到服务器的所有请求以及在服务器接到的所有应答，这对后续的脚本调试对比请求和返回有良好的参考作用。

2. Load Generator

Load Generator（负载发生器）主要用于模拟用户对服务器提交请求的过程。通常情况下 Controller 和 Load Generator 是分开的，主要的原因是在模拟成百上千的虚拟用户进行性能测试时，每个虚拟用户都是需要消耗系统资源的，如果虚拟的并发用户过多，会导致机器出现瓶颈而无法正常地回收结果和保证数据的准确性。

3. Controller

Controller（控制器）主要用于设计场景和进行实时监控。在脚本编辑完成后，必须将测试脚本转化为真实用户的模拟策略，场景设计的目的就是设计出一个最接近用户实际使用的场景，场景设计越接近用户使用的实际情况，测试出来的数据就越接近真实值。Controller 的实时监控更多的是对资源使用情况的监控，供测试工程师检查这些系统资源是否存在瓶颈。

4. Analysis

Analysis 是一种数据分析工具，可以收集性能测试中各种基础数据供测试工程师进行分析，判断测试结果是否满足预期指标，并为编写测试报告提供参考。

7.3　JMeter 简介

Apache JMeter 是 Apache 基于 Java 开发的压力测试工具，用于对软件做压力测试。JMeter 最初被设计用于 Web 应用的测试，但后来扩展到了其他测试领域，可用于测试静态和动态资源，如静态文件、小的 Java 服务程序、CGI 脚本、Java 对象、数据库和 FTP 服务器等。JMeter 可对服务器、网络或对象模拟负载，在不同压力下测试它们的强度并分析整体性能。另外，JMeter 能够对应用程序做功能测试，通过创建带有断言的脚本来验证程序是否返回了期望结果。为了实现最大限度的灵活性，JMeter 允许使用正则表达式创建断言。使用 JMeter 进行性能测试时，主要工作流程为：在线程组中设置好相关参数，并通过配置元件、前置处理器、定时器、断言等组件设置其他的参数信息，然后使用采样器发送请求，通过后置处理器、断言、监听器等组件分析查看测试结果。

JMeter 主要由采样器（Sampler）、逻辑控制器（Logic Controller）、前置处理器（Per processors）、后置处理器（Post processors）、断言（Assertion）、定时器（Timer）、配置元件（Config Element）和监听器（Listener）8 个常用核心组件组成。下面分别介绍这 8 个核心组件的作用。

采样器主要用于向服务端发送请求，接受服务端的返回数据，JMeter 5.3 默认自带 20 多个不同的采样器，常用的包含 HTTP、FTP、TCP、SMTP、Java 请求等，同时支持自定义扩展发压插件。

逻辑控制器提供了多种控制逻辑，如常用的事务控制器、IF 控制器、循环控制器、仅一次控制器、随机控制器、吞吐量控制器等，便于用户对脚本中的各种逻辑进行快速处理。

前置处理器的主要作用是在请求发送前进行一些特殊的处理，例如设置采样器的超时时间，设置用户参数，引用前一次的正则表达式提取器获得响应数据等。

后置处理器通常用来处理服务端的响应数据，例如要获取当前请求的某个参数做后续请求的校验，就需要使用 JSON 提取器、边界提取器、BeanShell 等。

断言包括响应断言、JSON 断言、XPath 断言等。其中，响应断言对应检查点，是对服务端响应数据的规则校验，通过合理的检查点来判断响应是否满足业务预期。

定时器的主要作用是在脚本的步骤中设置统一或随机的等待时间，控制请求的时间间隔，延长请求到服务器的时间，模拟真实用户的行为，以及在获取服务端某些数据之前加固定时器，以确保之前的请求已经在服务端生成了数据。

配置元件可用于设置默认属性和变量等数据，供采样器获取所需的各种配置信息，如常用的 CSV 数据文件设置、HTTP 信息头管理器、HTTP Cookie 管理器、用户自定义变量等。

监听器主要用于监听测试结果，例如调试脚本和线程组执行时想要获取测试结果，就必须通过查看结果树、汇总报告、聚合报告等方式来实现。

7.4　全链路压测平台简介

全链路压测平台在业内常用的性能测试工具的基础上增加了新的能力和功能，可以更好地用于当前微服务架构下系统的性能测试。以下会从全链路压测平台的背景、能力和核心功能 3 个方面进行详细介绍。

7.4.1　背景

随着国内互联网行业的快速发展，大型企业的业务数据呈现爆发式的增长，测试涉及的业务场景越来越复杂，微服务架构涉及的系统越来越多。此时想要预测整条服务链的容量，找到系统的性能瓶颈，需要用接近生产场景的数据来模拟压测场景，于是各大互联网公司开始从传统的性能测试工具逐渐转向自研全链路压测平台。

此时传统的性能测试工具存在一定的不足。

首先，对于交付效率，总的来说存在 4 个问题：自动化程度低，无法快速及自动化执行；性能问题排查慢，没有更好的工具手段；团队协助成本高，没有高效的协助平台；测试资产复用率低，没有平台来做资产沉淀和性能持续回归。

其次，对于运行质量，也存在 4 个问题：无法发现深层次的问题；性能调优重度依赖开发工程师；容易忽视系统可靠性方面的测试；结果未产生数据化价值。

7.4.2　能力

为了满足性能测试业务的需要，全链路压测平台需要具备图 7-1 所示的几个能力。

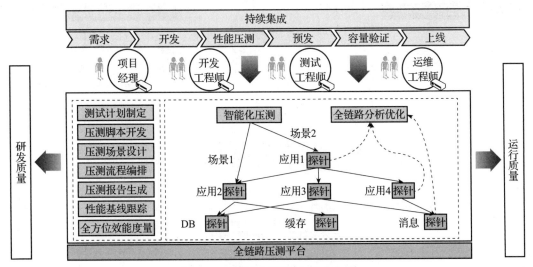

图 7-1　全链路压测平台能力介绍

对图 7-1 所示的能力说明如下。

❑ 智能化压测能力主要能够提高压测的实施效率，能够在压测方面提供更多的手段。

❑ 全链路分析优化能力主要能够提高问题分析能力，能够在问题定位方面提供更多的手段。

❑ 持续集成能力主要是指外部平台集成的能力，可以提高系统发布后的实施能力，当然还包括和其他内部管理系统打通的能力。

❑ 数据度量能力主要是指平台沉淀数据的能力，包括对数据进行各维度分析、度量的能力（该能力在图中没有明确给出）。

7.4.3 核心功能

结合全链路压测平台的能力要求，下面针对全链路压测平台的核心功能进行简单介绍。除去压测要求必须具备的基础功能外，全链路平台还包括多地域、智能化压力发起，统一规范和高效协同，一次编排和多次执行，自动调度和无人值守，基线跟踪和风险预警，效率产能和全面度量 6 个方面的功能。

1. 多地域、智能化压力发起

如图 7-2 所示，通过模拟多地域的真实业务场景，向生产系统施加并发压力，测试不同业务高峰情况下的用户体验。平台的智能决策引擎可自动识别系统的压力，并判断是需要持续加压还是降低压力。

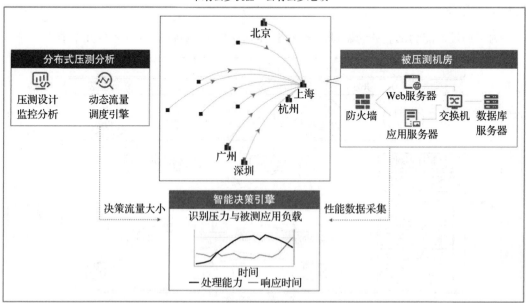

图 7-2　多地域、智能化压力发起

2. 统一规范和高效协同

如图 7-3 所示，从测试需求到测试目标转换，从场景设计、分布式压测调度执行、性能瓶颈分析定位，到测试报告产出，实现全流程一体化高效协同。

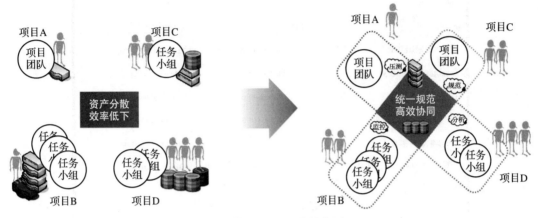

图 7-3　统一规范和高效协同

3. 一次编排和多次执行

如图 7-4 所示，针对需要配置的场景只需要完成一次编排就可以持续多次执行。这是基于原有测试模型，加入测试准入和测试准出实现的。

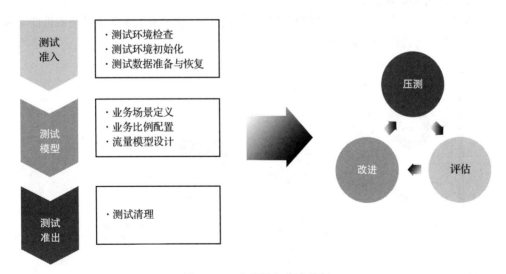

图 7-4　一次编排和多次执行

4. 自动调度和无人值守

如图 7-5 所示，测试场景一次流程编排，多次无人值守执行，可以自动切分数据文件并分布式下发至压力机，同时可根据指定线程数进行压力机数量的自动分配，也可灵活对接任意 DevOps 平台，完成快速迭代后的性能回归工作。

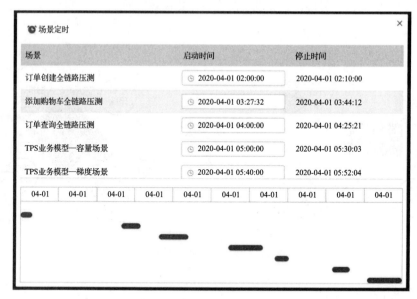

图 7-5 自动调度和无人值守

5. 基线跟踪和风险预警

如图 7-6 所示，实现多版本全链路性能差异对比，自动识别版本变更带来的性能风险，为关键业务建立可持续的性能基线。

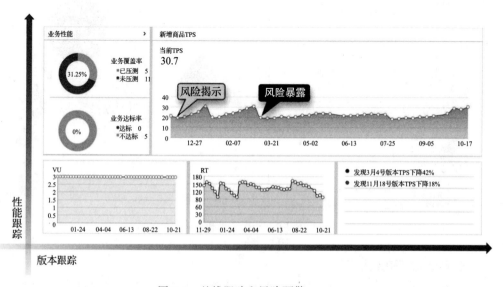

图 7-6 基线跟踪和风险预警

6. 效率产能和全面度量

如图 7-7 所示,通过对项目的管控、资产的统计、问题的跟踪和团队的产能等多个维度进行全面度量,同时对这些度量数据进行分析,提高测试效率,提升团队产能。

图 7-7　效率产能和全面度量

总之,犹如会使用性能测试工具不等于掌握性能测试一样,有了全链路压测平台也不等于掌握全链路压测,工具平台最终都是为体系服务的。多数企业最终的目标是搭建一体化智能化的性能测试体系平台。首先,结合互联网全链路压测方案及传统集中式压测方案,在测试计划制定、测试准备、测试执行、结果分析以及性能基线管理的全流程上建立完整的性能测试体系,提高测试效率。其次,结合深度性能监控与调优技术,在迭代上线前充分暴露性能问题。最后,建立全面的性能基线追踪与度量体系,对性能问题进行持续跟踪。

另外,针对生产全链路环境,企业自研的全链路压测平台均可以实现多地域高并发模拟、测试请求流量染色、数据监控日志隔离、性能容量持续规划、生产变更灰度演练等能力,以保障重大活动稳定运行。生产全链路压测技术实现了生产高仿真度压测,在生产环境容量评估、稳定性保障中发挥了举足轻重的作用。我们可以通过第 12 章的案例详细了解。

针对智能化根因分析模块,企业自研的全链路压测平台专注于应用系统的实时性能诊断,是基于问题驱动的实时性能分析产品。通过无入侵方式在极低的性能开销下帮助测试工程师发现问题、定位问题、解决问题,让每个性能问题无所遁形。具体来说,能够简单高效地发现 CPU 突增、内存泄漏、线程使用不规范、异常 GC 等性能问题。

构建企业级链路分析体系

前文已经对企业级性能压测体系建设进行了详细说明，本章主要针对性能测试执行阶段的链路分析技术进行介绍，核心内容包括链路分析技术的基础、企业级链路分析体系建设，以及常用的链路分析工具。

8.1 链路分析技术的基础

链路分析技术的核心包括字节码增强技术、探针技术和链路标识透传技术等。这些技术在测试分析场景和运维场景上均有实践，以下主要从技术实现和在测试中的应用场景上进行说明。

8.1.1 链路分析技术出现的背景

随着互联网高速发展，各行业的系统越来越复杂。为了保障复杂系统下的业务稳定，企业采用互联网分布式信息技术架构，将复杂的业务逻辑独立出来由专门的应用服务器处理，因此系统的应用架构也随之由简入繁。为了保障分布式架构系统稳定，链路分析技术应运而生，在压测分析、运维监控等场景均有应用。本章仅针对其在性能测试阶段的技术实现、建设思路和运用场景进行详细说明。

为了便于深刻理解链路分析技术，这里带大家回顾一下系统应用架构的发展阶段。

1. 单体式阶段

系统应用架构的第一个阶段为单体式阶段。此时一个应用包括了所有的业务功能，业务体量较小，基本无流量压力。因此在这个阶段 IT 部门不仅不会安排性能测试工程师，甚至专职运维工程师也没有。

2. 负载集群阶段

系统应用架构的第二个阶段为负载集群阶段。通过负载均衡配合 DNS 的解析，实现将用户请求均匀或按需转发给内网多个应用节点，可在理论上支持较大的用户流量。

在这样的模式下，性能测试活动一般以开发团队自测为主，通过开源工具进行性能测试，获得系统的性能指标，解决代码级别的性能问题或者对应的数据库等中间件的问题。为了进一步解决数据库等中间件的问题，IT 系统逐渐垂直拆分，分为不同的子系统，以这样解耦的方式减少数据库瓶颈等问题，同时降低开发工程师对系统的理解成本。

3. SOA 阶段

系统应用架构的第三个阶段为 SOA（面向服务架构）阶段。随着系统业务的扩大，解耦程度越来越高，服务层越来越臃肿，IT 团队面临服务实现复杂度高、应用之间有大量数据交互等问题。这个时候就需要考虑 SOA。

SOA 是一个组件模型，它将应用程序的不同功能单元（即服务）进行拆分，并将这些服务通过接口和协议联系起来。接口采用中立的方式定义，独立于实现服务的硬件平台、操作系统和编程语言，这使得构建在各种各样系统中的服务可以以一种统一和通用的方式进行交互。

SOA 的出现主要解决了业务重用、资源连接瓶颈的问题。通过分布式应用程序协调服务软件 ZooKeeper、Nacos、反向代理 Web 服务器 Nginx 等常用的解决方案，服务提供者先进行注册，将自己的服务调用等信息注册到服务中心。当客户端进行调用时，会先根据服务名称找到对应的服务地址，再进行下一步的实际服务调用。

在这个阶段，在业务体量较大的企业中，其应用系统之间的调用关系已经开始逐渐变得复杂，各个应用节点均可能成为性能瓶颈。此时如果想在性能测试过程中尽量全面地发现问题，则需要投入大量的专业人员，因此很少有性能测试团队能较好地完成分析，导致潜在的性能缺陷容易发布到生产环境。

4. 微服务架构阶段

系统应用架构的第四个阶段为微服务架构阶段。微服务架构会更高粒度地划分应用系统，从本质上来说是 SOA 的延伸，可以认为它是 SOA 的最佳实践。相较于 SOA，微服务架构更加关注系统的解耦。它通过有效的规划，将业务系统拆分成独立的个体，同时使各业务系统具备独立运行的能力。

微服务架构具备组件化、去中心化的优势，同时对性能测试工程师也提出了新的要求。在业务系统进行解耦的时候，往往伴随着数据库和相关组件的拆分，导致正常的业务调用从单个服务节点变为多个微服务节点。

由于存在大量的服务，测试团队会面临一些问题。首先，在性能测试分析阶段，一个性能瓶颈可能会涉及多个服务之间的相互调用，依靠常规的分析手段无法将服务链路与用户请求进行快速关联。其次，传统的性能分析手段可以对单节点的系统指标进行监控，但是在微服务架构下，难以找到服务故障源头节点，并判断影响范围。

以上问题困扰了大量测试组织。在微服务架构下，由于系统的复杂程度提升，已经无法靠人工方式进行有效和精准的问题梳理，单纯依靠开发工程师自测已经无法较好完成性能测试，因此部分团队开始搭建专业的性能测试团队。

但是性能测试工程师面临复杂的系统调用、异构系统之间不同的数据格式等问题，也难以快速、全面、有效地开展测试工作。在这样的情况下，大量性能测试团队仅能进行单点性能测试，以整合单点的测试数据，粗略评估整体系统的性能。可预见，这种"片面"的测试结果难以保证真实性、有效性，导致测试后的线上系统依然出现较多性能故障，这也导致性能测试团队常常被质疑。

8.1.2　链路分析的核心技术

链路分析主要涉及两方面的技术。

首先是字节码增强及探针技术。字节码增强可以在完全不侵入业务代码的情况下植入代码逻辑，因此可以依赖探针技术，在被测应用服务器上部署一个探针包（JAR 包）。该探针包会在应用启动时对被测应用进行动态插桩（Instrument），例如对开发框架、数据库、非关系型数据库、组件等特定方法实施监控，从而获得方法执行时间、数据库调用时间以及外部服务响应时间。

其次是链路追踪技术。将单个请求所经过的服务节点进行串联，表示一次调用的关系图，多个链路可用来构建链路拓扑图。每个请求会生成唯一的链路标识，无论链路中是否有线程切换，无论链路中有多少通信协议，标识会在整条请求链路中进行透传，将经过的数据上下文进行串联，以实现接口请求链路拓扑展示、实例拓扑展示、应用拓扑自动关联的能力。

以下则针对其中的具体技术点进行说明。

1. 字节码增强及探针技术

从狭义来讲，字节码增强技术会对已经转换为字节码的 .class 文件进行操作。图 8-1 描述了字节码生命周期，可以看到 Java 源代码通过 Java 编译器生成字节码，最后在 JVM 上运行，而 JVM 为代码屏蔽了操作系统底层逻辑，封装了类加载器、字节码、Java 运行时系统、操作系统等能力。

正如 AOP 技术可以分为静态织入和动态织入，字节码也可以分为编译前、编译后、加载前、加载后几个阶段，如图 8-2 所示。

在图 8-2 中，探针主要是通过 Java 自身提供的插桩技术实现的。在类加载器层面修改类文件加载后的字节码，在应用代码中注入实现监控能力的语句，来做数据的收集和分析。这对 Java 代码来说，就是改变 JVM 在加载类文件时候的行为。

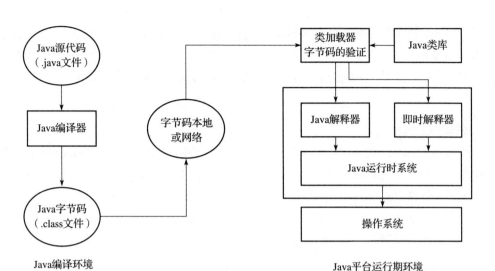

图 8-1 字节码生命周期

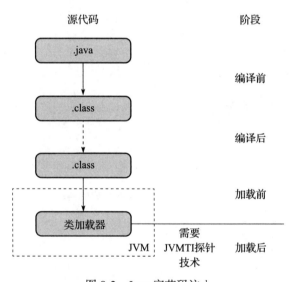

图 8-2 Java 字节码注入

探针技术有两种使用方式:一种是利用 Java 提供的 JVMTI 接口,在启动的时候添加 agentlib 参数;另一种是运行时通过 Attach API 将逻辑模块动态 Attach 添加到指定的 Java 进程内。两种使用方式对应如下两个入口方法。

```
public static void premain(String agentArgs, Instrumentation inst);
public static void agentmain(String agentArgs, Instrumentation inst);
```

上述两个入口方法分别对应两种不同的启动方式:当使用增强方式启动时,增强逻辑会调用 premain 方法;当 Attach 方式启动时,增强逻辑调用 agentmain 方法。

最早的 agentlib 参数都是采用 Native 方式实现的，即采用 C/C++ 的方式，这对 Java 开发者来说门槛很高。后来，Java 5 及更高版本开始提供 Java 语言实现的方式，即大名鼎鼎的插桩包，启动参数是 -javaagent。例如，常见的 -javaagent 的运行命令如下。

```
-javaagent:/YOUR-PATH-TO-AGENT/java-agent/agent-bootstrap.jar
```

2. 链路标识透传技术

一个链路（Trace）代表了一个事务或者流程在系统中的执行过程。在 OpenTracing 标准中，链路是一个由多个跨度（Span）组成的有向无环图（Directed Acyclic Graph，DAG)，每一个跨度代表链路中被命名并计时的连续性执行片段，如图 8-3、图 8-4 所示。

```
一个链路中各跨度的关系


        [Span A]  ←──(the root span)
           |
    +------+------+
    |             |
[Span B]      [Span C]  ←──(Span C是Span A的孩子节点，ChildOf)
    |             |
[Span D]      +---+------+
              |          |
          [Span E]   [Span F] >>> [Span G] >>> [Span H]
                                      ↑
                                      ↑
                                      ↑
                 (Span G在Span F后被调用，FollowsFrom)
```

图 8-3　一个由 8 个跨度组成的链路

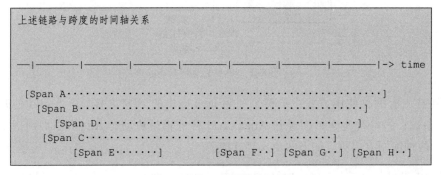

图 8-4　基于时间轴的链路

3. 跨度

一个跨度代表系统中具有开始时间和执行时长的逻辑运行单元。跨度之间通过嵌套或者顺序排列建立逻辑因果关系。通常，业内认为一个跨度代表开发框架、数据库、非关系型数据库、组件的特定方法。

4. 存储额外链路信息的数据结构

每个跨度都会提供方法访问存储额外链路信息的数据结构（Span Context）。其代表跨越进程边界传递到下级跨度的状态，例如 <trace_id, span_id, sampled>，用于实现包含链路标识在内的全局信息传递。

5. 基础数据透传逻辑

基础数据透传逻辑主要包括两层：透传数据上下文和数据透传协议实现层。前者是一层抽象的概念，依附于一个贯穿整条链路的对象。后者是各个通信协议的特性的具体实现，如图 8-5 所示。

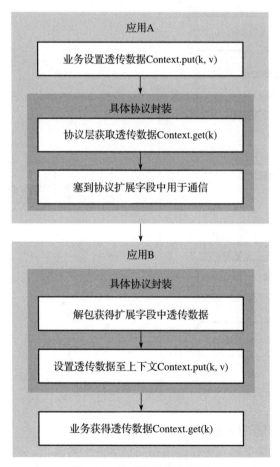

图 8-5　基础数据透传逻辑

这里应用 A 使用透传数据上下文设置透传标志后，各组件想要做标志透传须先使用上下文中设置的透传标志，而后各个组件按照本身的协议实现透传标志。下游应用得到透传标志后重新设置于透传上下文中，这样应用 B 就可使用上下文获取应用 A 设置的透传标志（例如 <trace_id, span_id, sampled>）进行使用。

6. 异步数据透传逻辑

整条链路中可能会存在不少线程切换的场景，如手动起的线程池、Servlet 3.0 的异步、Spring5 的响应式，有些应用甚至使用 Akka。但无论怎样，在 Java 中要处理异步线程的数据传递，主要使用如下方式：线程间共享一个对象（例如线程池的 runnable、网络请求的 request），在链路上下文建立一个全局的弱引用映射，通过这个共享对象在全局完成上下文的异步共享。如图 8-6 所示。

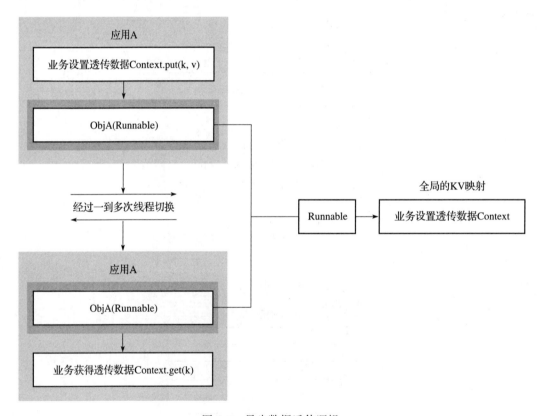

图 8-6　异步数据透传逻辑

7. 针对 observe 场景的传递逻辑

以链路信息为例，在主线程将链路信息封装到一个对象里，再设置子线程的时候显式地将对象传递进去，那么在子线程里就能拿到主线程的链路信息了。

为了对使用者透明，主要采用装饰类的方式，如对 taskDecorator、callable、runnable、

supplier 等类进行装饰，而后在装饰类里预设异步上下文。基于装饰类对象的异步上下文传递如图 8-7 所示。

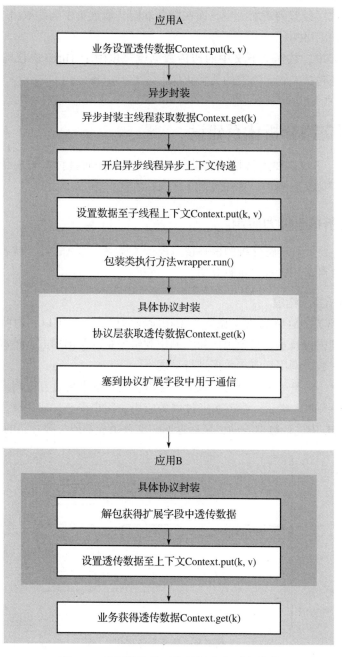

图 8-7 基于装饰类对象的异步上下文传递

总的来讲，各个协议层主要实现两个核心逻辑：将透传数据从上下文中取出并设置到协议中；将透传数据从协议中取出并设置回上下文中，实现方式依协议而定。

如目前使用最普遍的 RPC 框架仍然是基于 HTTP 的，意味着在客户端要将透传数据从数据上下文中取出，设置到请求头中，而在服务端则从请求头中全部取出（可能经过一些过滤），设置回数据上下文中。

在 Thrift 框架中，数据上下文中的透传数据就是依附于 Thrift 协议的头信息进行传递的。与之类似的还包括 Kafka 之类的消息队列。

8.2 企业级链路分析体系建设

在企业内部，不仅需要进行技术建设，还需要考虑如何将技术与现状进行融合，更好地为企业的流程、体系服务。

8.2.1 链路分析核心能力应用

在 8.1 节中主要针对链路分析的核心技术进行了描述，那么这几个技术点在功能层如何应用呢？下面从 3 种应用方式上进行介绍。

1. 实时链路拓扑图构建

在负载集群阶段、SOA 阶段、微服务架构阶段的模式下，可以利用前文所说的链路标识透传、字节码增强等技术，将应用之间的调用逻辑关系以及调用方、被调用方进行完整呈现，甚至对调用次数、调用耗时等数据进行呈现。

如图 8-8 所示，这是一个简单的登录业务逻辑。用户请求通过互联网进行一次登录接口访问（/login），进入防火墙后，会依次经过网关应用、用户中心、应用 A、应用 B，同时会在 Redis 和 MySQL 中进行数据查询，最后返回一个登录成功或失败状态的结果。

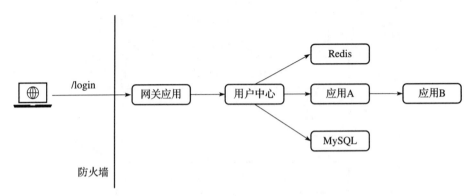

图 8-8　登录业务逻辑

在这样的业务场景下，使用链路分析技术，可以自动构建出对应的链路拓扑图。在日常使用过程中，一般会构建 3 个层级的拓扑图：应用层级拓扑、实例层级拓扑和接口层级拓扑。

　　不同层级的拓扑所展示的内容及可分析的颗粒度各不相同。接下来以上文描述的登录业务为案例，对性能测试环节中的数据呈现进行详细说明。

　　（1）应用层级拓扑

　　主要关注在某个时间段内被测业务中应用的调用关系、调用耗时以及调用次数等信息。假设在前文介绍的登录业务中，1 分钟内有 60 个登录请求发起，那么链路分析系统则会自动构建如图 8-9 所示的应用拓扑。

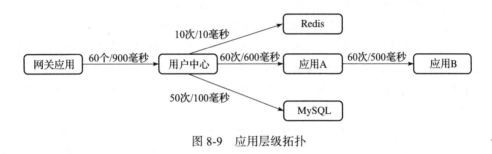

图 8-9　应用层级拓扑

　　应用层级拓扑主要呈现如下两方面内容。

　　1）调用关系。如图 8-9 所示，这 60 个请求的入口端为网关应用，网关应用处理完成后会调用用户中心，其中用户中心根据不同的业务参数或逻辑会进行 10 次 Redis 调用和 50 次 MySQL 调用。它后续会调用应用 A，而应用 A 调用应用 B 进行最终处理。待应用 B 处理完成，且各节点均无异常后，则正常进行响应。当然，在实际系统中调用关系更为复杂，这里仅展示了同步调用，系统中还会存在大量的异步调用场景，但所展示的逻辑及内容大致类似，通过探针等技术自动化构建并可视化展示。通过调用关系的展示，测试工程师能快速了解被测事务的入口及相关应用的关系。一方面，通过应用节点信息（例如应用名称、IP 地址），性能测试工程师能够进行范围确认，确保本次压测的内容与范围是符合预期的。另一方面，通过拓扑图直观地了解系统内部的处理逻辑，测试工程师可以梳理应用之间的调用关系。在实际的性能分析过程中，尤其是在执行混合场景压测时，被测事务复杂，后端应用节点繁多，展示调用关系对测试工程师来说至关重要。

　　2）性能指标。除了链路调用关系外，性能指标也是非常重要的分析数据。如图 8-9 所示，在示例测试场景下，以网关应用为入口进行分析，经过自身代码处理后，网关应用往下游用户中心也同步发起 60 个请求，平均每个请求的响应时间为 900 毫秒，若从压力发起端看平均响应时间为 1000 毫秒，那么可以初步判断网关应用本身代码耗时约为 100 毫秒，整体性能表现相对健康。剩余的 900 毫秒则需要按照调用拓扑往下游进行分析，即查看用户中心的表现及其下游调用情况。

　　以用户中心为核心，通过拓扑链路的性能指标，初步分析如下：用户中心内部逻辑会触发 50 次 MySQL 调用及 10 次 Redis 调用。其中 Redis 调用平均耗时 10 毫秒，表现良好；数据库语句执行平均耗时 100 毫秒，表现良好。应用自身代码执行平均耗时为 900–10–100–600=190 毫秒，表现良好。大量时间花费在下游应用 A 的调用上，因此需要继续针对应用 A 进行分析。

以此类推，通过层层分析，可以初步判断当前耗时较长的过程为应用 B 的代码执行，平均为 500 毫秒，导致整体响应时间为 1000 毫秒。需要针对应用 B 进行深度的代码级分析。

以上分析是基于同步调用模式下的链路进行的。在实际业务中会存在异步调用的情况，但是分析思路一致，即通过上下游的性能指标层层下钻分析。

通过性能指标数据，测试工程师能直观地了解当前应用的性能表现。通过调用次数，测试工程师可以初步判断是否存在架构级问题，如 60 个用户请求可能会触发上千次 MySQL 调用，那么可以初步判断数据库调用可能会成为业务瓶颈，需要反馈给开发工程师进行业务代码修改，减少调用次数。类似这样的异常频繁调用问题，就可以通过性能指标和拓扑图快速发现和定位。

通过平均响应时间，测试工程师可以快速判断性能瓶颈在哪个应用或组件中。以图 8-9 为例，测试工程师可以快速从 6 个节点中判断瓶颈在应用 B 中，减少了针对单个节点逐步分析的成本投入，其排查效率大幅提升，测试工程师则可以将更多的时间分配在丰富测试场景的工作中。

（2）实例层级拓扑

实例层级拓扑在展示界面和性能指标上与应用层级拓扑类似，其核心区别在于应用节点展示的颗粒度不同。这种场景主要出现在负载集群中，某个业务节点有两个实例进行支撑，通过 Nginx 进行负载流量分发，应用层级拓扑会将两个实例进行整体统计，测试工程师如果希望看到单个实例的性能，则建议以实例层级拓扑呈现，如图 8-10 所示。

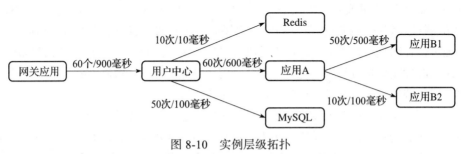

图 8-10　实例层级拓扑

在图 8-10 中，应用 B 实际为两个实例来支撑业务，通过拓扑图及性能指标可以发现，应用 A 发出的 90% 的请求调用被负载均衡设备转发至应用 B1 节点进行处理，而应用 B2 节点仅处理 10% 的业务请求，其流量压力较小，因此响应也较快。

对于分析人员来说，此时的调优建议可能不是对业务代码进行修改，而是需要针对负载逻辑进行检查和优化，平均分配流量至各个实例，充分利用每个实例的计算资源，降低用户端的平均响应时间，提升性能表现。

除了以上负载问题，单实例的资源配置问题也可以通过这样的方式进行发现。例如，在流量相同的情况下应用 B 节点的平均处理耗时较长，若排除代码发布版本问题，那么其实例资源配置可能存在异常，导致应用 B 节点的处理能力较差。

类似的性能缺陷还有很多，实例级别拓扑通过更细颗粒维度的数据呈现方式，将性能指标可视化地呈现给测试工程师，从而能快速地进行分析及调优。

（3）接口层级拓扑

以上介绍了颗粒度更小的实例层级拓扑，那么是否有更细颗粒度层级呢？的确，在实例层级拓扑下，还可以细化至接口层级拓扑。

接口层级拓扑主要展示的是各个节点实际在接口层的互相调用关系。还是以登录场景为例，用户访问的是网关应用，对外暴露接口为 xx/login，网关应用经过内部代码逻辑处理后，调用下游用户中心的 xx/user 接口，用户中心调用的是应用 A 的 xx/A 接口。通过接口层级的调用信息，自动构建如图 8-11 所示的拓扑结构。

图 8-11　接口层级拓扑

在图 8-11 中，标准情况下一个应用存在大量对外暴露接口，而测试工程师仅能知道入口的接口信息。接口的调用关系主要依赖于开发方提供的接口文档，可能存在时效性、准确性等方面问题，需要测试工程师进行多次验证才能得出准确、有效的结果。通过接口层级的拓扑，性能测试工程师可以快速进行接口调用关系的梳理，针对遗漏的调用关系进行补充，针对出错的调用关系进行修订，减少无效的测试执行，从而达到提升测试效率的目标。

同时，针对性能测试过程中出现的异常，测试工程师也可通过接口层级拓扑快速发现缺陷。性能测试工程师与开发工程师进行沟通的时候，可通过接口层级拓扑提供完整的接口调用路径，提升开发工程师定位问题的效率，加快缺陷修复的速度，让性能测试的执行更为顺畅。

以上介绍了 3 种链路拓扑，读者在日常工作中可能会接触其他类型的拓扑，在性能测试阶段常见的还有系统拓扑。

系统拓扑和链路拓扑的最大区别在于构建单位，系统拓扑主要是以操作系统为单位进行构建的，链路拓扑主要是以系统实例为单位进行构建的。尤其在性能测试环境下，由于资源相对短缺，可能会在一个 Linux 操作系统上部署多个 Java 应用进行测试，那么在系统拓扑上只会显示单个 Linux 操作系统图标。而链路拓扑则会构建出多个 Java 应用图标，并生成调用关系，方便测试工程师进行更细颗粒度的分析。因此链路拓扑可以理解为系统拓扑的补充，也是提升性能测试分析效率的一个重要方法。

2. 代码级分析能力应用

除了拓扑的自动构建外，代码级分析能力也是非常重要的能力。链路拓扑可以帮助性能测试工程师快速定位哪个实例出现异常，而代码级分析则更进一步。链路拓扑展示一个请求链路中单个实例的方法执行逻辑、执行耗时及可能的异常信息，赋予测试工程师代码级分析能力。根据所展示的数据，性能测试工程师可以针对以下几个方面进行深入分析。

（1）调用耗时分析

调用耗时是代码级分析能力中比较核心的部分，系统展示当前请求在此实例中执行所用方法的详情，包括方法名和耗时信息。其中，方法名主要指当前调用过的每个方法的名称，一般也会包括其参数信息，方便测试工程师判断异常点在哪段代码中。耗时信息指当前方法完成执行的时间。如图 8-12 所示。

图 8-12　调用耗时分析

在图 8-12 中，GatewayController.getUserInfo 即为当前实例中处理用户请求的方法名。其耗时为 87.4 毫秒，表示当前方法耗时 87.4 毫秒即可完成处理。

当然，各个分析平台的呈现方式可能不同，但是呈现逻辑是一致的，系统通过可视化的视图、颜色和数字，让测试工程师能快速了解测试请求经过了多少方法，每个方法的耗时是多久。如果出现耗时较长的方法，测试工程师可快速将实例名称、IP、方法名、耗时等信息传递给分析人员或开发工程师，他们基于压测数据和调用耗时数据可明确问题分析的方向。

（2）SQL 分析

在常规系统中存在大量的 SQL 调用，这些 SQL 调用也可能成为性能瓶颈，因此对于 SQL 语句的分析至关重要。

分析平台会自动捕获调用中涉及的 SQL 语句及其耗时，针对每个 SQL 调用均会采集并展示完整的 SQL 语句，包括查询参数等。若测试工程师发现性能瓶颈在 SQL 调用，如常见的 select * 或者大量的 where 语句等，则可以将完整 SQL 语句复制并提交给开发工程师或 DBA（数据库管理员），进行问题复现及排查。

SQL 相关的性能问题不仅仅是语句书写有问题，连接池配置不合理也会导致 SQL 语句执行时间较长，这种情况常表现为有大量耗时出现在数据库 getConnection 方法中，如果数据库连接池配置不恰当，就会出现大量的数据库连接的类似性能问题。

（3）异常分析

不管是新业务上线阶段还是回归阶段，日常压测过程中被测应用均可能出现异常。但是在传统测试方法实施时基本没有异常数据分析工具，仅通过失败率和 HTTP 状态码进行异常判断，如果需要了解异常详细信息则需开发方介入。同时由于异常的信息少、部分场景无法进行复现，开发方也很难快速进行定位，测试工程师和开发工程师需要大量沟通，影响性能测试调优过程，影响性能测试进度。

因此针对异常的分析和异常现场数据的保留也是重要的两个能力。异常分析主要包括在代码执行过程中出现的各种异常，如常见的空指针异常、数组越界异常、数据库相关异常等。这些异常在实际压测过程中均会导致成功率大幅度下降，这类问题是需要第一时间发现并解决的。异常数据保留则关注异常类型、出现异常的代码、使用框架、所属应用、请求协议、线程名称、线程栈等信息，测试工程师能通过分析平台将异常出现的现场尽可能保留下来，交给开发工程师进行分析和修复。如图 8-13、图 8-14 所示。

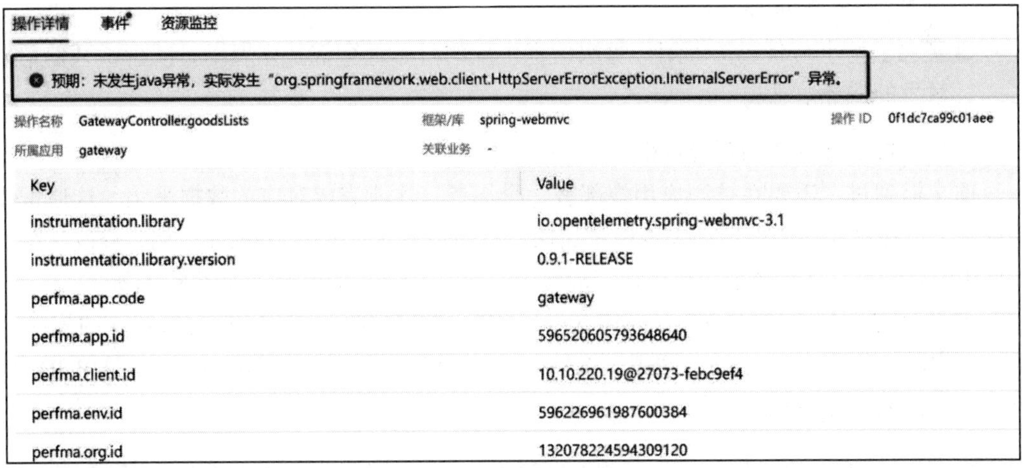

图 8-13　异常数据分析

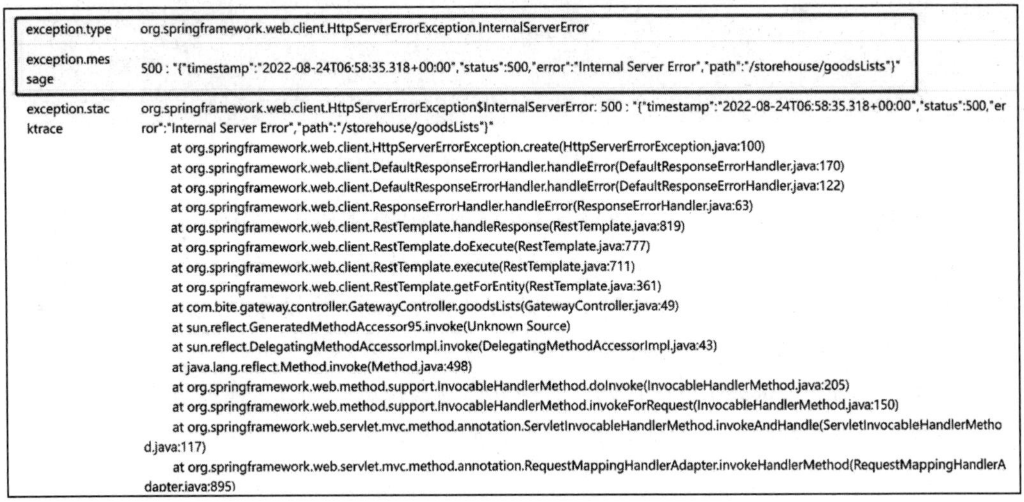

图 8-14　异常详情信息

（4）日志分析

日志分析是目前常用的手段，当出现异常时，测试工程师也会登录被测应用所在服务器，通过时间、被测接口等信息在海量日志中进行分析，其排查效率较低。由于日志量较大，即使通过压测时间段进行筛选，其数据依然很多，测试工程师无法准确判断输出的日志是否为本次压测场景产生，也可能是其他误操作导致的日志报错。因此基于链路的日志分析功能也应运而生。

前文提到过，链路分析基于探针和字节码增强技术实现，能对常用组件进行动态插桩。在日志分析场景下，探针会对常用的日志框架进行插桩，从而在代码出现报错时自动获取其相关的日志输出，展示在平台中。这具备如下两个优势：

❑ 同一平台既能查看链路、代码级数据，又能进行日志分析，两大数据相辅相成，能更快地定位性能瓶颈；

❑ 实现了请求与日志的绑定，每次请求生成的日志都会被独立展示，减少了其他请求触发的误导信息。

3. 使用探针技术作为能力基石

前文提到过，需要在被测应用端部署一个探针，才能完成对应的数据采集。这通常需要部署人员在被测应用的启动脚本中添加探针启动参数，以标准 Tomcat 为例，修改其配置文件中的启动项，达到类似工作人员手动使用 java -jar xxxx 的效果，如图 8-15 所示。

首先，切换到 $TOMCAT_HOME/bin 下（其中 $TOMCAT_HOME 是 Tomcat 的安装目录）。其次，修改 catalina.sh，配置 JAVA_OPTS 环境变量，添加 -javaagent:/YOUR-PATH-TO-AGENT/java-agent/agent-bootstrap.jar。

图 8-15　探针部署参数配置示例

可以发现，如上的操作方式虽然只有 3 步，但是依然需要人工操作，在部分已经落地容器化部署的企业内部可能就不适用了，所以需要将整体部署流程与企业内部的发布流程进行结合。总体思路是将探针放到容器中，与被监控进程在同一个镜像中，这样当镜像被拉起时，探针也能同步启动，完成数据采集和回传。

常见方法为重写 dockerfile 的代码，将探针作为镜像的一部分，启动进程时候带起来。首先，修改应用的启动脚本，在 java -jar 之间增加以下参数。

```
-Agent_NAME=$Agent_NAME
-javaagent:/YOUR-PATH-TO-AGENT/java-agent/agent-bootstrap.jar
```

其次，在 docker run 代码中传递参数，启动容器，如下所示。

```
docker run xxxx -e Agent_NAME="集群名称".......
```

8.2.2　与压测平台对接

部分企业测试部门会以开源 JMeter 工具为基础，自建 B/S 架构的压测平台，通过平台化模式快速开展性能测试。为了更好地服务于性能测试工作，为性能测试提供更多的分析数据和更强的辅助能力，我们可以将链路分析能力与压测平台进行整体对接，以提升分析效率及准确度。

对接的核心能力主要分为压测流量染色和前端界面展示两个部分，以下将针对前者进行概述，界面展示可根据企业自身压测平台的呈现逻辑进行建设。

压测流量染色主要解决的是数据识别及链路绑定问题，所谓数据识别是指让系统识别出请求流量的来源，将产生的链路数据、代码级分析数据与压测场景绑定，实现数据打通。

开源工具 JMeter 的压测结果中只能展示 TPS、ART 等指标数据。如果要完成链路的串联，一般需要对 JMeter 引擎进行改造，使其将压测场景与链路标识进行绑定，改造逻辑如图 8-16 所示。

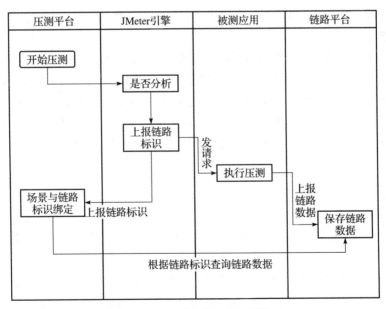

图 8-16　压测平台对接逻辑

在发送一个请求之前，根据一定规则（比如是否需要链路分析）决定这个请求是否需要采集链路信息。如果需要采集，则将标识位设为 true，并获取链路标识，上报至压测平台端，因此在压测平台中即可通过链路标识和压测场景的绑定关系，将相关的链路信息展示出来，结合压测场景相关的脚本、流量模型等信息，形成一体化的分析能力。

8.2.3 性能测试流程的全应用

前文介绍了链路分析技术的原理，并以性能测试的分析为场景介绍了其核心能力，但是链路分析技术的作用不仅在于分析阶段的提质增效，本节主要介绍链路分析在性能测试各阶段的实际应用。

1. 测试准备阶段的应用

在实际测试执行前的准备阶段，需要针对测试环境、测试数据、测试脚本等内容进行准备和检查，以确保执行后的数据准确性，其中环境和脚本准备均有应用场景。

在实际开展性能测试之前，需要确保被测环境是否符合测试的要求，其中就包括机器的配置、部署应用的版本、使用的框架。通过探针的部署，探针启动后会主动上报当前应用的 IP 地址、应用中使用的框架类及其版本信息，测试工程师可以快速根据上报信息判断部署应用的是否为实际被测应用，确保不会影响最终结果。

在脚本编写完毕后，性能测试工程师一般会以 1 并发或低并发的方式验证脚本是否能正常执行，那么会出现两个问题。

首先，在调试阶段如果出现执行失败，性能测试工程师还是需要依赖开发人员或自身经验才能进行问题的排查，从而再次修改脚本。在一些涉及多应用节点的情况下，这对测试工程师的要求非常高。

其次，即使脚本调试成功，在传统的压测工具中，仅能通过成功率判断脚本编写无误，但是无法判断其测试内容和数据是否符合预期。尤其是在部分混合场景中，脚本涉及不同微服务节点和相关数据库，在无法感知的情况下，只能通过人员经验和对业务的熟悉程度进行主观判断，往往会出现"想测试 ABCD，却测成了 ADCB"的情况，导致性能测试人需要重复进行调整、压力执行、结果分析，浪费了大量的时间和精力，且结果差强人意。

2. 测试执行阶段的应用

在测试执行阶段，链路分析能显而易见地提升对性能瓶颈、错误异常的排查效率，相关的分析能力在核心能力建设的内容中均有提到，包括链路拓扑、代码级分析这两大能力。

部分企业在实践过程中通过链路分析可以将传统模式下需要 4 ～ 5 小时才能排查的瓶颈缩短至 1 小时之内完成排查，其效率的提升不仅体现在问题排查上，还体现在与相关开发工程师的跨部门沟通中。

3. 测试总结阶段的应用

在测试总结阶段，测试工程师需要对整个性能测试过程进行总结和评价，并输出标准的测试报告。链路能力的应用主要体现在如下两个场景。

首先是对测试结果进行补充。传统性能测试通过 TPS、响应时间、成功率等指标判断测试结果是否通过，比如平均响应时间低于 1000 毫秒，虽然从结果来看，被测应用是通过的，但是它依然可以进行性能分析。

我们可以举个简单的例子。虽然被测应用平均响应时间为 1000 毫秒，但是其中 900 毫秒都花费在了 SQL 语句执行上，100 毫秒为自身业务处理耗时。那么在这样的情况下，虽然 1000 毫秒的指标数据很不错，但是应用在实际上线后依然会由于 SQL 执行耗时较长引发生产上的性能故障。

而链路分析的引进是为其增加了一层保险。在上述情况下，测试工程师能非常直观地发现问题所在，并在测试阶段提交缺陷，这也是性能测试重要的价值所在。

因此除了标准的平均响应时间外，针对核心接口的耗时、数据库执行的耗时等均可以作为结果的判断依据，帮助测试工程师更好、更准确地判断被测应用是否通过。

其次是对测试资产的留存补充。在收尾阶段，标准的性能测试报告会作为核心资产留存下来，可作为后续类似项目或相关项目的参考。如果企业内部建设了链路分析体系，那么可留存的数据资产会更加充分。

一方面，链路分析过程可以为同类型项目提供代码级的数据，在每次变更时作为测试参考。另一方面，也可以将拓扑结构数据与生产部署架构进行对比，如果发现生产环境出现了测试验证之外的链路调用，运维工程师即可快速圈定异常范围，针对这些异常链路进行深度分析。此外，能帮助测试人员发现部分漏测的场景，补足测试场景，逐步提升性能测试的覆盖率。

8.2.4　对性能测试的意义

链路分析的出现对测试工程师也带来了不同的影响，能实际提升测试工程师的分析能力，但是需要测试工程师具备主动的自我提升意识。

1. 白盒能力的提升

传统的性能测试主要以 TPS、响应时间、成功率等用户体验指标去观测系统性能，更多是以黑盒的思维去做，主要关注的是输入及输出，无法针对过程进行有效的数据获取或分析。

而链路分析能力的建设打开了这个"盒子"，让测试工程师能进行更深度的评测和分析。使其视角不限于简单指标的测试结果，而是更深入到被测系统的架构梳理、调用分析、代码分析、异常分析、SQL 语句分析等方面。

通过可视、可信的链路分析的数据，测试工程师能更加准确地从多个服务节点中找到缺陷节点，进而快速找到系统负责人，提升跨部门沟通的整体效率。测试工程师能更加主动地与分析人员或开发工程师进行有效的沟通，不仅能描述性能缺陷的现象，还能提供缺陷现场数据、缺陷定位方向，提升了缺陷定位的效率。

2. 人员技术门槛的提升

凡事都有双面性，技术的发展也是一样。链路分析能力的确可以帮助性能测试团队衍生出更多的能力输出场景和突破，但是同样提高了性能分析的门槛。传统的性能测试工程师在从业过程中，其认知往往是"掌握性能测试工具就掌握了性能测试"，弱化了对新知识的学习意识。因此，他们对于链路分析技术，可能会存在"要会写代码才能用"这样的观点，从而觉得其增加了使用门槛，增加了学习成本。

但事实上，分析能力是性能测试工程师提升的重要方向，我们需要学习更多的知识技能。链路分析能将之前复杂的问题，以可视化的界面、数据化的指标、有逻辑性的分析思路等方式呈现给使用者，使其在实践过程中能更全面地了解测试系统、更有效地提升测试效率。对于这样的改变，希望从业人员能以更乐观的心态去接受，真正提升自身的技术能力。

8.3 常用链路分析工具

以下主要介绍两个常用的链路分析工具，包括其部署及基础使用方式。

8.3.1 Pinpoint

Pinpoint 是发布较早的开源链路工具，也是很多技术人员（包括开发、测试工程师）使用的第一个链路分析平台，下面进行详细的介绍。

1. Pinpoint 介绍

Pinpoint 是在 2012 年韩国 Naver 公司使用 Java 语言进行编写的，是开源在 GitHub 上的一款 APM（Application Performance Management，应用性能管理）工具。它基于 Google Dapper 的理念开发，具有无侵入、代码级监控等多种技术特点，目标是针对当前分布式环境下多层系统架构来提供分析功能，并提供大量链路数据来辅助技术人员进行分析调优的相关工作。

作为曾经在 GitHub 上使用次数最多的 APM 项目，Pinpoint 在探针采集端的数据颗粒度非常丰富，但与之相应的是其探针端对被测应用端的性能损耗也高。不过，因其诞生的时间比较长，整体技术完成度比较高，现阶段依然受到众多技术人员的青睐。

Pinpoint 的 GitHub 地址为 https://github.com/naver/pinpoint，感兴趣的读者可以进行更多了解及实践。

2. Pinpoint 架构简析

Pinpoint 发展 10 年，至今还有众多技术人员乐于使用，其核心原因是 Pinpoint 在实际使用中不需要任何代码侵入式的操作，而是依托于 Java 探针的字节码增强技术，通过添加 JVM 启动参数来获得目标效果。对其架构设计，笔者做出如下分析，供大家参考。

在数据展示层面，Pinpoint 提供了一个 Web 页面来展示分布式系统的拓扑图以及系统中各个组件之间的关系。

此外，Pinpoint 架构由如下 3 个主要组件组成。

❑ Pinpoint Collector 组件：数据收集模块，接收探针端发送过来的监控数据，并同步至 HBase 存储。

❑ Pinpoint Agent 组件：主要作用是采集被测应用端的相关数据，无侵入式，不需要修改源码，只需要在 JVM 启动命令中加入部分参数即可。

❑ Pinpoint Web 组件：数据展示模块，展示处理完后的系统调用关系、链路详情、应用基础状态等数据，并提供相关告警。

整体服务流程如下：

❑ 使用者梳理确认需要进行链路分析的范围，并进行探针部署；

❑ 通过探针收集调用相关应用的数据，将数据发送至 Pinpoint Collector 端；

❑ Pinpoint Collector 端进行数据的处理和分析；

❑ 将相关处理分析完的数据放到 HBase 存储；

❑ 使用者通过 Pinpoint Web UI 查看已经分析好的链路数据。

3. Pinpoint 安装简析

Pinpoint 本身的安装操作相对便捷，安装探针是无侵入式的，只需要在被测试的应用中加上代码，部署探针，就能够开始监控了。具体安装详情可登录 https://github.com/pinpoint-apm/pinpoint 查阅。

安装过程中需要的组件如下：

❑ JDK（1.5 以上）；

❑ HBase（数据存储）；

❑ Pinpoint Collector（部署在容器中）；

❑ Pinpoint Web（部署在容器中）；

❑ Pinpoint Agent（部署在被测应用端）；

❑ Tomcat（示例容器）。

相关安装方法如下。

1）安装 JDK。下载 JDK，并解压部署，配置 Java 环境变量，使配置生效，最后验证 Java 是否安装成功。

2）安装 ZooKeeper。如果 HBase 不与 Pinpoint Web、Pinpoint Collector 装在同一台机器上，就需要安装 ZooKeeper。ZooKeeper 启动成功后，绑定 2181 端口提供服务。

3）安装 HBase。HBase 可以收集大量的数据，进行更加详细的分析。下载 HBase 的示例如下，下载后解压。

```
curl -OL http://files.saas.hand-china.com/hitoa/1.0.0/hbase- (version) -bin.tar.gz
tar -xzvf hbase- (version) -bin.tar.gz
```

HBase 配置文件的命令如下。

```
cd hbase-(version)/conf/
vi hbase-site.xml
```

用 jps 命令查看 HBase 是否启动成功，如果启动成功则会看到 HMaster 的进程。

4）初始化 Pinpoint 表结构。首先确保 HBase 是正常启动状态，然后进行初始化命令操作。初始化成功以后，会在 HBase 中创建 16 张表。

5）安装 Pinpoint Collector。下载 Pinpoint Collector 并解压。Pinpoint Collector、Pinpoint Web 等组件的部署均需要在容器中进行，所以可以先下载 Tomcat。启动 Pinpoint Collector 时请确保 HBase、ZooKeeper 都是正常启动的，否则容易报错。

6）安装 Pinpoint Web。通过命令下载 Pinpoint Web 并解压，跟安装 Pinpoint Collector 一样，此外 Pinpoint Web 的部署也需要在容器中进行。

7）安装 Pinpoint Agent。下载 Pinpoint Agent 并解压、配置，Pinpoint Agent 的配置文件是 /data/pinpoint-agent-version/pinpoint.config。然后修改测试项目下的 Tomcat 启动文件 catalina.sh，这主要是为了监控测试环境中的 Tomcat，初始化探针。最后重启。

4. Pinpoint 的特点及优势

根据 GitHub 上众多用户的反馈，整理出 Pinpoint 如下特点及优势，供读者参考：

❑ 具有分布式事务跟踪能力，追踪并展现跨应用的系统信息；

❑ 应用链路拓扑展现，协助精准梳理应用调用逻辑；

❑ 便捷部署，可快速扩展至大规模系统集群；

❑ 协助代码级问题定位；

❑ 使用字节码增强技术，添加新功能无须修改代码；

❑ 具有便捷的告警功能；

❑ 具有自定义插件功能（参考 https://github.com/naver/pinpoint/wiki/Pinpoint-Plugin-Developer-Guide）。

提供 Pinpoint 部分核心功能的示例如下，以便大家能够更直观地感受 Pinpoint 的能力。

1）应用调用拓扑图功能，可以对整个系统中应用之间的相互调用关系进行图形化展示，点击某个服务节点，还可以直观展示该服务节点的详细信息，比如响应状态、请求数等，如图 8-17 所示。

2）应用状态展示功能，可以直观展示相关应用的一些详情信息，比如 CPU 使用情况、内存使用情况、GC 状态等 JVM 信息数据，如图 8-18 所示。

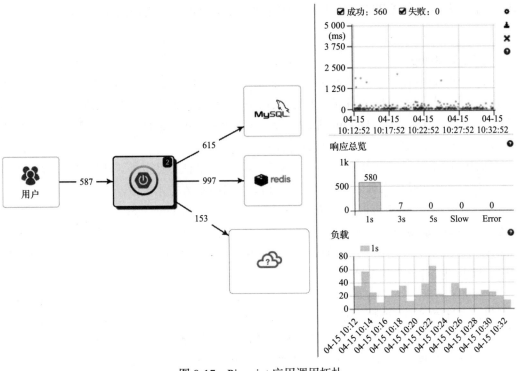

图 8-17　Pinpoint 应用调用拓扑

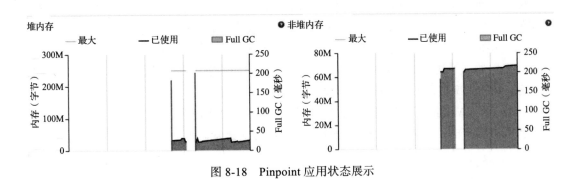

图 8-18　Pinpoint 应用状态展示

3）散点信息展示功能，以时间维度进行请求计数及响应时间的展示，根据散点信息可以查看性能详情。

4）请求调用栈详情功能，对分布式环境中的应用系统提供代码级的分析数据展示，技术人员可以看到请求的方法详情，便于进行深度分析及故障根因定位。

8.3.2　SkyWalking

虽然 SkyWalking 是近几年才出现的分析工具，但正因为如此，SkyWalking 在使用便捷度、探针优化、覆盖语言范围上都有所优化，成为目前企业内使用较为广泛的开源工具之一。

1. SkyWalking 介绍

SkyWalking 的诞生要比 Pinpoint 晚一些，在 2017 年年底，它由国内专家吴晟以个人项目的形式加入了 Apache 孵化器，经过 2 年的技术沉淀，于 2019 年正式成为 Apache 的顶级 APM 项目。目前，SkyWalking 在国内有着非常庞大的用户群体，几乎覆盖了互联网、银行、证券、保险、航空、教育、运营商等在内的各类行业。

SkyWalking 除了提供大部分商用 APM 项目具有的功能特性以外，还提供了完善的中文材料，这使得国内技术人员能够跨越语言障碍，发挥其最大技术价值。

那么，什么是 SkyWalking？吴晟老师在《Apache SkyWalking 实战》一书中曾做过这样的描述：SkyWalking 是一个针对分布式系统的应用性能监控和可观测性分析平台（Observability Analysis Platform）。它提供了多维度应用性能分析手段，从分布式拓扑图到应用性能指标、链路、日志的关联分析与告警。

这里不得不提一下 Pinpoint。大部分技术人员在使用过一段时间后发现，两者功能有一点类似，而且同属于 APM 领域，但由于两者的技术栈不同，在实践中依然会存在差异。比如，SkyWalking 后续的版本中将轻量级和灵活性放在首要位置上，这也是大部分国内技术人员认为 SkyWalking 相对而言比较好维护的原因。此外，在实战过程中，SkyWalking 整体性能损耗与 Pinpoint 也有很大差异。这里举一个功能场景的例子。对于链路方法级别的分析能力，两者的技术栈均可完成，而 SkyWalking 官方并不推荐在生产环境中使用。APM 系统的一大宗旨是在极小的性能损耗下，在生产环境中保持长时间低消耗的运行，而深入至方法底层的追踪会损耗大量的内存资源和性能，并不适合大流量的业务系统。这一点 SkyWalking 提供了更加高效合理的性能剖析功能，它能够以极低的性能损耗利用方法栈快照对方法执行情况进行汇总分析，对代码执行效率进行估算。

目前，SkyWalking 项目和社区在不断发展，也受到越来越多技术人员的青睐，感兴趣的读者可以通过 https://github.com/apache/skywalking 来获取最新动态。

2. SkyWalking 架构简析

关于 SkyWalking 的架构，官方给出了非常直观的技术架构图，主要由以下 4 大核心内容组成。

1）探针采集端：既可以是语言探针，也可以是其他项目的协议。

2）OAP：它是一个高度组件化的轻量级分析程序，由兼容各类探针的 Receiver、流式分析内核和查询内核组成，也可称为 OAP Server。

3）存储端：SkyWalking 的 OAP 支持多种存储实现，并提供了标准接口，可以实现其他存储方式。

4）UI 展示模块：通过标准的 GraphQL 协议进行统计数据的查询和展现。

对于整个 SkyWalking 的架构设计，官方也给出了 3 个设计原则：面向协议设计、模块化设计、轻量化设计。

3. SkyWalking 安装简析

针对 SkyWalking 的安装，详情信息可以在官网进行查看，官网地址如下：https://skywalking.apache.org/downloads/。

首先，可以通过官网下载获取安装包。将安装包在服务器解压完毕后，我们将分 3 步进行，完成 SkyWalking 的整体配置。SkyWalking 主要分为 OAP、webapp、Agent 这 3 个部分。其中，OAP 用于汇总数据，webapp 用于汇总数据的展示，Agent 是探针，部署在需要收集数据的应用服务器上，并将数据同步到 SkyWalking 的平台。

其次，对 OAP 进行配置。进入 config 下的 application.yml 文件进行编辑，进行集群配置、存储配置、自监控配置。

集群部分配置示例如下。

```
cluster:
    # 配置是集群还是单节点，这里是单节点，所以不做改变
    selector: ${SW_CLUSTER:standalone}
```

存储部分示例如下，这里使用 Elasticsearch 7。

```
storage:
    selector: ${SW_STORAGE:elasticsearch7}
    ……
    elasticsearch7:
        # sky-walking 在 ES 中索引的前缀
        nameSpace: ${SW_NAMESPACE:"Sky-walking"}
        # 在 ES 安装的位置与端口
clusterNodes: ${SW_STORAGE_ES_CLUSTER_NODES:localhost:9200}
```

自监控配置示例如下。

```
prometheus-fetcher:
    selector: ${SW_PROMETHEUS_FETCHER:default}
    default:
        enabledRules: ${SW_PROMETHEUS_FETCHER_ENABLED_RULES:"self"}
        active: ${SW_PROMETHEUS_FETCHER_ACTIVE:true}
        ……
telemetry:
    selector: ${SW_TELEMETRY:prometheus}
```

再次，对 webapp 进行配置，示例如下。

```
server:
    port: 8888 # 访问页面使用的端口

collector:
    path: /graphql
```

```
    ribbon:
      ReadTimeout: 10000
      # Point to all backend's restHost:restPort, split by ,
  listOfServers: 127.0.0.1:12800
```

接下来，对探针端进行配置。进入 bin 目录执行 startup.sh 文件即可启动 SkyWalking，此时内部文件其实是分别执行 oapService.sh 与 webappService.sh 文件，如果我们分开部署这两部分功能，单独运行某一个 .sh 文件即可启动对应部分功能。

```
cd ../bin
./startup.sh
startup.sh 脚本内容。
setlocal
call "%~dp0"\oapService.bat start
call "%~dp0"\webappService.bat start
endlocal
```

以上是针对 SkyWalking 安装部署的简要说明，读者有兴趣可以参考官网信息进行部署体验。

4. SkyWalking 的特点及优势

近几年，大量开发者使用后普遍反馈，SkyWalking 相比于其他开源 APM 工具更加符合当前的技术发展趋势，适合大部分应用架构，并且在扩展能力上具备优秀的开放性以及扩展性，能够适用于当前各类用户场景以及客制化需求。

下面总结几项优势。

1）可扩展性。SkyWalking 优秀的可扩展性主要集中在两部分来体现。首先，SkyWalking 遵循面向协议和模块化的设计原理，面向协议可以保障其他探针的接入，只需要有基础的协议知识就能完成适配。模块化的设计理念能够让使用者进行深度定制化的操作，包括对计算过程、存储、告警、图形化页面等内容进行特色化定制。其次，SkyWalking 提供第三方网络接口，如 HTTP、gRPC 接口，使用者可以与第三方程序对接，不需要投入额外的开发工作量进行程序改造。

2）高性能稳定性。在系统的高性能运行以及稳定性层面，SkyWalking 内置了一套特殊的框架，该框架针对监控数据都提供了特定的流程，并通过字节码技术来保障系统运行的性能情况。

3）易用性。首先，海量的中文技术材料使其在国内拥有更大的用户群体。其次，在系统维护层面，SkyWalking 坚持以易用、易维护为核心，不引入过多的技术栈，避免自身成为一个复杂的监控系统。

以上是针对常用链路分析工具的介绍，希望能够帮助读者更好地理解链路分析能力在性能测试体系下的重要性，以及建设适合自己的性能测试体系。

第 9 章　*Chapter 9*

性能调优

前文介绍了全链路压测平台和链路分析技术，本章会重点介绍如何构建性能调优体系。

9.1　什么是性能调优

首先来定义一下什么是性能调优。性能调优是性能测试体系的重要环节，是指通过科学的性能测试发现系统性能瓶颈，并进行针对性优化，从而提升系统性能的过程。

站在服务使用者角度，性能调优就是通过性能优化使后端服务响应变得更快，使前端页面加载、渲染得更快，从而提升用户体验。

站在服务提供者角度，性能调优除了将响应时间控制在用户可接受的范围内，还需要使资源得到更充分有效的利用，实现以更少的投入资源承载更大的访问量，同时避免各种系统异常问题的产生，使系统稳定性得到保障。

性能调优在具体实施过程中通常分为两个阶段。首先是瓶颈定位阶段，该阶段的目标是精准定位系统性能瓶颈的根因，这里的瓶颈可以是响应时间瓶颈、系统资源消耗瓶颈或系统容量瓶颈。其次是性能优化阶段，该阶段的目标是通过各种手段来提升系统性能，使之能够满足预期的业务指标。

以上两个阶段的实施可以由一个人或者一个团队来完成，也可以由多个团队间配合来完成。

9.1.1　行业现状分析

在介绍性能调优体系建设前，先来了解下当前性能调优的行业现状，我们分别以传统行业（金融为主）和互联网行业为例，分析这些行业的特性。

1. 传统行业

传统行业的性能调优现状主要如下。

1）缺乏分析手段和思路。测试目标主要围绕是否满足预期业务指标而制定。如果达不到，有经验的测试工程师通常会执行慢 SQL 分析，或者增加配置以及增加机器，或者交给开发工程师去做分析和调优。而开发工程师大多缺乏分析手段和思路，少数会用开源分析工具，却对分析工具所展示的数据没有深刻的理解。因此，大部分开发工程师都是通过日志或代码进行走查，靠对代码实现的理解来猜测可能引起性能问题的点，逐个优化并通过复测来验证优化效果，往往会走很多弯路，解决性能问题的周期很长。

2）以外包团队为主体。很多甲方企业没有专门的测试人员，通常以少量人员为管理者，令一个或多个第三方外包测试团队为实施方。外包人员流动性大，导致测试实施人员对业务、系统架构、代码实现的了解不够深入。同时外包人员的技术基础偏弱，往往不具备性能瓶颈根因定位能力，即使能定位到问题，通常也不具备提出合理的优化方案的能力。

3）团队间割裂，部门墙明显，调优职责不明。测试部门往往作为调优的发起方，开发部门作为辅助方来配合优化。但测试人员即使定位出性能瓶颈，也常常难以推动开发人员解决问题。因为调优成果往往算作测试部门的成果，开发部门的主要职能是实现功能，对于性能优化的积极性不高。如果瓶颈根因不明确，或者无法通过简单的修改配置来解决，需要对代码进行大量优化的话，开发工程师由于自身开发任务较重、项目周期短、动力不足等原因，往往更愿意通过增加硬件来解决性能问题。

4）技术栈古老。核心系统技术栈比较陈旧，业务系统以维稳为主，难以推动技术创新。

2. 互联网行业

互联网行业的性能调优现状如下。

1）团队间壁垒较小，通常不以部门来划分开发、测试、运维团队，而是以业务线来划分。这类组织结构通常使相关团队的目标更加统一，并且中小型互联网企业并没有传统金融行业那么雄厚的资金实力，通常对硬件资源投入的审核更为严格。

2）技术栈更先进、成熟，人员的平均技术水平相对更高。

3）大多有开源分析工具的使用经验，学习技术的意愿更强。

4）业务体量较小时，对系统更愿意追求深度优化，以较小的配置承载更高的访问量；业务体量较大时，对系统也是求稳。

9.1.2　性能调优成熟度划分

从测试角度来看，性能调优成熟度划分阶段如下：

❑ 第一阶段，只通过压测得出指标，基本不做瓶颈定位；

❑ 第二阶段，瓶颈定位仅限于资源监控，优化主要靠开发人员；

- 第三阶段，有 APM 监控，能定位到瓶颈在哪个服务、数据库、中间件上，会做慢 SQL 优化和配置优化，代码优化主要靠开发人员；
- 第四阶段，能定位瓶颈根因，从代码实现和架构层面提出改进方案，赋能开发。

从开发角度来看，性能调优成熟度划分阶段如下：

- 第一阶段，不进行优化，提升性能的手段主要靠堆机器、升配置；
- 第二阶段，进行慢 SQL 优化和配置优化，基本不对代码实现进行优化；
- 第三阶段，对代码实现进行优化；
- 第四阶段，架构优化。

9.1.3 性能调优的收益

性能调优为企业带来的收益是显而易见的，包括但不限于如下几个层面。

1）提升用户体验。性能调优可以通过降低响应时间来改善用户体验，提升口碑，提升转化率。

2）提升业务稳定性。业务稳定性不仅受功能缺陷影响，还受系统性能影响。当系统崩溃时，线上业务也会随之中断。业务不稳定直接带来的是口碑下跌和品牌影响力下降，最终导致营收下降。

3）提升系统稳定性。性能调优可以带来系统稳定性的提升，不仅会给业务稳定带来帮助，为业务的扩张提供强有力的后盾，还可以帮助节省成本。成本节约主要体现在如下几方面。

- 人力成本。如果在系统设计开发阶段没有进行合理的架构设计、性能测试和性能优化，那么上线后出现性能问题的概率会大大增加。众所周知，性能问题的排查门槛较高，想要快速定位到问题根因，需要了解业务、系统架构、代码实现和底层原理，很依赖个人经验和技术功底。如果性能问题是非必现的，并且恰好错过最佳分析时机，就需要等待下一次复现，并且要在问题出现时用合适的分析工具采集到足够的"证据"，否则就只能凭经验来猜测问题产生的原因。如果性能问题出现在线上环境，排查难度会比线下测试环境更大。因为线上问题通常需要快速"止血"，运维人员需要在最短时间内进行版本回退，或通过重启尽快恢复服务，所以留给问题实时定位的时间非常有限，通常只够抓取 Dump 文件，保留现场快照。如果从 Dump 文件中无法准确定位出问题根因，还需要花费大量的人力和时间在测试环境进行问题复现。对于有些非必现问题，复现是需要一点运气的。
- 公关成本。严重的性能问题会给消费者带来损失，如果公关处理不当，会使企业遭受经济和口碑的双重损失。
- 硬件成本。如果压测指标不满足预期，又没有足够的时间、技术和经验来做优化的话，就只能靠堆硬件来提升响应速度和 TPS。即使通过堆硬件的方式达到了预期指标，那这些增加的设备也会带来更高的资金成本。

❑ 运维成本。同硬件成本，硬件设备数量的增加必然会带来更高的维护复杂度，提高运维成本。

4）提升资源利用率，节省硬件资源。有大量性能测试经验的测试人员一定见过这种现象：无论怎么增加并发用户数，CPU、内存、磁盘 IO、网络带宽这些主要资源指标都未达到瓶颈，但 TPS 就是不上去。此时即使有足够的硬件资源，也无法对其充分利用，单纯靠堆硬件只能起到事倍功半的作用。如果能通过优化让硬件资源得到充分利用，就可以节省大量硬件资源。

9.2 构建性能调优体系

很多读者可能会认为性能调优仅是一门技术，更多依赖的是个人能力。多数情况下确实是这样，但在企业内，任何依赖于某个人的岗位都是存在风险的。虽然不可能让每个人都成为顶尖的调优专家，但我们仍然应该致力于将性能调优流程化、规范化，提炼出常见性能问题的定位思路，总结性能调优的主要方向和基本原则，并在团队内部进行调优工具的培训分享。经过一段时间的理论培训和实战，打造一支可以解决绝大部分常见性能问题的团队，最后只遗留少量特别棘手的疑难杂症交由顶尖的性能调优专家来研究和解决。

9.2.1 性能调优流程规范

性能优化流程可以划分为需求调研、准入、调优实施、准出、知识库沉淀这 5 个阶段。不同企业的组织架构和人员能力会有所区别，具体进行调优的人员可能是性能测试人员，可能是开发人员，可能是架构师，也可能是专职的性能调优人员。

1. 需求调研

性能调优和性能测试一样，首先都要进行需求调研工作。需要先了解清楚待调优系统的优化目标、业务流程、系统架构信息和资源配置信息。

优化目标又可以细分为业务目标和资源目标。业务目标又分为响应时间（交易平均响应时间、99% 交易响应时间等）、TPS、成功率等指标。资源目标可以细分为 CPU 利用率、内存占用率、磁盘 IO 使用率、网络带宽使用率等指标。性能优化是近乎于无止境的，必须要有明确的目标，避免性价比过低的投入。

关于业务流程，了解业务流程的好处是可以评估压测策略设计是否合理。例如秒杀场景，需要通过"高并发＋集合点"的方式来模拟瞬间峰值压力。

基于系统架构信息，结合业务特性，可以评估当前架构是否合理。还是以秒杀场景为例，通常会采用本地缓存或 Redis 等低延时的缓存中间件来存储商品数量。如果直接读写数据库，并且没有做好超大压力下的限流熔断措施，系统很可能顶不住瞬间峰值压力而崩溃。

对于资源配置信息，合理的资源规划是必不可少的。例如在应用层，如果采用 Kubernetes 等容器化部署方式可以很方便地扩缩容，以抵御突如其来的峰值流量。但数据库服务器端往往没法做到快速地扩容，因此需要做好提前规划。

2. 准入

在准入阶段，需要考虑准入条件，即满足哪些条件才适合开始性能调优工作。常见的准入条件如下。

1）待优化版本有稳定的压测环境和压测结果数据。对于压测和调优分属两个不同团队的组织架构，通常专门调优的团队的人员规模不会太大，往往需要对全公司多条业务线负责。而且有经验的性能测试人员也很清楚，压测环境准备、数据准备、压测执行和压测结果整理都是比较花费时间的，因此建议在有稳定的压测环境和压测结果数据时，再让调优团队介入分析，提升调优效率。

2）压测结果未满足预期的性能业务目标或资源使用目标。性能调优是没有极限的，为避免陷入无休止、低性价比的盲目调优中去，需要查看使用率等性能指标是否满足预期业务目标。如果未满足，则进行调优；如果已满足，则业务方需要给出合理的理由再进行后续调优。

3）相关的调优工具已配备。调优工具所展示的数据是调优人员判断性能瓶颈的依据，导致一种性能异常现象的根因可能有多种，调优人员需要通过工具获取数据来确认性能瓶颈的根因到底是什么，才能快速给出解决方案并进行优化。例如死锁问题可以通过 JVisualVM 来分析，内存泄漏问题可以通过 MAT 来分析。

4）被测应用、关联应用、关联数据库已受监控。通常在压测过程中我们都会对被测应用进行监控，此时需要注意，被测应用很可能与其他服务或数据库间有依赖关系，这些相关应用和数据库需要一并接入监控。监控应尽可能详细，包括硬件资源监控、JVM 监控、数据库监控等。如果系统架构比较复杂，梳理不清楚依赖关系，可以通过 APM 类工具来协助梳理链路。有经验的调优人员也可以通过网络或线程 Dump 来分析是否存在外部依赖，例如通过 netstat 命令来分析服务是否与外部 IP 或端口有交互，通过线程 Dump 也可以看出是在哪个业务方法中出现了与外部服务的交互。

3. 调优实施

调优的实施过程如下。

1）了解性能瓶颈现象。性能瓶颈定位就如同侦探破案，是个从现象到本质的分析过程，第一步一定是收集问题的外在表象，例如某个接口响应慢或某个服务资源消耗过高等。

2）分析问题根因和影响。了解现象后，通过监控和分析工具提供的数据不断深挖问题的本质，大部分情况下工具只会展示数据，而不会直接告诉我们结果，所以需要结合这些数据推理出导致这些现象的根因，并分析该问题对业务和系统整体性能的影响程度和影响面。

3）分析优化方案性价比，确定优化方案。根据性能问题的优化代价（可能是改配置，可能是优化代码，甚至可能是调整系统架构），以及问题的影响程度和影响面，结合人力资源、硬件资源、项目周期等条件，选择最符合实际、性价比最高的优化方案。

4）验证优化效果。完成优化后，需要验证实际优化效果是否符合预期，如果不符合则需要进一步优化，整个流程可能需要多轮优化和验证。

4. 准出

准出条件即满足哪些条件才算完成性能调优工作，常见的准出条件如下。

1）优化后性能满足性能指标。优化完成后需要通过复测结果来验证优化效果，确认优化后性能指标是否满足需要。如果指标已经满足，并且暂时未发现极高性价比的优化点时，应及时结束调优，为系统后续发布流程空出时间。

2）优化后是否影响其他业务功能。所有的性能优化都不应以牺牲功能正确性为代价，在不确定性能优化是否会影响业务逻辑时，应在优化后先进行功能回归测试，确认功能不受影响。

5. 知识库沉淀

在性能调优过程中，我们需要总结一下有用的经验，并形成知识库沉淀下来。该阶段的主要工作如下。

1）整理并记录调优过程文档。定位性能瓶颈、出具调优方案、记录优化效果，逐步形成企业内部调优知识库的资产。

2）项目结束前将所有历史问题进行复盘。在调优过程中可能会走一些弯路，走向错误的排查方向，通过复盘可以总结现象和根因间的规律，总结类似问题的排查方向和技巧。

3）定期进行团队内外部赋能，建立人才梯度培养机制。定期将调优知识库以及与问题相对应的排查技巧、现象与根因间的规律等进行分享或培训，避免其他业务线或项目组踩同样的"坑"，提升团队整体的问题排查思路和技术水平。可以对问题进行分级，将出现频率较高、排查路径和调优方法比较明确的问题及其解决方案，优先整理并分享出来。

9.2.2 性能调优团队建设

性能调优过程中可能涉及的能力如下：

- ❑ 熟悉业务；
- ❑ 熟悉系统架构；
- ❑ 熟悉开发框架、组件和代码逻辑实现；
- ❑ 熟悉中间件、数据库；
- ❑ 熟悉操作系统和硬件；
- ❑ 熟练使用性能监控工具平台；
- ❑ 熟练使用性能分析工具平台；

❑ 清晰的瓶颈定位思路；

❑ 合理的性能优化方案。

个人想要精通以上所有能力是非常困难的，更不可能要求所有人都掌握这些能力。所以大多数情况下需要将以上能力划分为不同团队需要掌握的内容，并打通各团队间的壁垒，让不同领域的专家目标统一，精诚合作，共同解决问题。

不同企业的 IT 部门的组织架构会有所区别，通常来说性能优化的主要参与者为性能测试团队、开发团队和运维团队，有时也包括架构师，这些团队和人员的侧重点会有所不同。

性能测试团队更多是基于工具和平台来做更贴合真实场景的性能测试，在压测过程中通过各种监控平台、分析工具来做瓶颈根因的定位，比较资深的测试专家也会给开发人员提供一些优化建议。

开发团队更多是基于定位到的性能瓶颈根因，给出不影响功能的、高性价比的优化方案。如果性能测试团队无法定位到问题根因，则开发团队需要具备根据问题现象深挖根因，并进行优化的能力。

运维团队通常专注于生产环境的监控，建立业务和资源指标的监控告警体系，发现监控指标异常时保留问题现场，并提供给开发团队进行分析和优化。

架构师通常是对业务和技术理解最深的人员，需要协助开发人员进行问题定位，提供优化建议，必要时进行架构改造升级。

性能瓶颈的根因多种多样，需要不同的优化手段。有些需要从硬件或操作系统层面进行优化；有些需要从中间件层面进行优化；有些需要从开发组件或代码实现上进行优化；有些需要从架构层面进行优化；也有一些需要从业务层面进行优化，简化业务流程。因此需要各个领域的专家配合，共同决策出最符合现状、性价比最高的优化方案。

9.2.3 性能瓶颈定位思路

当发现性能瓶颈后应该先定位到导致瓶颈的根因，然后才能进行针对性的优化。本章重点讲述几种常见的性能瓶颈的定位思路。

当遇到一个性能问题时，如果已经具备完善的性能监控和分析工具，那么通常只需按部就班、层层下钻，通常就能有所斩获。但很多时候我们并不具备这样完美的条件，那么首先应该观察现象，尽可能发散出所有导致该现象的可能原因，然后按照可能性高低通过监控和分析工具逐个分析求证，最终逐步收敛到根因。

透过现象看本质，说起来容易，做起来可一点也不容易。这里第一个难点就在于发散出所有可能原因，如果没有对技术原理和细节的了解，没有足够的经验，缺乏对数据的关联和推导能力的话，是很难实现的。性能瓶颈定位需要的不仅仅是技术，还有经验，以及对数据的归纳总结能力和逻辑推导能力等，总之需要不断思考、长期积累。

以下从接口响应时长、TPS 等多个角度的异常表现来探讨该如何进行性能瓶颈定位。

对使用该接口的用户来说，接口响应时间过长会导致用户体验欠佳。该指标也是最能被用户感受到的指标。

1. 接口响应慢

对于接口响应慢，要如何排查瓶颈所在呢？

首先，检查压力机端是否存在瓶颈，需要监控压力机 CPU、内存、磁盘 IO、网络 IO 等资源是否有满载的情况。单台压力机不建议设置过高的并发数，同时尽量减少不必要的关联和检查点，减少损耗。如果被测应用接入了 APM 探针，可以查看压力机端统计到的事务响应时间与 APM 工具统计到的服务端处理耗时的差异，若事务响应时间明显大于服务端耗时，也说明压力机端存在瓶颈。

其次，检查是否为服务端瓶颈。如果确实是服务端处理耗时长，那么建议借助 APM 工具进行链路分析，在交易链路上的耗时增长趋势会指引我们找到最终的瓶颈点。例如一笔交易依次经过 A、B、C 这 3 个服务节点，如果 A 和 C 的内部处理耗时较短，而 B 服务节点的内部处理耗时较长，那就说明 B 服务节点以及它所关联的中间件、数据库等资源可能存在瓶颈。

然后，继续往下排查。具体来说，需要回答如下几个问题。

（1）是否与数据库交互导致耗时长？

如果是，瓶颈通常表现在数据库连接池和慢 SQL 上。对于未使用连接池的情况，服务直接通过 JDBC 与数据库交互，这种情况下应用服务器端不会有连接池耗尽的问题，但数据库服务器端是有总连接数限制的，以 MySQL 为例，它可以通过 max_connections 设置最大连接数。如果数据库服务器端总连接数耗尽，在客户端就会表现出获取连接耗时长的现象。新建和销毁数据库连接是个昂贵的操作，为了优化系统运行效率，应该降低频繁建立连接的系统开销，建议使用连接池技术。

对于使用连接池的情况，以 Druid 组件为例进行阐述。Druid 是阿里巴巴开源的数据库连接池，作为后起之秀，性能比 DBCP、c3p0 更高，使用也越来越广泛。Druid 组件会为应用端所要访问的每个数据库维护一个连接池，当应用需要访问数据库时，需要先从连接池内借用一个连接，执行完 SQL，得到响应结果后，将连接归还给连接池。

连接池的相关参数主要有 initialSize、minIdle 和 maxActive。其中 initialSize 表示初始化时建立物理连接的个数，初始化发生在调用 init 方法或者第一次调用 getConnection 方法时；minIdle 表示最小连接池数量，Druid 会定时扫描连接池的连接，如果空闲连接数大于该值，则关闭多余的连接，反之则创建更多的连接以满足最小连接池数量的要求；maxActive 表示最大连接池数量。

当连接池内所有连接都处于繁忙状态时，如果有新的访问数据库的操作，就会表现出获取连接耗时较长的现象。导致连接池内连接耗尽的常见原因有如下几种。

1）慢 SQL 长时间占用连接。此时需通过 APM 工具或数据库服务器端的监控来排查是否有慢 SQL。导致慢 SQL 的几种常见原因可见 9.2.4 节。

2）业务逻辑中有频繁访问数据库的情况。例如在循环内部访问数据库的逻辑，如果循环次数很多，那么访问数据库的频率就会非常高，而每一次交互都会有取连接和归还连接的消耗，很容易导致连接不够用，应尽量改造成批量查询来缓解连接池的压力。

3）连接池设置过小。例如 Druid 默认最大连接数是 8，如果一个应用与数据库交互较为频繁，可以将连接池适当调大。不过需要注意，应用端的连接池不能无限制调大，因为最终还是会受到数据库服务器端总连接数的制约。假设数据库服务器端总连接数为 5000个，共有 100 个服务节点会访问该数据库，那么平均每个服务节点最多能建立的连接数为50 个。

4）数据库服务器硬件配置过低也是访问数据库耗时长的原因，应合理对其进行配置。

（2）是否与 Redis 交互导致耗时长？

1）慢查询。使用了复杂度高的命令，例如 keys *，hgetall 等；遇到大 key 问题，受Redis 单线程 IO 限制，Redis 不适合存取超大的键值对，一般不建议超过 10kB。

2）访问 Redis 频率过高。不要在循环体内频繁访问 Redis，建议改为批量命令，或者使用 pipeline（管道）一次性发送多条命令并在执行完后一次性将结果返回，减少和 Redis 的交互次数。

3）受连接池大小限制。由于 Redis 查询效率通常比数据库高，Redis 连接池成为瓶颈的概率远小于数据库连接池瓶颈。

4）Redis 硬件配置低，或 Redis 分布式结构不合理。除单点部署外，Redis 分布式部署分为主从、哨兵、集群 3 种模式。主从模式的优点是读写分离，主节点负责写入操作，从节点负责读取操作，从节点宕机后 Redis 依然可对外提供服务。主从模式的缺点是主节点宕机会导致无法对外提供服务，并且使写入压力集中在主节点，如果写入操作频繁，主节点容易成为瓶颈。哨兵模式的优点是主节点宕机后会推选出新的主节点，继续对外提供服务。哨兵模式的缺点同主从模式，主节点容易成为写入瓶颈。集群模式在哨兵模式的基础上增加了水平扩展和切片的功能，其优点是所有节点都可以读写，分散了写入压力。

（3）是不是消息队列推送消息慢？

与消息队列有关的性能瓶颈通常是消费者处理能力有瓶颈，导致消息队列出现了严重的积压，进而导致推送消息出现阻塞现象，需要具体分析消费者的性能瓶颈。

（4）是不是其他业务方法慢？

1）是否有锁争用导致的线程阻塞？阻塞、等待、有时限等待这 3 种状态的非空闲线程需要重点关注。

2）是否使用了 CountDownLatch、CyclicBarrier、Thread.join、Object.wait 等跨线程同步的方法？是的话需要进行跨线程分析。

3）是否使用了正则表达式，或者进行了大对象的序列化/反序列化的复杂运算等？

4）是否有线程池耗尽现象？

5）是否在业务方法中调用了 Thread.sleep 方法？

6）是不是服务器端硬件资源消耗过高？

2. 资源消耗不高，TPS 无法提升

此类瓶颈可以分为服务内部瓶颈、外部依赖瓶颈。

对于内部瓶颈，主要包括两方面。一方面，线程阻塞严重，也就是对锁的竞争比较激烈，可能的原因为获取锁的线程在临界区内的方法比较耗时，或者竞争锁的线程数过多。另一方面，线程池耗尽，表现就是池内线程数已经扩至最大线程数，但所有线程依然都处于繁忙状态，此时如果有新请求进入就会因为无法分到空闲线程而在队列中等待，如果队列也满了，就会触发拒绝策略，请求可能会被丢弃。

对于外部瓶颈，如果服务有外部依赖，例如在业务逻辑处理过程中需要请求外部的服务，当外部服务成为瓶颈时，就会表现出服务本身没有资源瓶颈但处理能力达到极限。这种情况下就需要对外部服务进行分析。

3. TPS 逐步降低

此类瓶颈的常见原因如下。

1）内存泄漏。当出现内存泄漏时，随着应用的持续运行，空闲内存会越来越少，GC 会越来越频繁，但每次 GC 又回收不到足够的空闲内存，如此便出现了恶性循环，消耗在 GC 上的 CPU 资源变多，消耗在业务逻辑处理上的 CPU 资源变少，最终发生 OOM（Out Of Memory，内存溢出），服务宕机。

2）表数据量变大。如果某个接口是不断往表内插入数据的，那么随着应用的持续运行，表内数据量会越来越大。此时如果有一个接口是需要从此表读取数据的，并且 where 条件列上未建索引，或者由于在列上使用了函数等原因无法通过索引，就会出现响应速度随着数据量增大变得越来越慢的情况。

3）磁盘满。如果应用服务器磁盘空间较小，应用又有大量写日志或其他写磁盘的操作，那么当磁盘被写满时，TPS 会出现大幅下降。

4. 响应时间 /TPS 尖刺

此类瓶颈的常见原因如下。

1）缓存击穿。在一些促销活动前，为了应对海量访问，经常会对缓存进行预填充。如果将大量缓存设置为同一时间失效，那就可能会出现缓存失效时海量请求直接访问数据库的情况，导致响应慢甚至数据库宕机。

2）GC 停顿时间长：如果物理内存不足，且开启了 swap 空间，如果有一些堆区或持久代 / 元空间的数据被交换到 swap 空间，那么在 Full GC 时，某些垃圾回收器（例如 Parallel Scavenge 收集器）会对整个堆进行扫描，识别垃圾对象。此时部分数据在 swap 空间，那么势必会造成内存和磁盘间的页交换。由于磁盘 IO 性能远低于内存，会造成扫描周期过长，所以 GC 停顿时间也会很长。具体表现如下：

❑ GC 回收效果差，存活对象过多，内存整理耗时过长；

❑ GC 线程数过少；

❑ 堆内存过大；

❑ IO 负载过重；

❑ 网卡积压；

❑ 服务器上其他进程（监控服务、定时任务等）导致资源争用；

❑ 宿主机资源争用或资源超分。

5. 错误类型多，错误率高

常见的错误类型如下。

1）限流导致报错，包括 Nginx 限流，Tomcat 线程池或自定义线程池限流，限流组件（如 Sentienl、Hystrix、Guava）等。

2）代码抛异常，包括业务异常、超时异常等，其中 Apache 和 Spring 的 Bean Copy 组件在 Orgin Bean 和 Dest Bean 字段不一致时会抛异常，MyBatis 组件在表字段和实体类不一致时会抛异常。对于超时异常，需要注意超时反漏斗设计的风险，例如下单接口调支付接口，下单设置 1 秒超时，支付设置 2 秒超时，如果支付耗时超过 1 秒，下单接口会由于超时异常返回下单失败，但支付接口此时并未超时，还在正常处理，并最终在 1.5 秒内执行完成并扣款成功，那就会出现用户认为下单失败，但实际扣款成功的情况。

3）网络或连接异常。

❑ java.net.SocketException 异常类型一：连接复位或通过对等重设连接。

❑ java.net.SocketException 异常类型二：插座已关闭。

❑ java.net.SocketException 异常类型三：破管。

4）服务器可用端口不足。此时会出现 java.net.NoRouteToHostException: Cannot assign requested address 报错，这是 TPS 较高导致的，原因可能是系统可用端口范围（net.ipv4.ip_local_port_range）设置过小等，可通过调整系统参数来改善。

6. 资源指标异常

下面基于 CPU、内存、磁盘 IO、网络 IO 这 4 项最基本也最核心的资源，探讨哪些问题可能导致资源占用率异常。

（1）CPU

以下列举了几种常见的导致 CPU 利用率异常的原因。

1）死循环导致 CPU 耗尽。一个 CPU 核在同一时间只能运行一个线程，反之，一个线程在同一时间也只能占用一个 CPU 核。所以当一个线程陷入死循环后，哪怕循环体内只是进行最简单的逻辑运算，也可能耗尽一个 CPU 核的算力。如果通过命令 top -Hp 和进程 ID 观察到某个线程 T 的 CPU 使用率一直为 100%，那么我们有理由怀疑该线程陷入了死循环，此时去抓取线程 Dump，如果发现该线程的栈顶方法永远都是 F，那就说明是 F 方法内部触发了死循环。此时分析 F 方法的源码，找出可能导致死循环的逻辑，对其加以优化即可。

2）爬栈导致 CPU 消耗高。这表现为在 CPU 热点方法中出现 getStackTraceElement 方法，此时需根据调用栈来分析是什么原因导致爬栈。爬栈通常是由于日志组件或连接池组件的参数设置问题。

3）频繁抛异常导致 CPU 消耗高。这表现为在 CPU 热点方法中出现 fillInStackTrace 方法，抛异常时会获取堆栈信息，影响系统性能，需要针对性解决抛异常的原因。如果因为某些特殊原因，实在无法解决，可以通过在 JVM 中添加 -XX:+OmitStackTraceInFastThrow 参数来改善抛异常导致的性能损耗。对于 JIT 编译后的代码，可以在一定条件下使用预生成的异常代替真正的异常对象，这些预生成的异常没有堆栈，抛出速度非常快，也无须额外分配内存。

4）正则匹配和正则替换。复杂的正则表达式，尤其是贪婪匹配模式，在对超大字符串进行正则匹配或正则替换时会有较高的 CPU 消耗，需要我们谨慎使用。

5）加密和解密操作。如果加解密是业务必须使用的，并且高 CPU 消耗已经影响正常业务了，可以考虑将加解密做成独立的服务。这么做的好处是避免加解密与其他业务逻辑的 CPU 资源争用，也方便对加解密服务进行横向扩展。

6）其他导致高 CPU 消耗的操作，例如频繁读取网卡 IP 导致高 CPU 消耗，可以考虑将 IP 缓存至本地内存。

（2）内存

以下列举了几种常见的导致内存占用率异常的原因。

1）内存增长快，GC 频繁。在这种情况下，对象往往是可以正常回收的，优化方式有如下几种：

❑ 减少对象的冗余属性，将对象轻量化；

❑ 减少不必要的临时对象的产生；

❑ 适当扩大堆内存，因为 GC 频率除了与对象大小、对象分配频率有关以外，还与对象的生命周期有关，如果能让 GC 发生得更晚一些，可能会有更多的对象超出它们的生命周期，成为垃圾对象，从而使 GC 的效果更佳，能回收更多的空闲内存，而每次 GC 回收效果越好，GC 频率下降越明显。

2）内存泄漏，最终导致 OOM。这种情况下，扩大堆内存也无法根治问题。建议在 JVM 的参数中添加 HeapDumpOnOutOfMemoryError，一旦发生 OOM，JVM 会自动保留内存 Dump 文件，避免错失问题现场。再通过内存 Dump 分析找出导致内存泄漏的"真凶"，从代码实现上予以根治。

（3）磁盘 IO

应用服务要避免频繁读写磁盘的情况，例如下面两类情况。

1）写业务日志：日志内容较大；日志级别较低；写日志过于频繁，无效日志多。建议选择合适的日志级别，通常为 Info，必要时可设置 Warn 或者 Error。并且建议日志只记录关键信息，而不建议记录过多日志，也不建议将大段报文都记录下来，日志量过多或日志内容过大一来不利于阅读，二来也影响系统性能。

2）读写其他业务文件，例如上传或下载接口。建议用 NIO 替代 IO，参见 9.2.4 节，必要时可将文件内容缓存起来。

（4）网络 IO

通常内网的网络带宽瓶颈出现的概率不高，需要注意如下可能产生网络 IO 瓶颈的情况：

❑ 云服务可能会带带宽限制；

❑ 异地多机房之间通常会走专线，可能会有网络带宽瓶颈；

❑ 网卡积压问题。

如果是接收端的 Recv-Q（接收队列）有大量积压，则表示本机服务可能存在性能问题。此时数据已从网卡拷贝到 TCP 内核接收缓冲区，就等应用程序调用 read 方法拷贝到用户空间了，此时需要提升服务的处理能力。如果服务要将数据放在本地磁盘，再通过网络转发到下游服务，则还需要关注磁盘 IO 是否存在瓶颈，下游是否存在网络问题，以及下游服务是否有性能瓶颈。

如果是发送端 Send-Q（发送队列）有大量积压，则需要分为如下两种情况来讨论。若接收端的 Recv-Q 没有积压，则代表发送端与接收端的网络或网卡有问题，可以用 traceroute 命令来查看具体是网络链路的哪一环节有问题，如果链路的每一个环节都没有问题，那一般就是网卡的问题。若接收端的 Recv-Q 有积压，则分析思路同前文。

7. 快速定位复杂系统容量瓶颈

在如今业务、系统架构日趋复杂，系统逐渐微服务化的大环境下，在全链路混合场景压测中准确定位到系统容量瓶颈点，比单交易压测时困难得多。但发现容量瓶颈依然是有规律可循的，几乎所有容量瓶颈最终都会表现为响应时间或错误率的大幅增长。

系统容量瓶颈的分析过程如下。

1）查看容量测试下哪些接口的响应时间的增长斜率较大。在不断增加压力时，如果某个接口的关联资源已经成为瓶颈，那么它的响应时间的增长斜率（或错误率增长斜率）会明显大于其他接口。

2）如果有多个慢接口，那就需要梳理慢接口的链路拓扑图并取其交集，交集内的节点成为瓶颈的概率一定是高于交集外的，这些节点需重点关注。接下来和第一点的思路类似，已知某个接口是系统瓶颈后，就要进行单接口瓶颈定位了。

3）在复杂系统下，除了服务自身的性能问题以及中间件、数据库的性能问题外，还需要注意是否存在负载不均的问题，对此需要选择合理的负载均衡策略。

9.2.4 性能调优主要方向

明确性能瓶颈之后，就需要进行性能调优了，调优主要从图 9-1 所示的多个方向入手。

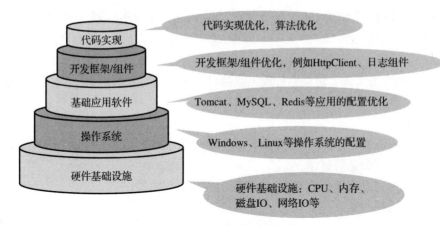

图 9-1 性能调优方向

1. 硬件层面优化

硬件层面优化更偏向于监控，当定位到硬件资源成为瓶颈后，更多是采用扩容等手段来解决问题。最核心的资源监控指标有 CPU、内存、磁盘 IO、网络 IO 这 4 种，详见第 2 章相关内容。

2. 软件层面优化

软件层面的优化涉及的内容较多，本章以 Java 语言为例，主要讲解几种常见的性能优化手段，并举一些生活化的例子来使大家更容易理解。注意，性能优化手段并不一定是独立应用的，在一次优化过程中很可能应用了多种优化技巧。

（1）减少请求次数和压缩静态资源文件大小

随着业务和应用架构的发展，系统间的调用关系变得越来越复杂。客户端、服务、中间件、数据库之间有着复杂的依赖关系，如果不加以管控，放任它们随意调用，会导致部分模块负载过高，影响系统整体性能，严重的可能导致雪崩效应。

接下来围绕减少请求次数以及压缩静态资源文件大小的目标，列举一些常见的优化手段。

1）减少客户端请求静态资源的次数。通过在浏览器或 App 端进行本地缓存，减少客户端的请求次数。

2）压缩资源文件大小。

3）采用 CDN 技术。

4）减少请求服务的次数。对于一些需要实时刷新的客户端页面，通过降低刷新频率来减少对服务端的请求次数。随着业务的不断更新迭代，系统可能会产生一些冗余的逻辑，造成额外的、不必要的对服务端的请求。对于这些请求，需要结合业务进行优化。

5）减少访问数据库的次数。例如，当查询 100 个订单的详情时而一次性从数据库中查询出所有订单的详情，对应的性能情况要好于每次只查询 1 个订单详情而循环查询 100 次的方案。后者并没有减少数据库的工作量，但会在获取和释放数据库连接上白白损耗很多性能。对于一些固定不变的数据，或者对新鲜度要求不高的数据，没必要每次都从数据库查询，可以考虑将其缓存到 Redis 或服务的本地内存中，从而减少对数据库的压力。

6）通过 Redis 批命令或管道减少交互次数。减少调用次数的核心目的主要有两个：一个是减少无效调用，为服务端减压；另一个是将多次调用合并为一次调用，减少连接和网络损耗。不管是应用之间的调用，还是应用与数据库之间的调用，都会涉及建立连接、释放连接之类的操作。即使使用了连接池之后不用每次都新建连接，从池内获取连接和归还连接时也会发生损耗。建立连接后需要通过诸如 TCP、HTTP 的网络通信协议进行网络传输，每个消息都会有自己的消息头和消息体，合并调用后可以减少消息头所占的带宽和解析消息头带来的损耗。

（2）对象轻量化

随着公司业务的不断迭代以及人员的不断流动，系统和业务会变得极其复杂。如果没有一个良好的设计，就往往会导致一种情况：对于之前设计的实体类，由于接手的开发人员对原先的业务和系统设计并不熟悉，所以他通常不会在原先的字段上去做调整，只是简单粗暴地加上自己的字段。如果该实体类是公用的，那他通常会继承该实体类，然后加上自己的扩展字段，而这些新增的字段很可能不是简单的基本类型，而是复杂的自定义类型。久而久之，使用的实体类越来越臃肿。每创建一个实例都会占用更多的内存，导致更为频繁的GC，网络传输时也会占用更多的带宽。

要解决该问题，就要从设计时就进行严格的把控，使对象轻量化，可以显著改善 GC 频繁和带宽占用高的情况。

（3）对象复用

我们可以借助连接池、线程池和单例模式来实现对象复用的优化思路。

连接池的基本思想是在系统初始化的时候将数据库连接作为对象存储在内存中，当用户需要访问数据库的时候，并非建立一个新的连接，而是从连接池中取出一个已建立的空闲连接对象。在使用完毕后，用户也不是将连接关闭，而是将连接放回到连接池中，供下一个请求访问使用。这些连接的建立、断开都由连接池自身来管理。同时，还可以设置连接池的参数来控制连接池中的初始连接数、连接的上下限数，以及每个连接的最大使用次数、最大空闲时间等。当然，也可以通过连接池自身的管理机制来监视连接的数量、使用情况等。

在线程池中可先启动若干数量的线程，这些线程都处于睡眠状态。当客户端有一个新的请求时，就会唤醒线程池中某一个睡眠的线程，让它来处理客户端的这个请求，当处理完这个请求之后，线程又处于睡眠的状态。线程池能大幅提升程序的性能。比如有一个促销活动，预估高峰期每个服务节点每秒需要承载 100 个请求以上，如果为每个客户端请求创建一个新的线程的话，那耗费的 CPU 时间和内存都是十分惊人的，如果采用一个拥有100 ~ 200 个线程的线程池，那将会节约大量的系统资源，使得更多 CPU 时间和内存能用来支撑实际的商业应用，而不是浪费在频繁的线程创建、销毁以及上下文切换中。

与线程池相关的参数如下。

❑ ThreadPoolExecutor：核心参数。

❑ corePoolSize：线程池中常驻核心线程数。

❑ maximumPoolSize：线程池能够容纳的同时执行的最大线程数，值必须大于 1。

❑ keepAliveTime：多余空闲线程的存活时间。若当前线程池数量超过 corePoolSize，当空闲时间达到 keepAliveTime 时，多余空闲线程会被销毁，直到剩下 corePoolSize 为止。

❑ unit：keepAliveTime 的单位。

❑ workQueue：存放已被提交但是尚未执行的任务。注意，当核心线程都繁忙时，请求会先进入等待队列，当等待队列也满了，才会继续增加线程，直至达到最大线程数。

❑ threadFactory：表示线程池中工作线程的线程工厂，用于创建线程。

❑ handler：拒绝策略，当队列满了并且工作线程数大于或等于 maximumPoolSize 时，则通过 handler 拒绝任务。

对于应用服务、请求、连接池和线程池的关系，我们举个生活化的例子帮助读者理解。应用服务相当于饭店，请求相当于顾客，连接池相当于服务员，线程池相当于厨师。顾客想要进店吃饭需要先等待服务员叫号，这就像等待空位的过程；顾客被叫到号就相当于客户端与服务端之间建立了连接；顾客由服务员安排座位，再将自己的点餐需求（请求报文）告知服务员，由服务员转给厨师按照不同客户的需求进行制作（解析报文并进行业务逻辑处理的过程）；菜品制作完成后再由服务员上菜（返回报文），这样就完成了"请求→建立连接→将请求转给工作线程进行处理→响应"的过程。

了解设计模式的读者，一定听说过单例模式，这其实也是一种对象复用的应用场景。类似的应用场景还有 Spring 单例 Bean。默认情况下，Spring 容器只会为每个 Bean 生成一个实例。如果一个重量级的实例在构造时既耗时又耗资源，那就要考虑它是否适合采用单例模式。我们可以通过单例模式来节省不断构造实例产生的消耗，减少内存占用，降低 GC 频率，从而提升系统性能。

（4）IO 优化

如前文所述，在 CPU、内存、磁盘 IO、网络 IO 这 4 项最核心的硬件资源指标中最容易成为瓶颈的是磁盘 IO，所以提升磁盘 IO 的速度对提升系统整体性能有很大的好处。NIO 替代 IO 是常见的 IO 优化手段。

将基于流的 IO 实现（以字节为单位处理数据）改为基于块的 IO 实现，增加一个缓冲区，可以大大增加 IO 性能。例如将 InputStream 和 OutputStream 改为使用 BufferInputStream 和 BufferOutputStream，可以大大减少访问硬盘的次数。由于访问硬盘设备对 CPU 而言会有个用户态切换内核态的过程，这类切换都是有损耗的，因此减少访问硬盘的次数也可以减少用户态和内核态的切换次数，使磁盘 IO 速度得到大幅提升。

（5）异步

如果返回结果不是必须的，可以采用异步调用的方式。如果希望拿到异步调用的结果，可以使用轮询和回调两种方式。所谓轮询就是调用方不断去询问被调用方是否执行完成，需要合理设置轮询的频率。如果轮询频率过高会消耗一定 CPU 资源，轮询频率过低又会导致响应时间过长或数据不够新鲜。所谓回调则是调用方实现一个方法，让被调用方执行完成后主动来调用这个方法。回调的优势是在调用完成后，可以先不受阻塞地处理一些不依赖回调结果的业务逻辑，然后来等待回调结果。

（6）并行

为了发挥出多核 CPU 的优势，多线程并行化处理也是一种常见的优化策略，可以在很大程度上提升响应时间和系统吞吐量。

在这里需要提到并行和并发这两个概念的区别：并行（Parallel）是绝对意义上的同时处理，而并发（Concurrent）实质上是交替切换处理的，是一种宏观上并行、微观上串行的模式。

并发和并行的区别如图 9-2 所示。

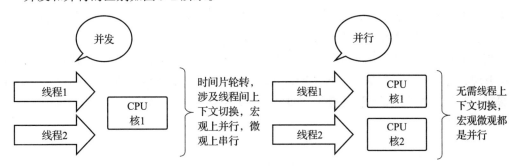

图 9-2　并发和并行的区别

CPU 会为处于可运行状态的线程分配时间片，分到时间片的线程开始运行，并在时间片结束后通过程序计数器保存当前方法栈信息以及当前正在运行的方法中各个变量的中间结果。然后轮到下一个分到时间片的线程，这个线程如果是之前执行过的线程，那就需要先恢复上次运行的方法栈，将各个变量的值恢复到上一次的状态，继续运行，如此循环往复。这个保存现场和恢复现场的过程叫作线程上下文切换，频繁的切换会造成较大的资源浪费。

对于 IO 密集型的应用，因为它们很多时候都在等待 IO，需要让出时间片给需要 CPU 资源的线程。但如果是计算密集型的应用，频繁的上下文切换反而会导致系统吞吐量降低。

（7）缓存

缓存也是用来提升性能的常见手段，缓存的本质就是通过存取速度更快的介质（通常是内存）来替代或降低访问存取较慢的介质。例如处理器级别的缓存有 CPU 寄存器、一级缓存、二级缓存、三级缓存，它们从左往右效率逐级递减，容量逐级增加。处理器级别的缓存不由应用程序控制，本书不对其进行重点讨论。在处理器之外还有内存与磁盘这两种存储介质，内存拥有相对较快的存取速度，当然远远慢于寄存器和一级、二级、三级缓存，但又远快于磁盘。内存相对磁盘而言也有缺点，与处理器级别的缓存一样，它无法持久化，一旦服务进程重启或者服务器重启，内存数据就会丢失。磁盘虽然存取速度很慢，但是可以持久化地保存数据。

在应用程序层面，常见的缓存有本地内存和 Redis、Memcache 等。

将本地内存作为缓存的优点是不需要经过网络，也没有序列化 / 反序列化的损耗，可以随取随用。它的缺点是分布式架构下的每个服务节点都需要在内存中缓存一份，这会消耗大量内存，也可能会导致更频繁的 GC，而且会涉及不同节点间的缓存同步问题。如果不进行缓存同步操作，则会导致缓存命中率降低。

当然，消耗内存多的问题也可以通过一些手段进行优化。以订单查询系统为例，可以对 uid 计算 hash 值并取余，假设订单服务集群有 8 个节点，先使 hash 值除以 8 再取余数，再根据余数的取值将不同用户的请求分发到特定的服务节点进行处理。这样每个节点只需要缓存一部分用户的数据即可。但是这么做也有风险，有可能余数为 1 的用户订单量普遍比余数为 2 的用户要多，那就会导致服务节点负载不均。这就需要通过更复杂的算法对用户进行更合理的划分，使得集群中各节点的负载能更均匀。

使用 Redis 可以规避本地内存作为缓存的上述缺点，并且通常来说更节省内存资源，可以提升缓存的命中率，但缺点是多了网络传输和序列化 / 反序列化的消耗。此外，Redis 适合缓存小对象，做一些短平快的操作，如果用来缓存大对象则会导致性能急剧下降。

（8）锁优化

对锁进行优化，可以从如下 5 个方面展开。

1）避免死锁。出现死锁需要满足以下条件，只要破坏 4 个必要条件中的任何一个，死锁问题就能得以解决。

❑ 互斥条件：一个资源每次只能被一个进程使用。

❑ 请求与保持条件：一个进程因请求资源而阻塞时，对已获得的资源保持不放。

❑ 不剥夺条件：对于进程已获得的资源，在末使用完之前，不能强行剥夺。

❑ 循环等待条件：若干进程之间形成一种头尾相接的循环等待资源关系。

例如，在编码时，如果程序需要获取多把锁，那么应该尽量让多线程间获取锁的顺序保持一致。或者，线程在获取了 A 锁但是长时间获取不到 B 锁时，主动释放 A 锁。

2）减少锁持有时间。首先，可以优化临界区域内的相关方法，使方法执行得更快，从而使持锁时间变短；其次，可以降低锁的粒度。相应的优化技巧如下。

❑ 能锁代码块的就不要锁方法，代码块中只放必须要加锁的逻辑。

❑ 优化被锁对象的类型，锁类对象的效率通常小于锁实例对象。

3）锁消除。通过添加 JVM 参数 -XX:+DoEscapeAnalysis -XX:+EliminateLocks，可以使 JVM 开启逃逸分析，消除非必要的锁，示例如下。

```
/**
 * 我们知道 StringBuffer 是线程安全的，在 Append 方法内部会有锁的申请，但是 sb 变量是局
   部变量，没有逃逸出该方法，如果该实例方法无法被多个线程同时调用，就可以进行锁消除
 * @param a
 * @param b
 * @return
 */
public String eliminateLocksMethod(String a, String b) {
    StringBuffer sb = new StringBuffer();
    sb.append(a);
    sb.append(b);
    return sb.toString();
}
```

4）锁粗化。尽量将对同一把锁不断请求和释放的操作整合成对锁的一次性操作，示例如下。

```
for(inti=0;i<CIRCLE;i++){
    synchronized(lock){}
}
改为:
synchronized(lock){
    for(inti=0;i<CIRCLE;i++){
    }
}
```

5）锁分离。对不同的操作使用不同的锁，减少锁竞争冲突。例如，使用读写分离锁替换独占锁。在读多写少的场合，读写锁对系统性能是很有好处的。

（9）慎用异常

当程序中创建一个异常时，需要收集栈跟踪（Stack Trace），栈跟踪用于描述异常是在何处创建的。构建这些栈跟踪时需要为运行时的方法栈做一份快照，这部分开销很大。要注意的是，收集栈跟踪的开销与程序中是否使用 try-catch 捕获异常没有关系。不管是否捕获异常，这部分开销都是存在的。因此，不能毫无顾忌地抛出异常，尤其是在被高频调用的热点方法中。

（10）日志优化

常用的日志组件有 Logback、Log4j、Log4j 2，从性能对比来看，性能从高到低依次是 Log4j 2 > Logback > Log4j。除了日志组件导致的性能差异外，如下几项组件设置也会影响应用的整体性能。

1）日志级别。日志分为 Trace、Debug、Info、Warn、Error 这 5 个级别，从左往右级别依次升高。级别越低的日志重要程度越低，但日志量通常越大。例如设置日志级别为 Info，那么 Info 日志以及比 Info 级别高的日志（Warn、Error 日志）都会输出。对业务开发来说，开发组件中的日志输出量只受日志级别的控制，但具体业务逻辑中的日志输出量是由开发人员自己控制的，出于性能考虑要适当控制写日志的量，不能毫无顾忌随意写日志。举例来

说，如果要在一个循环次数很多的循环中通过日志记录临时变量的值，需要用 Debug 这样低级别的日志，该日志仅用于调试，上线后通过将日志设为 Info 或更高级别来关闭 Debug 日志的输出。有些接口的响应报文很大，通常不建议为了方便将整个报文通过日志记录下来，建议只记录对定位问题有帮助的关键字段，减少写日志的量。

2）同步日志和异步日志。同步日志是由处理业务逻辑的工作线程写入的，那就存在一种风险：当写日志的量级太大，且磁盘 IO 性能较差时，写日志这个动作很容易导致业务线程的阻塞，从而影响响应时间。那么此时将日志输出改为异步就是一种很好的选择，因为异步日志输出的原理是：业务线程将日志对象放入队列，由专门的日志线程负责从队列中取出日志，统一写入磁盘。但异步日志是否就是完美的解决方案呢？看如下配置。

```
<!-- 配 0 则不丢失日志。默认如果队列的 80% 已满，则会丢弃 Trace、Debug、Info 级别的日志 -->
<discardingThreshold>80</discardingThreshold>
<!-- 更改默认的队列的深度，该值会影响性能，默认值为 256 -->
<queueSize>512</queueSize>
<!-- 默认调用队列的 put 方法，但当队列满了之后，当前的线程就会阻塞。而设置了 neverBlock 为
    true 后，则会调用 offer 方法，如果队列满了，则丢弃 -->
<neverBlock>true</neverBlock>
```

在上述配置中，当 discardingThreshold 等于 0 时表示不丢弃日志，那就有可能会出现一种情况：由于磁盘写入性能较差，异步写日志的线程来不及将大量日志及时写入，引发队列积压。当日志队列满时，业务线程就无法将日志放入队列，但又不允许丢弃，这也会导致业务线程阻塞住，直至队列出现空闲，将日志放入队列才能进行后续业务逻辑的处理。所以不建议将 discardingThreshold 设置为 0，改配置为 80，默认当队列使用 80% 时，会开始丢弃 Trace、Debug、Info 这些低级别的日志，而 Warn 和 Error 这些高级别的日志则不会丢弃。queueSize 表示队列长度，该值如果设置过小，会导致队列更容易积压；如果设置过大，则可能会占用大量内存资源，需要合理设置。neverBlock 参数为 false 时，写队列使用 put 方法。此时如果导致队列满的是 Error 日志，那么依然会导致业务线程阻塞。当 neverBlock 设置为 true 时，写队列调用的是 offer 方法，如果队列满了则直接丢弃，不会考虑日志级别。

3）日志爬栈。日志组件中有一些配置会导致爬栈（getStackTrace）操作，原理同创建异常。日志配置文件中可以指定日志输出的格式，如果在 pattern 中加上了打印文件名、类名、方法名、代码行号等配置，或者在 Appender 中配置了 includeCallerData 为 true，就会触发爬栈操作，影响应用性能。

官方文档也说明了这 4 种日志的 pattern 参数会导致性能问题，如表 9-1 所示。

表 9-1　Logback 组件会导致爬栈的 pattern 参数项说明

转换符	作用
F / file	表示输出执行记录请求的 Java 源文件名。尽量避免使用，除非执行速度不造成任何问题
C {length} class {length}	表示输出执行记录请求的调用者的全限定名。尽量避免使用，除非执行速度不造成任何影响

（续）

转换符	作用
M / method	表示输出执行日志请求的方法名。尽量避免使用，除非执行速度不造成任何影响
L / line	表示输出执行日志请求的行号。尽量避免使用，除非执行速度不造成任何影响

Logback 源码示例如图 9-3 所示。

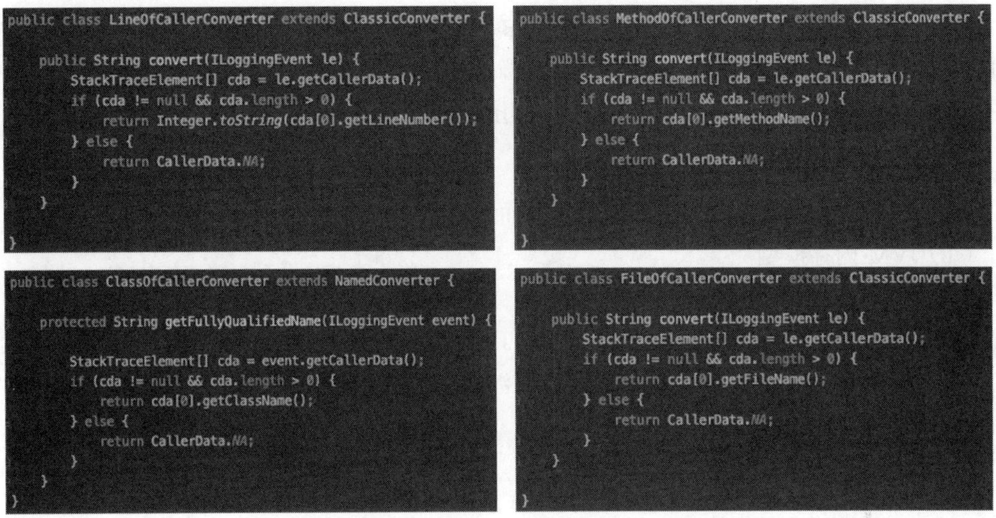

```
public class LineOfCallerConverter extends ClassicConverter {

    public String convert(ILoggingEvent le) {
        StackTraceElement[] cda = le.getCallerData();
        if (cda != null && cda.length > 0) {
            return Integer.toString(cda[0].getLineNumber());
        } else {
            return CallerData.NA;
        }
    }
}
```

```
public class MethodOfCallerConverter extends ClassicConverter {

    public String convert(ILoggingEvent le) {
        StackTraceElement[] cda = le.getCallerData();
        if (cda != null && cda.length > 0) {
            return cda[0].getMethodName();
        } else {
            return CallerData.NA;
        }
    }
}
```

```
public class ClassOfCallerConverter extends NamedConverter {

    protected String getFullyQualifiedName(ILoggingEvent event) {

        StackTraceElement[] cda = event.getCallerData();
        if (cda != null && cda.length > 0) {
            return cda[0].getClassName();
        } else {
            return CallerData.NA;
        }
    }
}
```

```
public class FileOfCallerConverter extends ClassicConverter {

    public String convert(ILoggingEvent le) {
        StackTraceElement[] cda = le.getCallerData();
        if (cda != null && cda.length > 0) {
            return cda[0].getFileName();
        } else {
            return CallerData.NA;
        }
    }
}
```

图 9-3　Logback 组件导致爬栈操作的源码示例

注意，源码中 StackTraceElement[] cda = event.getCallerData() 这一行代码就是导致爬栈的罪魁祸首，继续追踪就会发现底层调用了 native 方法去获取当前线程的方法栈快照，方法栈中就是当前线程正在执行的方法栈帧信息。获取 StackTraceElement 数组，也就是方法栈帧信息，之后会赋值给 cda 变量，然后从栈顶这个栈帧 cda[0] 中获取代码行号、方法名、类名、源文件名等信息，并在输出的日志中自动带上这些信息，方便开发人员快速定位到写日志的位置。但这是为了方便而牺牲应用性能的不经济行为。当 CPU 水位较低时，影响相对有限，只是对响应时间有小规模影响。但在流量高峰时（例如在促销活动中），就很容易导致 CPU 资源瓶颈，影响应用的吞吐量。

4）日志压缩。Logback 的 fileNamePattern 配置可以设置是否开启日志压缩功能，开启压缩是以消耗少量 CPU 为代价来弥补磁盘空间的不足，不开启压缩则反之。用户可以根据实际情况选择合适的配置。考虑到随着硬件技术的发展，磁盘容量越来越大，价格越来越低，一般建议不开启压缩，以节省宝贵的 CPU 资源。配置示例如下。

```
<!-- 不开启压缩 -->
<fileNamePattern>logFile.%d{yyyy-MM-dd}.log</fileNamePattern>
<!-- 文件名以 .gz 后缀结尾，表示开启压缩 -->
<fileNamePattern>logFile.%d{yyyy-MM-dd}.log.gz</fileNamePattern>
```

5）选择性能更高的日志组件。常用的日志组件有 Log4j、Log4j 2、Logback，在不同机器配置、不同组件版本下性能都会有所差异。但 Log4j 2 得益于 Disruptor 框架，在异步模式下性能远高于 Log4j 和 Logback。

可将日志写入日志服务器来代替写入本地磁盘。由于通常应用服务器不会配置 SSD 等性能很高的磁盘，所以在业务日志量很大的情况下，磁盘 IO 很容易成为应用的性能瓶颈。可以考虑将日志统一写入日志服务器，这就等于将磁盘 IO 的压力转到网络 IO。由于内网网络 IO 通常是 GB 级别，而磁盘 IO 通常是 MB 级别，两者 IO 能力有着极大的差异，通常来说网络 IO 不会成为瓶颈。而日志服务器集群通常会使用 IO 能力更好的 SSD 或磁盘阵列，水平扩展也比较方便，相对于将日志写入应用的本地磁盘来说是一种更完美的解决方案。

3. JVM 参数优化

JVM 参数优化主要从 3 个方面进行，下面具体介绍。

（1）JVM 内存模型

本书不对 JVM 内存模型做详细介绍，有兴趣的读者可以通过《 Java 程序性能优化：让你的 Java 程序更快、更稳定》这类深度讲解 JVM 的书籍去做详细了解。本书假设读者已对 JVM 内存模型有过初步了解，在此基础上对涉及应用程序性能的部分来做一些探讨。JVM 内存模型如图 9-4 所示。

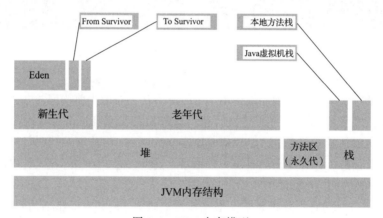

图 9-4　JVM 内存模型

一般业务开发需要重点关注的是堆空间和栈空间。对于 CodeCache 也可以适当关注，一般只要 CodeCache 没有用满是不会对性能有明显影响的。堆外内存在业务开发过程中使用的也很少，通常只有 Netty 等通信类组件会使用，出现问题的概率并不高，即使有问题，业务开发也很难做出优化，通常是某个低版本组件有 bug，升级组件版本即可解决。

（2）栈空间

默认情况下每创建一个 Java 线程就会分配 1MB 的栈空间，可以通过 Xss 参数来调整线程栈空间大小。当物理内存较少时，可以适当调整 Xss，一般 256KB 到 512KB 就足够了。那么创建同样数量的线程时，可以节约一部分内存资源，并将节省出来的内存给堆内存使用。

与栈有关的 4 个重要概念：栈帧、栈深、栈顶、栈底。我们知道栈是一种后进先出的数据结构，假设 A 方法调用了 B 方法，那么会先将 A 方法压入栈内，然后在调用 B 方法时，再将 B 方法压入栈内，如果 B 方法执行完成就执行出栈操作，回到 A 方法继续执行，当 A 方法也执行完成时，A 方法出栈。这里每个被压入栈内的方法在数据结构上表现为一个栈帧，里面存放了方法的局部变量表、操作数栈、动态连接方法和返回地址等信息。而栈深表示的是当前有多少个方法被压入栈内，方法调用层级越多，栈深的值就越大。栈顶表示当前正在被执行的方法栈帧，也就是最后一个入栈的方法。栈底表示首个压入栈内的方法，一般是Thread.run 方法，也就是线程刚被创建时调用的方法。

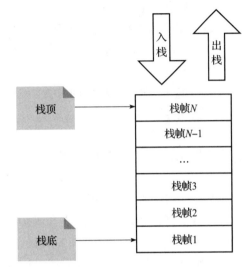

入栈出栈示意如图 9-5 所示。

图 9-5　入栈出栈示意图

与栈空间有关的两种异常如下。

❑ StackOverflowException，又叫栈溢出，通常使用了递归调用造成栈深过大，所有栈帧占用的内存总和超出了 Xss 的限制，就会抛出该异常。

❑ OutOfMemoryException，通常在启动一个新线程时发生，如果应用有线程泄漏的问题，在流量高峰时未通过线程池合理地控制线程数，而是不断创建新线程来处理新请求，那么当物理内存不足以为新线程分配栈空间时，就会抛出该异常。

Java 线程的 6 种状态如下。

❑ 新建状态（New）：使用 new 关键字创建一个 Thread 对象，刚刚创建出的这个线程就处于新建状态。在这个状态的线程没有与操作系统真正的线程产生关联，仅仅是一个 Java 对象。

❑ 可运行状态（Runnable）：正在运行的线程，只有处于可运行状态的线程才会得到 CPU 资源。

❑ 阻塞状态（Blocked）：在可运行阶段争抢锁失败的线程就会从可运行状态转变为阻塞状态。

❑ 等待状态（Waiting）：可运行状态争抢锁成功，但是资源不满足，主动放弃锁（调用 wait() 方法），条件满足后再恢复可运行状态（调用 notiy() 方法）。

❑ 有时限等待状态（Timed_Waiting）：类似于等待状态，不过区别在于有时限等待状态有一个等待的时间，到达等待时间或者调用 notiy() 方法，都能恢复为可运行状态。

❑ 终结状态（Terminated）：代码全部执行完毕后，会进入终结状态，释放所有的资源。

那么，继续思考如下两个问题。

❑ 发生高 CPU 消耗问题时，会通过 Jstack 命令去抓取一个线程 Dump 文件，里面会显示抓取 Dump 瞬间的所有线程的栈信息，此时应该关注栈顶还是栈底？重点应该关注哪些状态的线程？

❑ 如果有大量线程的状态都是等待状态，有些线程栈深是 10 左右，有些线程栈深是 100 左右，我们应该重点关注哪类线程，为什么？

（3）堆空间

以 JDK 1.8 为例，堆空间分为年轻代、老年代、元空间（JDK 1.8 以下版本称为持久代），其中年轻代又可以细分为 Eden 区和 Survivor 区。GC 原理是一块很庞大的知识，学习资料也很丰富，感兴趣的读者可以去查阅相关学习资料，在此不过多展开，大家只需知道程序中会用 new 关键字创建一个引用类型的对象，并在堆空间中分配一块内存来存放该对象即可。

那么，内存如何设置呢？

通常建议将 Xmx（最大堆）和 Xms（最小堆）设置成一样大，避免频繁扩容和 GC 释放堆内存造成系统开销。但如果 Xms 设置得足够大，在触发 GC 时，如果大部分对象已经成了垃圾对象，因此垃圾回收效果比较好的话，也可以考虑将 Xmx 设置得比 Xms 更大。此时由于垃圾回收效果良好，JVM 通常不会动态调整堆内存大小，而将 Xmx 设置得更大，可以在预期外的高峰流量涌入时为应用提供更充足的堆内存空间，降低 GC 的频率。

Xmn（年轻代）默认是 Java 堆的三分之一，也可以按需调整。例如程序运行过程中会频繁创建一些生命周期较短的对象，但每次 Young GC 后，发现晋升入老年代的对象超出你的预期，这可能是年轻代分配过小导致的。假设每秒生成 100MB 的短命对象，平均生命周期为 1.5 秒，年轻代大小是 100MB，那么 Young GC 发生的频率就是 1 秒 / 次，此时大部分对象还处于存活状态，因此回收过后进入 Survivor 区，甚至直接晋升至老年代的对象就会很多。此时可以适当调大年轻代的比例，让对象尽可能在年轻代被回收掉，降低晋升至老年代的概率，也就可以达到降低 Full GC 频率的目的。

对象进入老年代一般有 4 种可能。

❑ 长期存活的对象：经过多次 Young GC（默认 15 次）未回收掉的，会进入老年代。

❑ 空间分配担保：在 Young GC 过程中，如果 Survivor 区无法放下所有存活的年轻代对象，那么这些对象也会直接晋升至老年代。

❑ 动态对象年龄判定：如果 Survivor 区中相同年龄所有对象的大小总和大于 Survivor 区空间的一半，年龄大于或者等于该年龄的对象在 Minor GC 时将被复制到老年代。

❑ 大对象直接进入老年代：如果设置了 MaxTenuringThreshold，那么占用内存超过 MaxTenuringThreshold 参数限制的新创建对象会直接在老年代分配。

常见的垃圾回收器主要如下几种。

1）串行收集器：Serial 收集器（年轻代）+ Serial Old 收集器（老年代）。串行收集器，顾名思义只有一个垃圾回收线程，是最古老的垃圾回收器。因为避免了线程切换的损耗，在单核 CPU 上通常是最优方案。

2）并行收集器：Parallel Scavenge 收集器（年轻代）+ Parallel Old 收集器（老年代）。并行收集器，可以充分利用多核 CPU 的优势，主要关注系统吞吐量。如果对 GC 停顿造成的响应时间尖刺没有过高的要求，可以选用这种垃圾回收器。如果对 GC 停顿时间有要求，也可以通过 -XX:+MaxGCPauseMillis 参数来控制停顿时间，JVM 会动态调整堆大小，使停顿时间尽可能在预期范围内，但区别是 GC 可能会更加频繁，反而降低了吞吐量。

3）CMS 收集器：ParNew 收集器（年轻代）+ CMS 收集器（老年代）。与并行收集器更关注系统吞吐量不同，CMS 收集器是一种更关注停顿时间的垃圾回收器，它将垃圾回收划分成初始标记、并发标记、重新标记、并发清理、并发重置 5 个阶段。其中初始标记和重新标记是会造成用户线程停顿的，并发标记、并发清理和并发重置则可以和用户线程一同执行。简单来说，CMS 的理念就是尽可能减少停顿时间，但在 GC 线程和用户线程同时运行的阶段，系统吞吐量还是会低于未触发 CMS 收集器进行垃圾回收的时间段。

CMS 收集器需要通过 -XX:CMSInitiatingOccupancyFraction 参数指定当老年代的空间使用率达到多少时，开始进行垃圾回收。

需要注意 CMS 收集器使用的是"标记 – 清除"算法，会造成大量的内存碎片，造成虽然有足够的空闲内存，但是这些内存过于碎片化，所以无法分配较大的对象的情况。此时就会被迫进行一次 Full GC，将老年代进行内存整理后，获得一块连续的可用内存。不幸的是此时的 Full GC 复用的是串行收集器的算法，也就是只会有 1 个 GC 线程负责垃圾收集，这会导致 GC 停顿时间非常长。为了改善这种情况，可以使用 -XX:+UseCMSCompactAtFullCollection 参数来设置在 CMS 收集器完成垃圾回收后进行一次内存整理。-XX:CMSFullGCsBeforeCompaction 参数可以设置在 CMS 收集器完成多少次垃圾回收后，需要进行一次内存整理。

4）G1 收集器：G1 收集器的优点是将堆空间划分成一个个小的区域（Region），当进行垃圾回收时，不同于与更早的收集器必须要对整个年轻代或老年代进行扫描和回收，G1 收集器可以通过算法决定哪些区域是最具回收价值的，优先回收这部分区域，因此可以做到更低的 GC 停顿时间。

5）ZGC 收集器：ZGC 收集器基于区域进行内存布局，暂时不设分代，使用了读屏障、染色指针和内存多重映射等技术来实现可并发的"标记 – 整理"算法，以低延迟为首要目标。从 JDK 11 开始提供 ZGC 收集器，官方宣称在 TB 级内存设置下，GC 停顿时间也可以控制在 10 毫秒以内。当然这里 10 毫秒指的是停顿时间，而不是整个回收过程都可以在 10 毫秒以内完成。

在此不对每种垃圾回收器的原理做更详细的介绍，大家可以查询相关资料，自行补充相关知识。

每种垃圾回收器都有各自的优点和缺点，需要根据应用选择使用的 JDK 版本和 CPU，根据内存资源情况来选择更合理的配置。举例如下。

❏ 单核 CPU 下使用串行收集器是最优选择，如果选择并行收集器，只会平白增加线程上下文切换的消耗，反而起到反效果。

❏ 如果应用是吞吐量优先的，那么建议使用并行收集器。

❏ 如果应用是响应时间优先的，且 JDK 版本在 1.8 或以上，那么建议堆内存设置在 6G 以内的用 CMS 收集器，6G 以上用 G1 收集器，JDK11 以上可以考虑 ZGC 收集器。

❏ G1 收集器和 ZGC 收集器虽然能保障较低的 GC 停顿延迟，但由于其算法较复杂，对 CPU 和内存资源要求更高，通常建议在高配服务器上使用它们。

❏ 对于频繁创建短命大对象的情况，最佳优化手段当然是做对象轻量化改造。如果实在无法改造，那就设置 MaxTenuringThreshold 参数，让大于这个参数值的对象直接在老年代分配，降低 Young GC 的频率。老年代也可以设置得比较大，降低 Full GC 频率。或者，使用 CMS 收集器来降低老年代回收成本，此时为防止碎片化过于严重，可以通过设置 -XX:+UseCMSCompactAtFullCollection 和 -XX:CMSFullGCsBeforeCompaction 参数，在进行一定次数的 CMS 收集器垃圾回收后进行一次内存整理。

总结一下，大部分情况下，代码优化的收益是要远大于 JVM 参数优化的。所以在做性能优化时，不建议一上来就优化 JVM 参数，而是应该先尽可能地优化代码实现，当代码没有太多可优化空间时，再通过优化 JVM 参数来锦上添花。

4. 数据库优化

数据库优化主要包含两方面内容。一方面，数据库软件自身的优化。通常是根据服务器硬件配置以及业务特性来进行相关参数的调优。这部分优化类似于 JVM 参数优化，是偏整体性的优化，往往是脱离业务细节的。另一方面，SQL 及索引方面的优化。这部分优化往往与业务特性以及系统设计强相关，优化时往往需要考虑业务细节。下面对此进行详细介绍。

（1）数据库配置常用参数优化

数据库配置常用参数如下。

❏ innodb_buffer_pool_size：InnoDB 缓存数据、索引、锁、插入缓冲、数据字典等。

❏ innodb_log_buffer_size：InnoDB 日志缓存区的大小。

❏ innodb_log_file_size：InnoDB 重做日志的大小。

❏ innodb_log_files_in_group：InnoDB 重做日志文件组。

❏ innodb_file_per_table：设置为 0 表示使用共享表空间，设置为 1 表示启用 InnoDB 的独立表空间模式，便于管理。

❏ innodb_temp_data_file_path：设置临时表最大空间。

❏ innodb_status_file：可启用 InnoDB 的状态文件，便于管理员查看以及监控。

- innodb_flush_log_at_trx_commit：当设置为 0 时，该模式速度最快，但不太安全，mysqld 进程的崩溃会导致上一秒所有事务数据的丢失。当设置为 1 时，该模式是最安全的，但是速度最慢。在 mysqld 服务崩溃或者服务器主机宕机的情况下，二进制日志最多只可能丢失一个语句或者一个事务。当设置为 2 时，该模式速度较快，也比 0 安全，只有在操作系统崩溃或者系统断电的情况下，截至上一秒的所有事务数据才可能丢失。

- max_connections：将所有的账号的所有的客户端并行连接到 MySQL 服务的最大数量，简单说是指 MySQL 服务能够接受的最大并行连接数。

- max_user_connections：将某一个账号的所有客户端并行连接到 MySQL 服务的最大数量，简单说是指同一个账号能够同时连接到 MySQL 服务的最大连接数。设置为 0 表示不限制。

- max_connect_errors：指某一个 IP 主机连续连接失败的次数，如果超过这个值，这个 IP 主机将会阻止自身发送出去的连接请求。

- tmp_table_size：设置临时表内存最大值，每个线程都要分配该空间，不宜设置过大。max_heap_table_size 和 tmp_table_size 建议设置一样大。

- sort_buffer_size：排序缓冲区大小。

- join_buffer_size：表连接缓冲区大小。

- read_buffer_size：读取缓冲区大小。

- read_rnd_buffer_size：随机读取缓冲区大小。

- query_cache_size：查询缓存，建议关闭。设置为 0 表示关闭，设置为 1 表示开启。

- key_buffer_size：索引块使用的缓冲大小。如果是 InnoDB 引擎，key_buffer_size 可以设置较小。如果是以 MyISAM 引擎为主，则可设置较大。

- interactive_timeout：交互式连接的超时时间，例如使用 MySQL 客户端连接数据库。

- wait_timeout：非交互式连接的超时时间，例如使用 JDBC 连接数据库。

- innodb_read_io_threadsInnoDB & innodb_write_io_threads：读写 IO 线程数，建议等于 CPU 核数，值的允许范围是 1 ～ 64。如果读操作比写操作多，可适度调大读线程数，调小写线程数。

- long_query_time：设置慢查询阈值，单位为秒。

- slow_query_log：是否开启 MySQL 慢 SQL 的日志，设置为 0 表示关闭，设置为 1 表示开启。

- log_output：设置日志输出是写表还是写日志文件，为了便于程序去统计，建议写表。

- slow_query_log_file：设置慢查询日志存放的路径。

- log_throttle_queries_not_using_indexes：该参数用来限制相同慢查询语句每分钟被记录到慢查询日志中的次数，防止慢查询日志的过快增大。

❑ log_queries_not_using_indexes：是否检查未使用索引的 SQL，设置为 0 表示关闭，设置为 1 表示开启。

❑ innodb_buffer_pool_dump_at_shutdown & innodb_buffer_pool_load_at_startup：重启 MySQL 服务时，快速预热缓冲池，设置为 0 表示关闭，设置为 1 表示开启。

❑ innodb_print_all_deadlocks：是否打印死锁日志，设置为 0 表示关闭，设置为 1 表示开启。

（2）SQL 及索引优化

SQL 及索引优化主要从如下 3 个方面展开。

1）避免全表扫描，具体如下。

❑ 避免不写 where 条件导致全面扫描以及返回结果量过大的情况。

❑ 对查询频次较高且数据量比较大的表，在 where 查询条件、order by 排序、group by 分组等操作的列上建立索引。

❑ 避免使用模糊匹配（全模糊和左模糊），会导致索引无法使用，引起全表扫描。

❑ 避免列运算（在建有索引的列上使用函数或表达式），会导致索引无法使用，引起全表扫描。

❑ 尽量避免使用 != 或 <> 运算。

❑ 尽量避免在 where 子句中对字段进行 null 值判断，尽可能使用 not null 填充数据库字段，备注、描述、评论之类的可以设置为 null，其他的字段最好不要使用 null。

❑ 尽量避免在 where 子句中使用 or 来连接条件，如果一个字段有索引，另一个字段没有索引，则将进行全表扫描。

❑ in 和 not in 也要慎用，否则会导致全表扫描。对于连续的数值，能用 between 就不要用 in。用 exists 代替 in 是一个好的选择。

❑ 使用联合索引时，必须使用该索引中的第一个字段作为条件才能保证系统使用该索引，应尽可能让字段顺序与索引顺序相一致。

❑ 避免使用 select count(*)，应使用 count(1) 或 count(具体列名)，否则会引起全表扫描。

2）索引建立原则，具体如下。

❑ 索引可以提高 select 效率，但同时降低了 insert 及 update 效率，因为 insert 或 update 有可能会重建索引，所以怎样建索引需要慎重考虑，视具体情况而定。

❑ 对查询频次较高且数据量比较大的表，建立索引。

❑ 在排序字段上，因为排序效率低，添加索引能提高查询效率。

❑ 在多表连接的字段上需要建立索引，这样可以极大提高表连接的效率。

❑ 对可以扩展已有索引的情况，就不要新建索引。

❑ 需要建索引的字段长度不宜过大，越短检索性能越好。例如只含数值信息的字段尽量不要设计为字符型，这会降低查询和连接的性能，并会增加存储开销。这是因为引擎在处理查询和连接时会逐个比较字符串中每一个字符，而对数字型而言只需要比较一次就够了。

❑ 使用前缀索引，对于 TEXT 和 BLOG 等类型的字段，全文检索性能不高，使用前缀
匹配可以大大提高检索速度。

3）其他优化点如下。

❑ 尽量避免多表关联，不建议进行三表及以上的关联查询。

❑ 尽量避免返回结果集过大。有些场景是业务需要返回超大结果集，有些场景下则没
有必要。尽量不要使用 select *，而是指定列进行查询；通过 where 条件做精确限制，
减小返回结果集大小，从而减轻应用服务端处理大型结果集的消耗。

❑ 尽量避免大事务操作，提高系统并发能力。

❑ 分库分表。分库分表的核心目的是将单点资源瓶颈，尤其是磁盘 IO 瓶颈，分散给多
个节点来共同承担。

5. 缓存中间件优化

在高并发系统中，为了缓解数据库的查询压力，对某些热点数据和核心业务数据添
加缓存层进行访问，高并发系统常使用 Redis 作为缓存层。在实际应用中，不合理地使用
Redis 会带来一些性能问题，起不到预期效果。

以下是 Redis 优化的常用手段。

1）避免 big key 设计。Redis 对同一种数据类型会使用不同的内部编码进行存储，比如
字符串的内部编码就有 int（整数编码）、raw（优化内存分配的字符串编码）、embstr（动态字
符串编码）3 种，这是因为 Redis 的作者想通过不同编码实现效率和空间的平衡，然而数据
量越大使用的内部编码就越复杂，而越复杂的内部编码存储的性能就越低。

这还只是写入时的速度，当键值对内容较大时，还会带来另外几个问题，具体如下。

❑ 内容越大需要的持久化时间就越长，需要挂起的时间越长，Redis 的性能就会越低。

❑ 内容越大在网络上传输的内容就越多，需要的时间就越长，整体的运行速度就越低。

❑ 内容越大占用的内存就越多，就会更频繁地触发内存淘汰机制，从而给 Redis 带来更
大的运行负担。

2）使用 lazy free 特性。lazy free 意为惰性删除或延迟删除，意思是在删除的时候提供异
步延时释放键值的功能，把键值释放操作放在单独的 BIO（Background IO）子线程中处理，以
减少删除操作对 Redis 主线程的阻塞，可以有效地避免删除 big key 带来的性能和可用性问题。

lazy free 有 4 种设置，含义如下。

❑ lazyfree-lazy-eviction：表示当 Redis 运行内存超过最大内存限制（通过 maxmemory
参数设置）时，是否开启 lazy free 机制将其删除。

❑ lazyfree-lazy-expire：表示当键值过期之后是否开启 lazy free 机制将其删除。

❑ lazyfree-lazy-server-del：有些指令在处理已存在的键时，会带有一个隐式的 del 键
的操作。比如 rename 命令，当目标键已存在，Redis 会先删除目标键，如果这些目
标键是一个 big key，就会造成阻塞删除的问题，此配置表示在这种场景中是否开启
lazy free 机制删除。

❑ slave-lazy-flush：针对从节点进行全量数据同步，从节点在加载主节点的 RDB 文件前，会运行 flushall 来清理自己的数据，它表示此时是否开启 lazy free 机制删除。

3）设置键值的过期时间。应根据实际的业务情况对键值设置合理的过期时间，Redis 会帮你自动清除过期的键值对，以节约对内存的占用，避免键值过多堆积以及频繁触发内存淘汰策略。

❑ 尽量避免使用复杂度高的命令。

❑ 开启 slowlog 监控耗时命令。

❑ 使用 Pipeline 批量操作数据。

❑ 避免大量数据同时过期。

❑ 客户端使用连接池，减少非必要调用。

❑ 合理设置 Redis 内存，选择合适的内存淘汰策略，禁用 swap。

Redis 目前提供了 8 种内存淘汰策略，其中两种基于 LFU 算法的聚略是在 4.0 版本之后增加的。

❑ noeviction：不淘汰任何数据，当内存不足时，新增操作会报错，Redis 默认内存淘汰策略。

❑ allkeys-lru：淘汰整个键值中最久未使用的键值。

❑ allkeys-random：随机淘汰任意键值。

❑ volatile-lru：淘汰所有设置了过期时间的键值中最久未使用的键值。

❑ volatile-random：随机淘汰设置了过期时间的任意键值。

❑ volatile-ttl：优先淘汰更早过期的键值。

在 Redis 4.0 中新增的两种淘汰策略如下。

❑ volatile-lfu：淘汰所有设置了过期时间的键值中使用最少的键值。volatile-xxx 表示从设置了过期键的键值中淘汰数据。

❑ allkeys-lfu：淘汰整个键值中使用最少的键值。allkeys-xxx 表示从所有的键值中淘汰数据。

4）使用物理机而非虚拟机安装 Redis 服务。在虚拟机中运行 Redis 服务器，因为和物理机共享一个物理网口，并且一台物理机可能有多个虚拟机在运行，所以在内存占用上和网络延迟方面都会有很糟糕的表现，可以通过 ./redis-cli --intrinsic-latency 100 命令查看延迟时间。如果对 Redis 的性能有较高要求的话，应尽可能在物理机上直接部署 Redis 服务器。

5）选择合适的持久化策略。Redis 的持久化策略是将内存数据复制到硬盘上，这样才可以进行容灾恢复或者数据迁移，但维护此持久化的功能，会有很大的性能开销。

在 4.0 版本之后，Redis 有了如下 3 种持久化的方式。

❑ RDB（Redis DataBase）：即快照方式，将某一个时刻的内存数据以二进制的方式写入磁盘。

❑ AOF（Append Only File）：即文件追加方式，记录所有的操作命令，并以文本的形式追加到文件中。

❑ 混合持久化方式：Redis 4.0 之后新增的方式，混合持久化结合了 RDB 和 AOF 两种方式的优点。在写入的时候，先把当前的数据以 RDB 的形式写入文件的开头，再将后续的操作命令以 AOF 的格式存入文件，这样既能保证 Redis 重启时的速度，又能降低数据丢失的风险。

RDB 和 AOF 持久化各有利弊，RDB 可能会导致一定时间内的数据丢失，而 AOF 由于文件较大则会影响 Redis 的启动速度，为了能同时拥有 RDB 和 AOF 的优点，Redis 4.0 之后新增了混合持久化的方式，因此我们在必须要进行持久化操作时，应该选择混合持久化的方式。

需要注意的是，在非必须进行持久化的业务中，可以关闭持久化，这样可以有效地提升 Redis 的运行速度，不会出现间歇性卡顿的困扰。

6）禁用 THP 特性。Linux Kernel2.6.38 增加了 THP（Transparent Huge Pages）特性，支持大内存页 2MB 分配，默认开启。

当开启了 THP 时，fork 的速度会变慢，fork 之后每个内存页从原来 4KB 变为 2MB，会大幅增加重写期间父进程的内存消耗。同时，每次写命令引起的复制内存页的单位放大了 512 倍，会拖慢写操作的执行时间，导致大量写操作慢查询。例如简单的 incr 命令也会出现在慢查询中，因此 Redis 建议将此特性进行禁用，禁用方法如下。

```
echo never > /sys/kernel/mm/transparent_hugepage/enabled
```

为了使机器重启后 THP 配置依然生效，可以在 /etc/rc.local 中追加如下代码。

```
echo never > /sys/kernel/mm/transparent_hugepage/enabled
```

7）使用分布式架构来增加读写速度。Redis 分布式架构有如下 3 个重要的功能。

❑ 主从同步：使用主从同步功能可以把写入放到主库上执行，把读功能转移到从服务上，因此就可以在单位时间内处理更多的请求，从而提升 Redis 整体的运行速度。

❑ 哨兵模式：哨兵模式是对主从同步功能的升级，但当主节点崩溃之后，无须人工干预就能自动恢复 Redis 的正常使用。

❑ Redis Cluster：Redis Cluster 是 Redis 3.0 正式推出的功能，它将数据库分散存储到多个节点上来平衡各个节点的负载压力。

6. 消息中间件优化

消息中间件的主要应用场景如下。

❑ 异步通信：可以用于业务系统内部的异步通信，也可以用于分布式系统信息交互。

❑ 系统解耦：将不同性质的业务进行隔离切分，提升性能，主从流程分层，按照重要性进行隔离，减少异常影响。

- 流量削峰：对间歇性突刺流量进行分散处理，减小系统压力，提升系统可用性。
- 分布式事务一致性：RocketMQ 提供的事务消息功能可以处理分布式事务一致性（如电商订单场景）。当然，也可以使用分布式事务中间件。
- 消息顺序收发：这是最基础的功能，先进先出，消息队列必备。
- 延时消息：延迟触发业务场景，如下单后延迟取消未支付订单等。
- 大数据处理：日志处理、Kafka。
- 分布式缓存同步：消费 MySQL binlog 日志进行缓存同步，或者将业务变动直接推送到消息队列消费。

引入消息中间件也会带来一些问题，总结下来主要有以下几点：

- 消息顺序性保证；
- 避免消息丢失；
- 消息的重复问题；
- 消息积压处理；
- 延迟消息处理。

其中和性能有关的主要是消息积压问题。当发生消息积压时，通常是消费者消费消息的性能不佳，或者资源瓶颈导致消费能力无法进一步得到提升。可以通过如下方式提升消费能力。

- 提升消费并行度。通过增加 Consumer 实例的数量来提高并行度，或者提高单个 Consumer 的消费并行线程数。
- 批量消费。批量消费方式可以在很大程度上提高消费吞吐量，减少消费者与消息中间件交互的次数。
- 丢弃非重要消息。根据业务特性，如果消费速度跟不上生产速度，可以选择丢弃一些不重要的消息。
- 优化消息消费过程。消费消息的过程一般包括业务处理以及跟数据库的交互等，对此过程进行优化也可以提升消费能力。

7. 操作系统优化

操作系统优化是一个偏底层的优化技术，非本书核心内容，本书对此不过多展开，感兴趣的读者可以自行查阅相关书籍。

以下列出了一些常用参数及其说明。

1）句柄相关参数如下。

```
/etc/security/limits.conf
* soft nofile 655360
* hard nofile 655360
```

上述代码中，nofile 全称为 number of open files，即最大可打开的文件描述符数量，这个限制是针对用户和进程来说的。

2）sysctl 调整参数的示例如下。

```
# 系统级别可以打开的最大文件句柄的数量（该参数决定了系统级别所有进程可以打开的文件描述符的数量限制）
fs.file-max=999999
# 与性能无关，解决 TCP 的 SYN 攻击
net.ipv4.tcp_syncookies=1
# 操作系统允许 TIME-WAIT 套接字数量的最大值，默认值为 180000，过多的 TIME-WAIT 套接字会使
  服务器变慢
net.ipv4.tcp_max_tw_buckets=6000
# 设置 TCP 滑动窗口大小是否可变
net.ipv4.tcp_window_scaling=1
# 定义 TCP 接收缓存的最小值、默认值、最大值
net.ipv4.tcp_rmem=10240 87380 12582912
# 定义 TCP 发送缓存的最小值、默认值、最大值
net.ipv4.tcp_wmem=10240 87380 12582912
# 内核套接字发送缓存区默认大小
net.core.wmem_default=8388608
# 内核套接字接收缓存区默认大小
net.core.rmem_default=8388608
# 内核套接字接收缓存区最大的大小
net.core.rmem_max=16777216
# 内核套接字发送缓存区最大的大小
net.core.wmem_max=16777216
# 表示当每个网络接口接受数据包的速率比内核处理这些包的速率快时，允许发送到队列的数据包的最大数目
net.core.netdev_max_backlog=262144
# 用于调节系统同时发起的 TCP 连接数，一般默认值为 128。在客户端存在高并发请求的情况下，该默认值
  较小可能导致连接超时或者重传问题，可以根据实际需要结合并发请求来调整该值
net.core.somaxconn=40960
# 用于设定系统中允许最多有多少 TCP 套接字不被关联到任何一个用户文件句柄上。如果超过这个数字，没
  有与用户文件句柄关联的 TCP 套接字将立即被复位，同时给出警告信息。这个限制只是为了防止简单些的
  Dos 攻击，一般在系统内存比较充足的情况下可以增大这个参数
net.ipv4.tcp_max_orphans=3276800
# 三次握手阶段接收 SYN 请求队列的最大长度，默认值为 1024。可以将该参数值设置大一些，这样在来不
  及接受新连接时，Linux 不至于丢失客户端发起的连接请求
net.ipv4.tcp_max_syn_backlog=262144
net.ipv4.tcp_timestamps=0
# 设置是否启用比超时重发更精确的方法来实现对 RTT 的计算，默认值为 0
net.ipv4.tcp_synack_retries=1
net.ipv4.tcp_syn_retries=1
# TIME_WAIT 状态的 socket 快速回收
net.ipv4.tcp_tw_recycle=1
# 是否允许 TIME-WAIT 状态的 socket 重新用于新的 TCP 连接
net.ipv4.tcp_tw_reuse=1
# 内核分配给 TCP 连接的内存
net.ipv4.tcp_mem=94500000 915000000 927000000
# 表示当服务器主动断开连接时，socket 保持在 FIN-WAIT2 状态的最大时间
net.ipv4.tcp_fin_timeout=1
# keepalive 启用时，TCP 发送 keepalive 消息的频率，默认 2 小时，设置小一些可以更快速地清理无效连接
net.ipv4.tcp_keepalive_time=60
```

```
# 系统可用的随机端口范围
net.ipv4.ip_local_port_range=10240 65000
# 同时保持 TIME_WAIT 套接字的最大数量，超过此数量立即回收
net.ipv4.tcp_max_tw_buckets=5000
```

9.2.5 性能调优基本原则

对性能进行调优，需要遵循一定的原则，不然可能带来更大的隐患，我们总结了 4 个需要遵循的基本原则。

1）规避风险。功能优先级永远是高于性能的，任何性能优化不能以牺牲功能正确性为前提，否则性能越高，损失越大。

2）木桶原理。解决一块短板，才能暴露出新的短板。一个应用的可优化点可能有很多个，但每个优化点对性能的影响程度是不一样的，需要确定导致性能瓶颈的最核心原因是哪一个，针对性解决这个核心问题才能带来真正的性能提升。

例如某应用既有日志量过大导致的磁盘 IO 瓶颈，又有爬栈问题，此时 CPU 消耗在60%。那么此时减少日志量，改为异步日志，或者升级磁盘才能带来明显的提升。如果仅仅解决爬栈问题是不会带来特别明显的性能提升的。只有磁盘 IO 不成为瓶颈，或者通过异步日志规避线程阻塞问题后，TPS 才能得到提升。TPS 提升又会导致 CPU 消耗更高，所以当CPU 成为瓶颈时，解决爬栈问题才会带来明显的 TPS 提升。

3）优化收益评估。从技术人员的技术追求上来说，任何优化点都是有价值的，但对企业而言，一定要考虑优化点的优先级和性价比的。性能优化首先考虑配置优化，这样成本最小而收益往往很高。其次考虑代码逻辑优化，需要结合改动量和项目周期来综合评估，如果可能带来功能风险，又没有足够的时间进行回归测试，则不要冒险改动，宁可通过扩容等方式临时解决。如果前几种优化都已做到极致，依然无法满足性能指标，那往往只能进行架构优化，成本当然也是最高的。

4）会用性能分析工具不等于会调优。性能调优的最终目的是解决性能问题，工具很重要，但是思路更重要。开车能到的地方，骑马也能到，走路也能到。好用的工具可以提升解决问题的效率，但首先得知道路该往哪个方向走。如果缺乏思路，即使有优秀的分析工具，也很可能南辕北辙。

接下来以大家熟悉的抓取 Dump 为例。很多初学者会认为性能问题发生后，只要抓取了 Dump 文件，就可以来分析性能问题了。但实际并非如此，Dump 的抓取也是有技巧的，需要考虑两个问题。

首先，Dump 分为线程 Dump 和内存 Dump，那么什么情况适合抓取线程 Dump，什么情况又必须抓取内存 Dump ？

简单来说，如果分析高 CPU 问题，或者怀疑有线程池耗尽、线程阻塞等问题，通常抓取线程 Dump 即可。如果分析内存问题，比如频繁 Full GC，或者怀疑有内存泄漏的问题，那就需要抓取内存 Dump。注意，内存 Dump 也是可以用于分析线程问题的，但是内存

Dump 的成本较高，对应用造成的停顿时间较长，所以能用线程 Dump 分析的情况肯定优选线程 Dump。

其次，抓取 Dump 的时机有没有讲究？

当然有，具体得看分析的是什么类型的性能问题。如果是死循环、死锁、OOM 这类问题，那么事后抓取 Dump 也是可行的。但如果是一些瞬时异常过后又恢复正常的情况，例如频繁 Full GC 这类问题（此时非内存泄漏，内存可以正常回收，但 Full GC 次数非常频繁），需要通过内存 Dump 来分析是哪些对象占用内存较高，此时抓取 Dump 的时机就很重要了。如果抓取 Dump 的时候刚好发生过 Full GC，那么在 Dump 中就很可能发现不了是哪些对象在频繁创建。所以，抓取完内存 Dump 要注意下文件大小，比如堆内存是 1G，而 Dump 文件只有 200M，那么很可能在这个抓取时间点刚发生过 Full GC，该 Dump 文件就不具备分析价值，需要重新抓取合适的内存 Dump 文件。

最后我们用一张图来完整呈现常见的性能调优工具，如图 9-6 所示。

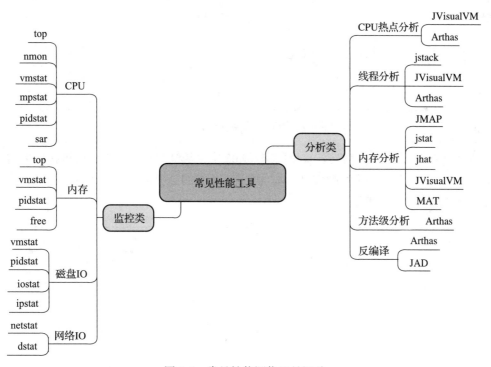

图 9-6　常见性能调优工具汇总

9.3　性能调优实战案例

本节会借助某公司的性能分析工具来演示如何定位一些常见的性能问题，各位读者也可以使用开源分析工具来定位，分析思路是类似的，只不过在使用体验和效率上会有差异。

9.3.1 链路耗时分析及慢方法追踪

1. 访问数据库耗时长

如图 9-7 所示，在访问数据库耗时长案例 01 中，设置了 5 个并发用户，此时该接口 TPS 仅为 3.71 秒，事务的平均响应时间达到 2.681 秒。此时可以借助 APM 工具来协助定位该接口响应慢的原因。

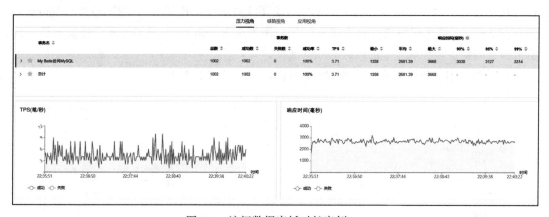

图 9-7　访问数据库耗时长案例 01

如图 9-8 所示，在访问数据库耗时长案例 02 中，从链路视角可以看到该接口平均响应时间为 2.689 秒，与事务平均响应时间基本吻合。由此可以判断，压力机并不平均，响应慢的原因就是服务器端处理慢。

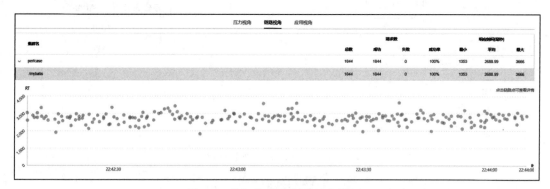

图 9-8　访问数据库耗时长案例 02

如图 9-9 所示，在访问数据库耗时长案例 03 的链路拓扑图中，可以看到该服务有 3 次访问数据库的操作，那么耗时是由慢 SQL 导致的吗？

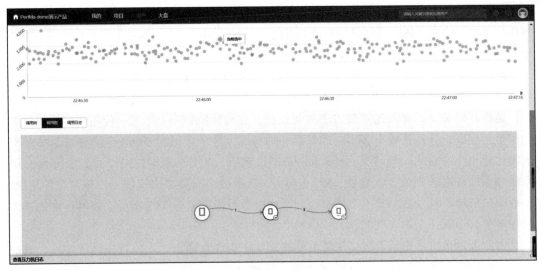

图 9-9　访问数据库耗时长案例 03

如图 9-10 所示，在访问数据库耗时长案例 04 中可以发现主要耗时是在 getConnection 方法和 execute 方法上。

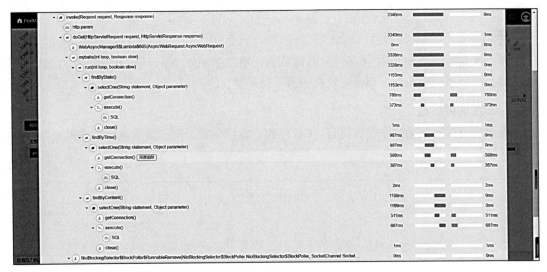

图 9-10　访问数据库耗时长案例 04

其中，selectOne 是 MyBatis 的方法，表示查询一条记录。对应的有 selectlist 方法，表示查询多条记录。

应用访问数据库大致分为 3 个步骤：建立连接，执行 SQL，关闭连接。这个项目中使用了 Druid 组件。与使用 JDBC 不同，Druid 会维护一个连接池，池内通常会预先准备好一些连接。应用每次访问数据库会先从池内取出一个空闲连接，执行完 SQL 得到响应后，会将连接再放回池内，从而达到复用连接的目的。与直接用 JDBC 访问数据库相比，可以节省创建和销毁连接的消耗，提升整体性能。

getConnection 方法就是获取连接的方法，一共有 3 次调用，耗时在 500 毫秒至 800 毫秒之间。遇到这种现象需要排查这些情况：第一，Druid 维护的连接池是否设置过小；第二，是否有慢 SQL，导致连接被占用时间过长，连接释放较慢；第三，应用访问数据库的频率是否过高，导致连接不够用。针对第一种情况，这个应用的 Druid 连接池被设置为 5，确实比较小。针对第二种情况，execute 方法代表执行 SQL 的耗时，可以看到 3 次 execute 方法调用的耗时分别为 372 毫秒、387 毫秒、687 毫秒，确实都比较慢。针对第三种情况，从前面的拓扑图可以看出，一个请求访问了 3 次数据库，结合 TPS 指标，每秒访问数据库的频率在 10 次左右，并不是特别高。

由此可以得出结论，该接口主要性能瓶颈集中表现在两方面上，首先是慢 SQL，其次是 Druid 连接池设置较小，慢 SQL 又导致连接释放较慢，进一步加重了连接池耗尽问题。所以此案例的优化方向是优化慢 SQL，并且调整 Druid 连接池的最大连接数。

接下来看一下，这几条 SQL 为何执行较慢，点击 execute 方法下方的 SQL 图标可以查看具体的 SQL 语句，APM 工具通常都有此类功能。

```
SELECT count(1) FROM stress_scene_exec_log WHERE scene_state != 101;
SELECT count(1) FROM stress_scene_exec_log WHERE modify_time > '2020-01-01';
SELECT count(1) FROM stress_scene_exec_log WHERE log_item_content LIKE '%ID%';
```

可以看到第一条 SQL 在状态列上用到了 !=，第二条 SQL 在时间列上用到了 >，第三条 SQL 则是用到了模糊匹配，都是比较典型的不会走索引的例子。

2. 响应时间波动

导致响应时间波动的原因可能有：GC 停顿、缓存失效、部分请求执行了逻辑复杂的分支等，如图 9-11 所示。

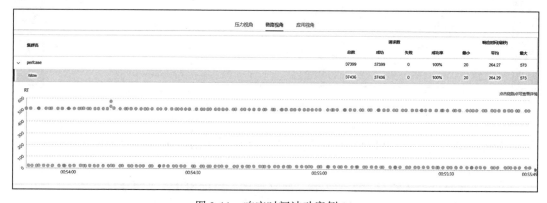

图 9-11　响应时间波动案例 01

从图 9-11 中可以看到响应时间在同一时间段内呈现两极分化，这可能是请求参数不同，走到不同的逻辑分支中导致的，可以先通过 APM 工具看下有没有访问数据库的情况。

如图 9-12 所示，在响应时间波动案例 02 的拓扑图上看并没有访问数据库，也没有访问外部服务，那就得排查下主要在什么方法上耗时。

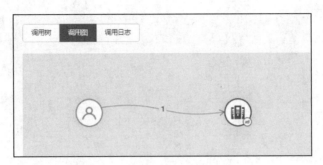

图 9-12 响应时间波动案例 02

如图 9-13 所示，在响应时间波动案例 03 的拓扑图上可以看到耗时主要在 slow 方法上，除此以外没有其他信息，此时 APM 工具的分析只能到此为止，接下来需要通过子方法耗时追踪来继续排查。

perfcase_192.168.0.3					
接口		报错	耗时	时间轴	净耗时
▼ ⚙ Servlet Process			510ms		0ms
⚙ http.status.code					
REMOTE_ADDRESS					
▼ ⚙ invoke(Request request, Response response)			510ms		0ms
⚙ http.param					
▼ ⚙ doGet(HttpServletRequest request, HttpServletResponse response)			510ms		0ms
⚙ WebAsyncManager$$Lambda$605(AsyncWebRequest AsyncWebRequest)			0ms		0ms
⚙ slow(int time)			510ms		510ms

图 9-13 响应时间波动案例 03

如图 9-14 所示，在响应时间波动案例 04 中显示，追踪了 20 次 slow 方法调用，其中一部分请求响应时间在 500 毫秒左右，另一部分请求响应时间在 10 毫秒左右，分别查看 500 毫秒和 10 毫秒两种子方法的耗时追踪，可以看到主要耗时都是在 run 方法上。

继续追踪 run 方法耗时，如图 9-15 所示，在响应时间波动案例 05 中仍呈现 500 毫秒和 10 毫秒两极分化。通过子方法耗时分析可以发现在 500 毫秒的调用中，主要耗时在 FunA 方法，而 10 毫秒的调用中，主要耗时在 FunB 方法。

通过查看源码或反编译代码，如图 9-16 所示，在响应时间波动案例 06 中可以看出 run 方法中有两个逻辑分支，当 param 为单数时通过 FunA 方法，为双数时通过 FunB 方法。由于 FunA 方法中的业务逻辑比较简单，FunB 方法中的业务逻辑处理起来比较耗时，所以会出现响应时间分化明显的现象，对这个问题我们应该继续分析 FunB 方法的具体逻辑并进行优化。

图 9-14　响应时间波动案例 04

图 9-15　响应时间波动案例 05

图 9-16　响应时间波动案例 06

9.3.2　CPU 热点分析

1. 爬栈导致高 CPU 消耗

图 9-17 所示的案例是一个高 CPU 消耗的案例，上方的曲线是宿主机的 CPU 消耗曲线，下方的曲线是当前 JVM 进程的 CPU 消耗曲线，可以看出当前进程的 CPU 消耗

高达 80% 以上。曲线下方是消耗 CPU 的热点方法，占比最高的是 java.lang.Throwable.
getStackTraceElement 方法，消耗将近 70%，另外一个方法 java.lang.Throwable.fillInStackTrace
也消耗了 11% 以上，这两个热点方法加起来约消耗了当前进程消耗的 CPU 的 80%，也就是
消耗了总体 CPU 的 64% 左右。

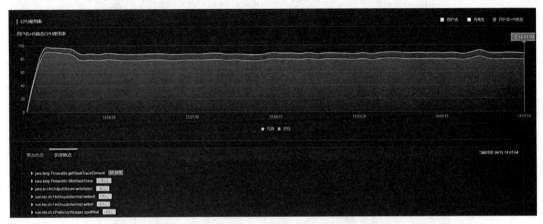

图 9-17　爬栈导致高 CPU 消耗问题案例 01

如图 9-18 所示，在该案例中，调用方向是自下向上的，也就是说下方是父方法，上方
是子方法，最上方是栈顶，最下方是栈底。从热点方法调用栈上可以看到，先在 com.perf.
demo.cases.Perf_Log.run 方法中调用了 Logger.info、Logger.warn、Logger.error 进行日志打
印，并逐级调用到了 Logback 组件中的 ClassOfCallerConverter.getFullyQualifiedName，然
后就触发了爬栈逻辑。触发爬栈逻辑的原因是在日志 pattern 设置中配置了 %C 或 %class，
这样输出日志时会同步打印类名，而 Logback 需要从栈顶的栈帧中获取类名信息，所以需
要触发一次爬栈操作。前面 9.2.4 节曾介绍关于日志爬栈的内容。

该过程主要有如下几个性能风险点。

1）频繁爬栈会消耗大量 CPU。首先，方法实现中写日志越频繁，爬栈操作也就越频
繁，对性能的影响就越大。其次，获取方法栈后会有一个循环赋值的操作，方法栈越深，循
环赋值次数就越多，单次爬栈消耗的 CPU 也就越多。

2）频繁爬栈会影响响应时间。首先，爬栈会进行一次短暂的 STW（Stop The World），
暂停应用线程的执行，所以在方法中打印日志越频繁，STW 次数也就越多，对响应时间会
有少量影响。其次，频繁爬栈会产生大量的 StackTraceElement[] 临时对象（注意：方法栈越
深，生成的 StackTraceElement[] 就会越大），进而导致更频繁的 Young GC，而 Young GC 使
用的是复制算法，即从 Eden 区拷贝存活对象至 Survivor 区，这个操作也会进行 STW。所以
频繁 GC 不仅会浪费更多的 CPU 在垃圾回收上，还会导致更多的应用线程暂停，从而影响
响应时间。

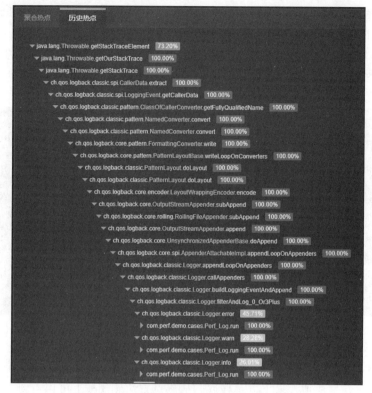

图 9-18　爬栈导致高 CPU 消耗问题案例 02

2. Bean Copy 组件导致高 CPU 消耗

如图 9-19 所示，CPU 消耗高达 100%，其中热点方法之一的 fillInStackTrace 方法消耗了接近 85% 的 CPU，是导致高 CPU 消耗的主要瓶颈。

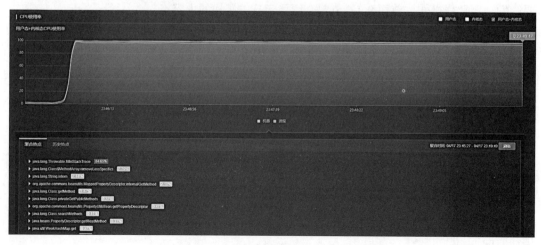

图 9-19　Bean Copy 组件导致高 CPU 消耗案例 01

进一步分析该热点方法调用栈，可以从图 9-20 中看出该接口用了 Apache BeanUtils 工具类，这个工具类是用来做类型转换的。并且，从栈中可以看到在 getMethod 方法内抛出了 NoSuchMethodException 异常。由此可以判断，转换前的源实体类 Origin Bean 和转换后的目标实体类 Dest Bean 之间出现了字段不一致的情况。那么是在 Origin Bean 比 Dest Bean 多字段还是少字段的时候会抛异常呢？对这个问题，可以直接通过对比 Origin Bean 和 Dest Bean 的字段来确认，也可以通过查看 Apache BeanUtils 的源码来确认。

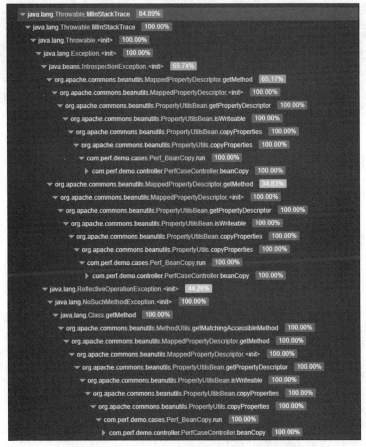

图 9-20　Bean Copy 组件导致高 CPU 消耗案例 02

从图 9-21 所示的源码中可以看出，Origin Bean 会遍历自身的字段，然后依次调用 Dest Bean 的 set 方法为字段赋值，如果 Dest Bean 没有该字段，就会抛出 NoSuchMethodException 异常。所以答案就是 Dest Bean 比 Origin Bean 少了一部分字段。对于 Origin Bean 和 Dest Bean 字段不一致，而 Bean Copy 又特别频繁的场景，不建议使用 Apache BeanUtils 工具类，会造成较大的 CPU 资源浪费，建议使用 cglib 的 BeanCopier 工具类，或者通过开发人员自行调用 get/set 的方式来转换。

```
} else /* if (orig is a standard JavaBean) */ {
    final PropertyDescriptor[] origDescriptors =
        getPropertyDescriptors(orig);
    for (PropertyDescriptor origDescriptor : origDescriptors) {
        final String name = origDescriptor.getName();
        if (isReadable(orig, name) && isWriteable(dest, name)) {
            try {
                final Object value = getSimpleProperty(orig, name);
                if (dest instanceof DynaBean) {
                    ((DynaBean) dest).set(name, value);
                } else {
                        setSimpleProperty(dest, name, value);
                }
            } catch (final NoSuchMethodException e) {
                if (log.isDebugEnabled()) {
                    log.debug( 0: "Error writing to '" + name + "' on class '" + dest.getClass() + "'"
                }
            }
        }
    }
}
```

图 9-21　Bean Copy 组件导致高 CPU 消耗案例 03

9.3.3　线程分析

本节从下面 5 个层面对线程展开具体分析。

1. 死锁

如图 9-22 所示，这是一个死锁的案例。如果线程 1 获取锁 A，正要去获取锁 B 的时候，发现锁 B 已经被线程 2 得到，与此同时线程 2 也想获取锁 A，就形成了死锁。当然死锁不一定是两个线程间的，也可能是多个线程间的循环互锁。

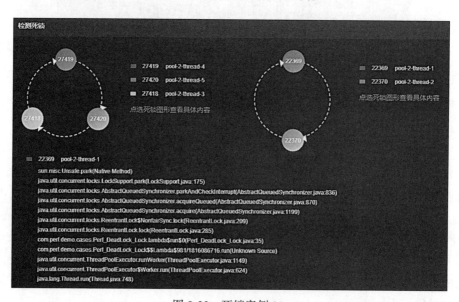

图 9-22　死锁案例 01

定位到死锁现象后，需要从对应的线程方法栈中找到导致死锁的业务方法，也就是 Perf_DeadLock_Lock.lambdarun0 方法，该方法的源文件是 Perf_DeadLock_Lock.java，出现死锁的代码行是第 35 行。

然后来查看源码，如图 9-23 所示，可以看到主线程先从线程池内获取一个空闲线程 1，线程 1 中先获取锁 A，等待一段时间后（模拟业务逻辑处理的耗时）再去获取锁 B。主线程再从线程池内获取一个空闲线程 2，线程 2 先获取锁 B，等待一段时间后再获取锁 A。从 executorService.execute 可知这个操作是异步的，所以两个线程几乎是同时启动的，也各自获取了一把锁，并尝试获取另一个线程所持有的那把锁，此时就会形成死锁。

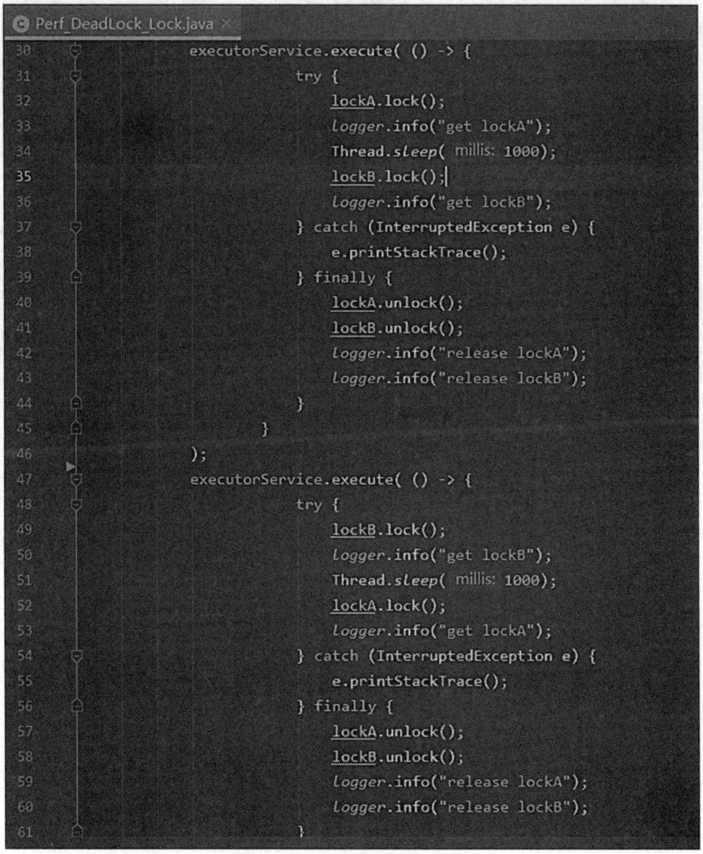

图 9-23　死锁案例 02

针对此类问题，为了避免引发死锁的风险，应该让所有子线程都按照同样的顺序去获取锁。

2. 线程频繁创建

如图 9-24 所示，在该案例中线程总数并没有出现大幅的波动，但是不断有线程被创建和销毁。线程是昂贵的资源，频繁的创建和销毁线程造成了很大的资源浪费，正确的做法是尽可能复用它们。在这个案例中，由于线程创建和销毁的数量达到了动态平衡，因此虽然浪费了一定资源，但不会造成很严重的后果。虽然在请求量平稳的时候此问题可能不会导致严重后果，但如果该服务的请求量激增呢？那就会导致在短时间内有大量线程被创建。之前说过一个线程被创建会消耗 1MB 的栈空间，那么大量线程被创建极有可能会耗尽物理内存资源，引发严重的后果。

图 9-24　线程频繁创建案例 01

如果我们已知有线程频繁被创建，该如何进一步定位问题根因呢？

如图 9-24 所示，被频繁创建的线程命名为 Thread-*，即线程名都以 Thread- 开头。

```
public Thread(Runnable target) {
    init(null, target, "Thread-" + nextThreadNum(), 0);
}
private static synchronized int nextThreadNum() {
    return threadInitNumber++;
}
```

从代码中可以看出，Thread- 后的数字是个自增量，每创建一个线程，id 都会加 1。知道线程名之后就需要通过线程 Dump 来进行下一步的定位分析。

如图 9-25 所示，抓取线程 Dump 后，通过线程名 Thread- 搜索出相关线程，其中 id 较大的那些线程就是需要分析的对象。

如图 9-26 所示，查看方法栈，通过 Package Name 包可以判断出业务类的方法是 Perf_NewThread.run，在这个方法中通过 Fastjson 组件进行 JSON 字符串的反序列化操作。但是这里分析还没有结束，还需要找到是主线程中的哪个方法在不断创建子线程来执行 Perf_NewThread.run 方法。

图 9-25　线程频繁创建案例 02

图 9-26　线程频繁创建案例 03

如图 9-27 所示，在工程源码中搜索 Perf_NewThread.run，查看它在哪些地方被引用了，再从这些引用中找出不断创建子线程的实现，并用线程池将其代替即可。

图 9-27　线程频繁创建案例 04

3. 线程阻塞

如图 9-28 所示，线程的平均响应时间是 1.1 秒左右，但是该时间的波动很明显，覆盖了从 0.2 秒到 2.5 秒的范围。

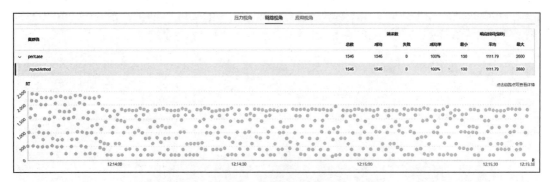

图 9-28　线程阻塞案例 01

从图 9-29 和图 9-30 中可以看出有 9 个线程处于阻塞状态。接下来看阻塞的线程栈是怎样的。

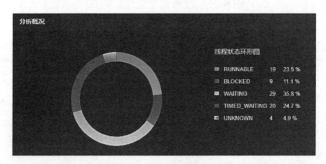

图 9-29　线程阻塞案例 02

图 9-30　线程阻塞案例 03

从图 9-31 中可以看到，栈顶是 Perf_Synchronized_Method.run_instance 方法，线程执行到此方法时需要获取一把锁才能继续往下执行，同时也能看到总共有 9 个线程在尝试获取这

把锁，说明阻塞情况是比较严重的。持有锁的线程是 http-nio-18080-exec-6，接下来分析该
线程在执行什么逻辑。

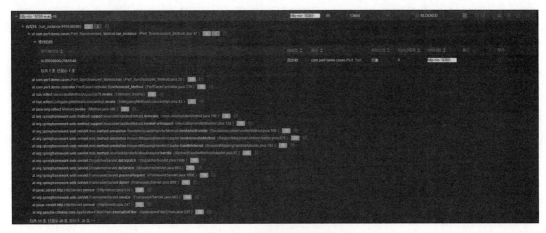

图 9-31 线程阻塞案例 04

从图 9-32 中可以看到此线程进入 Perf_Synchronized_Method.run_instance 后获取了锁，
然后开始执行正则替换。

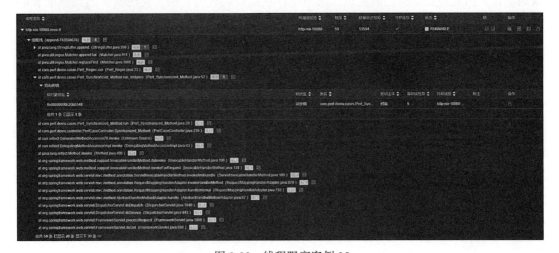

图 9-32 线程阻塞案例 05

run_instance 方法的具体实现如下所示。

```
public synchronized void run_instance() {
    logger.info(this.toString());
    long startTime = System.currentTimeMillis();
    logger.info(Thread.currentThread().getName() + "is in");
    // 使用正则替换来模拟业务逻辑耗时
    new Perf_Regex().run(1);
```

```
// 修改静态变量
double num = getD();
setD(num + 0.0001);
logger.info(Thread.currentThread().getName() + " is out, cost " + (System.
    currentTimeMillis() - startTime) / 1000d + "s");
}

public static Perf_Synchronized_Method getInstance () {
    if (instance == null) {
        synchronized (Perf_Synchronized_Method.class) {
            if (instance == null) {
                logger.info("getInstance invoked");
                instance = new Perf_Synchronized_Method();
            }
        }
    }
    return instance;
}
```

可以看到其中的方法用 Synchronized 关键字进行了修饰，并且 Perf_Synchronized_
Method 是个单例，这就意味着当多线程调用该实例方法时，只有一个线程会获取锁，并
进入 run_instance 方法开始执行，其他线程都会被阻塞。在方法实现中有一个修改静态变
量的动作，因此需要加锁，但是该方法中还存在比较耗时的正则替换逻辑，因此整个 run_
instance 方法被锁住的时间就会很长，就导致多线程调用该方法时阻塞严重。针对此案例的
优化策略是降低锁的粒度，只针对修改静态变量的逻辑加锁，而不是锁整个方法。修改静态
变量本身是个非常轻量级的操作，加锁的时间会非常短，也就不会导致明显的线程阻塞。

4. 线程池耗尽

如图 9-33 所示，这是一个对单交易进行容量测试的场景。当 TPS 达到 100 左右时，无

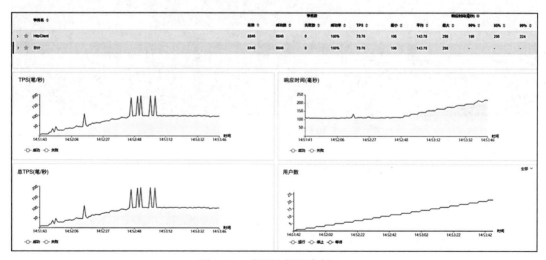

图 9-33　线程池耗尽案例 01

论如何增加并发数，TPS 都不会继续上升，同时响应时间出现了明显增加，也就是说此时已经测出了系统瓶颈。经过检查，此时服务器本身包括其所依赖的服务和数据库的系统资源都没有出现明显瓶颈。

前文提到过，应该使用线程池来复用线程资源，但如果池内线程数设置得比较小，一旦所有线程都处于繁忙状态，并且池内线程数已经达到上限，那么即使服务器还有足够的资源，系统吞吐量也无法再增长了。

从图 9-34 中可以看到 Tomcat 线程池内有 30 个线程，并且全都在运行中，注意这里的运行态并不是指可运行状态，也可能是等待、有时限等待、阻塞状态，但一定在执行任务而不是处于空闲状态。

图 9-34　线程池耗尽案例 02

来检查一下 Tomcat 的线程池设置，如下。

```
tomcat:
    # 最大线程数，操作系统做线程之间的切换调度是有系统开销的，所以不是越多越好
    max-threads: 30
    # 等待队列长度，默认100
    accept-count: 100
    # 最小空闲线程数，默认10，适当增大一些以应对突然增长的访问量
    min-spare-threads: 30
    # 最大空闲线程数
    max-spare-threads: 30
    # 最大连接数
    max-connections: 100
```

最小线程数和最大线程数都是设置为 30，队列长度是 100。前文说过，线程池的工作原理是：当核心线程数都繁忙时，请求会先进入等待队列，当等待队列也满了，才会继续增加线程，直至达到最大线程数。但此时最大线程数也是 30，无法继续增长，所以即使有足够的硬件资源，系统吞吐量也不再上升了。优化方案是将 max-threads，即最大线程数设置为更大的值，当然需要注意，不能设置过大，只需能将硬件资源充分利用即可。

5. 线程 Dump 分析 HttpClient 连接池耗尽问题

如图 9-35 所示，随着并发数的增长，响应时间出现明显增长，而 TPS 却没有明显增长，似乎系统已经达到瓶颈。接下来分析这个案例中的瓶颈点到底在哪。

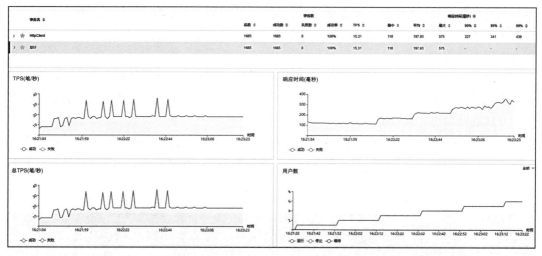

图 9-35　线程 Dump 分析 HttpClient 连接池耗尽问题案例 01

从图 9-36 中看到，Tomcat 线程池并没有耗尽，但是系统吞吐量在 TPS 为 20 笔 / 秒左右的时候不再增长了。此时借助线程 Dump 来分析一下原因。

图 9-36　线程 Dump 分析 HttpClient 连接池耗尽问题案例 02

在图 9-37 中除了两个线程处于可运行状态，其他线程都处于等待状态。

图 9-37　线程 Dump 分析 HttpClient 连接池耗尽问题案例 03

如图 9-38 所示，可运行状态的线程栈数量是 2 个。

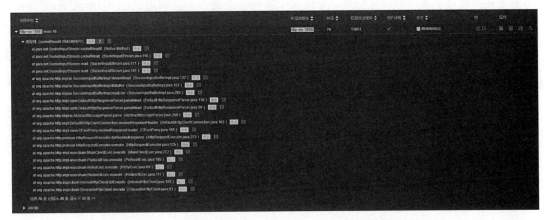

图 9-38 线程 Dump 分析 HttpClient 连接池耗尽问题案例 04

如图 9-39 所示，这是等待状态的线程栈，栈深为 71，数量是 8 个。

图 9-39 线程 Dump 分析 HttpClient 连接池耗尽问题案例 05

如图 9-40 所示，这是等待状态的线程栈，栈深为 11，这是池内的空闲线程，并没有在工作，数量是 20 个。

图 9-40 线程 Dump 分析 HttpClient 连接池耗尽问题案例 06

从上面 3 类线程栈可以看出，前两个可运行状态线程使用 HttpClient 组件请求外部接口，当前正在接收外部接口的响应结果；中间 8 个等待状态的线程在调用 PoolingHttpClientConnectionManager$1.get 方法，之后就阻塞住了。PoolingHttpClientConnectionManager 是 HttpClient 的连接池管理对象，里面维护着一个 HTTP 连接池，从案例现象上来看应该是连接池耗尽了，所以当前线程由于获取不到空闲连接而出现了阻塞。对此，可以从源码中确认一下当前 HTTP 连接池的大小，也可以借助后文的内存 Dump 分析方法来查看当前的 HTTP 连接池大小。

9.3.4 内存分析

本节从下面 3 个层面对线程展开具体分析。

1. GC 频繁

如图 9-41 所示，这是一个频繁 Full GC 的案例，GC 模式设置为 -XX:+UseParallelGC -XX:+UseParallelOldGC，堆内存设置为 -Xmx512m -Xms512m。在 ParallelGC+ParallelOldGC 模式下，当在老年代分配对象时（可能是直接在老年代分配的对象，也可能是从年轻代晋升上来的对象），剩余的空闲内存不足以分配该对象，就会触发 Full GC。

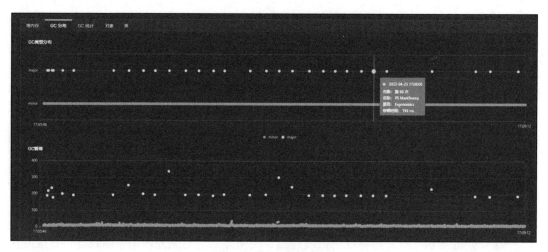

图 9-41 GC 频繁案例

原本默认对象是在 Eden 区分配的，只有当设置了 -XX:PretenureSizeThreshold 参数，且对象大小超出这个限制时，该对象会在老年代直接分配。这里单个 Survivor 区的默认大小只有年轻代的十分之一，而年轻代的默认大小占整个堆区的三分之一，那么 Survivor 区大概只有 17M 左右。在这个案例中并没有设置 PretenureSizeThreshold，所以大对象还是在 Eden 区分配的。此时考虑这样一种情况：如果频繁地创建一些大对象，那么在 Young GC 的时候 Eden 区和 s0 区加起来的存活对象所占空间很可能超出 s1 区的大小，那么放不下的对象也会被直接晋升到老年代。这样，即使这些对象可能很快就会成为垃圾对象，但由于它们已经被晋升到老年代了，也就只能等待 Full GC 的时候才能释放。所以在一个小堆中频繁创建大对象，这些大对象即使生命周期很短，也很有可能被晋升到老年代，从而引发 Full GC。

此时有两个优化方向。一是在有足够物理内存资源的情况下，扩大堆内存，降低 GC 频率，减少因上述原因将对象过早晋升至老年代的概率。二是分析出到底是哪些大对象在被频繁地创建，优化代码减少大对象创建频率，或者对大对象进行轻量化改造。

2. 内存 Dump 分析 HttpClient 连接池耗尽问题

如图 9-42 所示，PoolingNHttpClientConnectionManager 中的 pool 属性就是用来维护 HTTP 连接池的。注意其中有两个关键属性 maxTotal 和 defaultMaxPerRoute。maxTotal 表示整个 HTTP 连接池的大小，defaultMaxPerRoute 表示本服务节点到外部服务节点间的子连接池大小。这里 maxTotal 设置为 20，defaultMaxPerRoute 设置为 2，也就是说本服务节点对外部服务（可能有多个）进行请求时，最多能同时建立 20 个连接，而对单个下游节点则最多能同时建立 2 个连接。这就是为什么可运行状态的线程只有 2 个，其他正在工作的线程都在等待连接的缘故。其优化方案就是将 maxTotal 和 defaultMaxPerRoute 调整为更合理的值，让硬件资源能被充分利用。

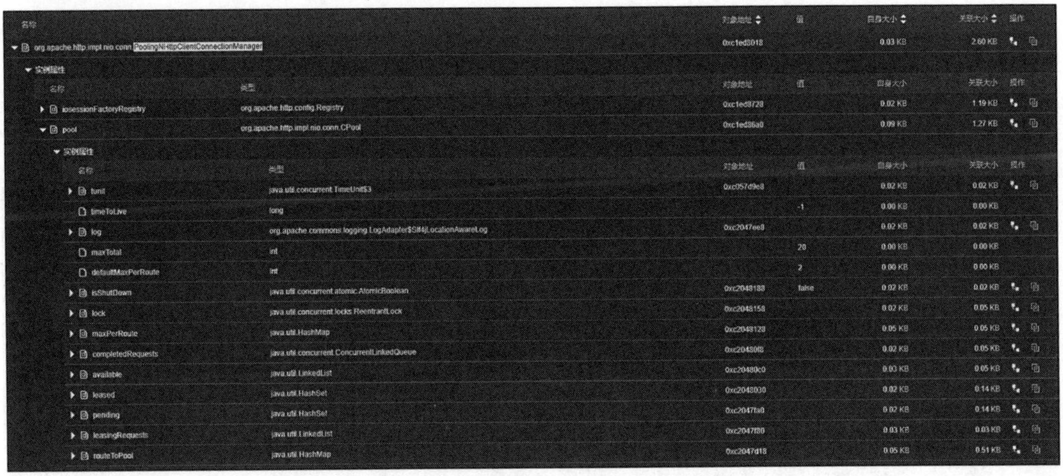

图 9-42　内存 Dump 分析 HttpClient 连接池耗尽问题

3. OOM

分析导致 OOM 异常的 Dump 时，可以从如下几个角度切入。

☐ 有无内存占比很高的大对象。这种情况下，对象数量可能不多，但是单个对象占用内存比较大。

☐ 如果没有明显的大对象，就需要观察有没有一些实例的累计占用内存较大，每个实例占用内存不一定很大，也可能是实例数非常多。除了实例外，也需要关注类的静态属性有无占用内存过大的现象。

❏ 如果占用内存大的是个 Thread 对象，那就需要找到对应的线程，从线程栈中排查是
否某个方法持有一些很大的局部变量。

如图 9-43 所示，这是一个发生 OOM 异常后的 Dump 文件，有个大对象的内存占比达
到 97.5%，毫无疑问这就是导致 OOM 异常的大对象了。这是个 Thread 对象，也就意味着
它对应着一个线程。

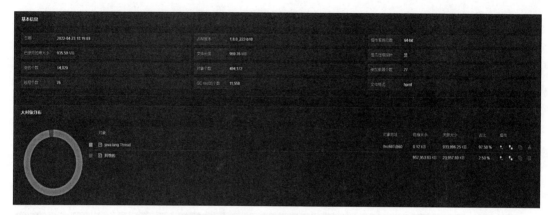

图 9-43　OOM 案例 01

如图 9-44 所示，通过 Thread 对象地址找到对应的线程，从栈中可以发现 Perf_OOM_
Heap.lambdarun1 方法内部持有一个 933M 的 ArrayList 对象。

图 9-44　OOM 案例 02

如图 9-45 所示，ArrayList 对象中有很多 PerfType_LargeObject 对象（总计 269 个），每
个对象占用内存 3472K，总计占用内存约 912M。

至此，我们定位到了一个 ArrayList 对象，它又持有 269 个 PerfType_LargeObject 对
象，这是导致 OOM 异常的"罪魁祸首"。而持有该 ArrayList 对象的是个名为 Thread-30 的
线程。上文提到通过 new Thread() 创建的子线程的命名就是以 Thread- 开头的，也就是说

这是在某个框架组件或业务代码中创建的独立子线程，非池内线程。再结合栈内的 Package Name 和方法名就能判断出这是一个业务代码创建的子线程，正在执行的业务方法是 Perf_OOM_Heap.lambdarun1。注意，其中 Perf_OOM_Heap 是类名，run 是方法名，之所以显示成 lambdarun1 是因为创建子线程时使用了 Lambda 表达式。

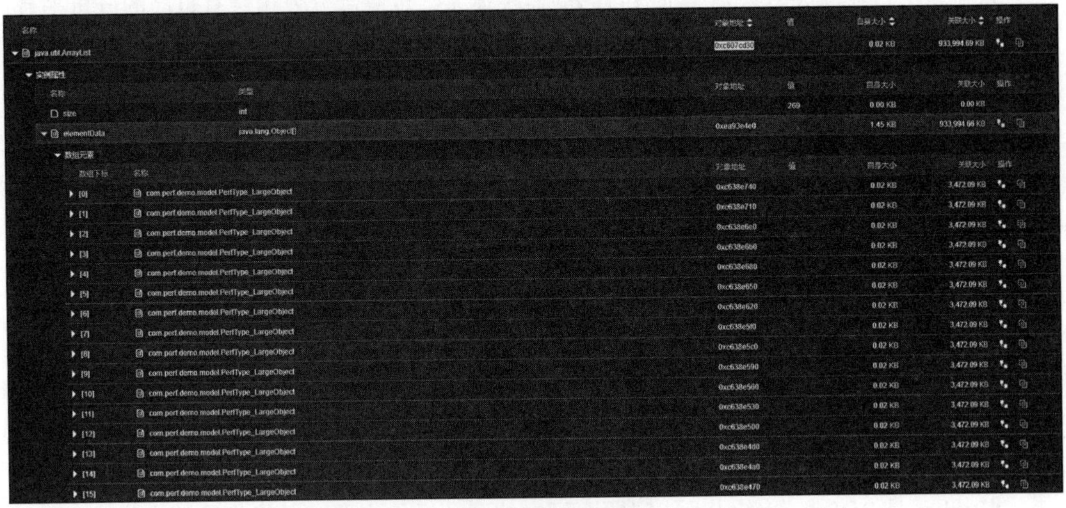

图 9-45　OOM 案例 03

9.4　智能化性能调优探索

9.4.1　智能化健康体检：测试左移，事前分析

关于配置型调优，例如在 Logback 组件的 pattern 设置中使用了导致爬栈的参数（打印类型、方法名等），或者在 Druid 组件中设置了 removeAbandoned 导致爬栈，可以通过事前检测的方式提前诊断到会对性能造成明显影响的配置参数。

一种推荐的方案是对代码和配置的静态文本扫描。可以在 CI/CD 流程中借助 SonarQube 这类静态扫描工具实现自定义的扫描规则，检查常见组件的不合理设置，实现静态 SQL 扫描，携带已知 bug 的特定版本的组件，扫描不合理的代码实现等。

另一种方案是通过 -javaagent 或 Attach 机制读取 JVM 进程内的对象属性值，检查是否有不合理的配置。这种方案的优势是直接从内存中读取会使得判断更为精准。例如，在配置文件中进行了设置，但由于语法错误等原因，该设置实际没有生效。对此情况，如果静态扫描规则的实现逻辑不够健全，可能会产生误判，但从内存中读取到的对象属性值是不会"骗人"的。

9.4.2　智能化性能诊断：测试右移，实时诊断

一些配置并不适合在事前诊断，也不适合瞬时诊断，而需要结合一段时间的监控指标才

能做出准确诊断。例如，判断 Druid 连接池大小设置是否合理，可以通过 DruidDataSource 实例的 activeCount 属性值是否等于或接近 MaxActive 属性值来判断。在生产环境中，请求量并非一成不变，而是不断波动的。这样通过瞬时诊断读取某个时间点的 activeCount 值就得出连接池是否耗尽的结论并不是很靠谱，应该采集一段时间的数值后再给出判断。

目前整个行业内大多数公司都有自己的监控体系，也有部分公司会有自己的分析平台。可以将监控告警结合 Open API 来实现一些智能告警机制。例如，当 CPU 使用率飙升时，自动开启 CPU 热点分析，对 CPU 消耗占比超过一定阈值的热点方法进行告警（注意，栈顶方法未必是业务层代码，未必具有可分析性，需要将调用栈一并列出）。当监控到线程总数开始飙升，或者有线程频繁被创建或销毁的现象时，自动抓取线程 Dump，对同类线程名（例如以 Thread- 开头的线程名）进行数量统计和排序。对于其中数量较多的线程，可以将方法栈进行聚合，对出现业务包名的方法的出现次数进行统计和排序，并向相关责任人告警。在绝大多数情况下，性能问题还是由业务代码引起的，有小部分性能问题是使用了某个有缺陷的组件版本引起的，而由 JDK 底层方法引发的缺陷并不多见，因此在设置智能告警时还是应该将业务代码和组件作为重点关注对象。

9.4.3 智能化方案推荐

XPocket 是 PerfMa 为终结性能问题而研发的开源插件容器，它将常见的定位或者解决各种性能问题的 Linux 命令、JDK 工具以及知名性能工具等作为各种适配的 XPocket 插件，并让这些插件可以相互联动，以便工作人员能一键解决特定的性能问题。

目前 XPocket 的插件生态已经能覆盖 CPU、系统进程和线程、内存、网络、Web 容器、数据库、磁盘、JVM 等各种场景，集成了 HSDB、JDB、VJMap、Perf、top、GCeasy、ss、sar 等在内的几十个插件化工具。

XPocket 支持 JDK 8+，支持 Linux、Mac、Windows，采用命令行交互模式，提供丰富的 Tab 自动补全功能，支持管道操作。

感兴趣的读者可以关注 XPocket 官网，了解具体用法和插件开发相关内容，基于这些强大的工具来打造自己的性能分析平台。XPocket 基础教程的网址为 https://xpocket.perfma.com/tutorials/，XPocket 插件开发指南的网址为 https://xpocket.perfma.com/docs/developer/# 插件开发。

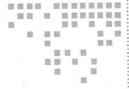

性能测试效果评估及展示

前文已经对性能测试体系建设过程当中的测试流程、测试规范、测试技术、链路分析技术、根因分析技术进行了详细介绍。而流程、规范、技术是支撑整个性能测试执行的根本，同时是体系建设中的核心内容。测试效果评估及展示也是体系建设中非常重要的一环，虽然不涉及较多底层技术，但是能让测试团队的表现更出彩。

本章主要针对效果评估及展示体系的建设背景、维度、方法、相关指标，以及数据可能代表的意义进行详细介绍。

10.1 效果评估及展示体系的建设背景

在整个性能测试体系中，测试团队不仅要更好、更快地完成测试，还要将体系建设的成果有效、准确地呈现给相关方。这些相关方不仅包括测试流程中的上、下游部门（此处上游部门指开发部门，下游部门指运维部门），还包括企业内的直接领导或高层领导。

传统意义上的测试结果指的是性能测试执行完成后的测试报告，用于评估被测项目或系统的性能，其中包括 TPS、响应时间等指标数据。如果输出结果面向的是技术人员或测试工程师，那么他们的确可以从报告中获取对应的信息。然而在企业中，测试部门输出的对象还包含业务方，甚至是感兴趣的领导。对这些接收方来说，纯技术类型的内容，一方面无法让他们快速获取想要的信息（如业务相关数据、管理相关数据等），另一方面也无法展示测试过程优化的价值（包含规范、技术等），这就极可能导致测试团队不被领导层重视。久而久之，测试团队甚至会被定义为"只做苦活的成本部门"，在整个 IT

流水线中的地位越发"卑微"，还可能导致企业内部测试技术建设、测试团队提升、测试平台引入等的预算被压缩。这会形成一种死循环，最终测试团队变成难为无米之炊的"巧妇"。

因此，测试部门需要有意识地完善测试效果评估及展示方法。

随着企业性能测试体系建设成熟度上升，性能测试的数据变得更加全面。在企业内部有以下几类相关方需要进行数据输出，包含测试部门、开发部门、运维部门、业务部门、管理部门（测试经理和高层领导）。

每个相关方职能范围不同，对于数据的敏感度和关注点自然也不同，因此需要性能测试团队"看人下菜碟"，针对不同相关方，根据其需求输出不同的内容。

笔者根据多年的工作经验和总结，接下来会针对性能测试效果评估及展示的方法进行详细介绍。

10.2 面向性能测试部门

性能测试工程师的本职工作是根据业务需求，在测试平台中编写测试脚本，配置流量策略，执行性能测试，发现、分析及跟踪测试缺陷，形成测试结果。因此对于测试工程师来说，建议展示的内容包括项目及任务数据。

对于业务体量较大的测试团队，测试工程师会并行完成多个系统的性能测试项目，导致完成测试后无法明确参与的项目数量以及测试目标的任务数量。因此建议将人员与项目、任务进行绑定，方便测试工程师进行自我度量。

如图 10-1 所示，在新建测试任务或测试项目时，对对应人员字段进行绑定。

计划名称		功能模块	周期	阶段	创建人
计划1			开始: 2022-08-26 结束: 2022-08-31	■ 进行中 ∨	用户A

图 10-1　人员字段绑定

在日常工作界面中，平台会自动展示与每个测试工程师相关的数据。测试人员也可以一目了然，明确自己参与了哪些测试计划和测试目标，如图 10-2 所示。

在测试执行过程中，测试工程师一定会产出相关的测试资产。在传统情况下，这些资产一般通过文件夹模式进行本地管理，久而久之，会产生资产混乱、难以统计、无法复用等一系列问题。

在企业实践中，对测试资产进行集中管理以及从项目或系统维度进行汇总展示是两种行之有效的管理手段。这些测试资产包括脚本、缺陷描述、测试记录、测试报告、项目需求等资料，通过对这些资料进行分类，当原有人员缺失的情况下，新接手的测试工程师能快速了解关键信息，如图 10-3 ～图 10-5 所示。

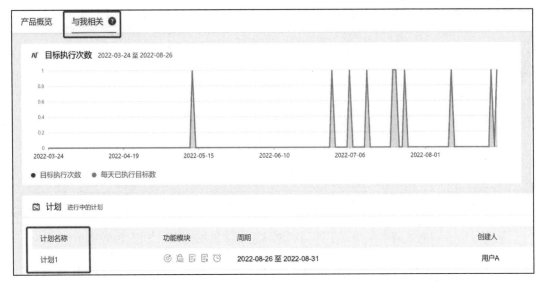

图 10-2　工作界面示例

图 10-3　缺陷数据与测试计划绑定

图 10-4　测试记录与测试计划绑定

图 10-5　测试报告与测试计划绑定

从项目需求和测试脚本能快速了解当前测试系统涉及的范围，如图 10-6 所示。

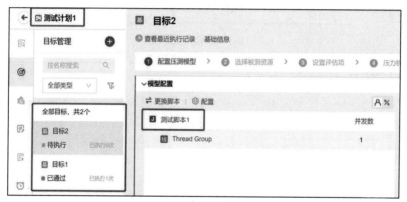

图 10-6　测试计划下的测试目标及测试脚本

历史测试记录和测试场景能呈现被测系统之前的性能表现，如图 10-7 所示。

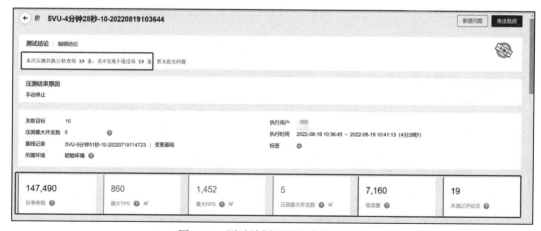

图 10-7　测试计划下的历史测试记录

从缺陷描述中能快速了解后续性能测试过程中需要着重关注的指标。

综上所述，测试工程师对资产的数字化管理及展示至关重要。同时测试工程师也能从类型、系统等维度进行自我资产管理，包括编写的脚本、配置的场景、发现的缺陷、生成的报告等。

10.3　面向开发部门

开发工程师在性能测试阶段，主要参与性能缺陷分析、性能调优等工作。性能测试过程产出的缺陷描述对他们来说是最重要的资产。

1. 缺陷分布

在性能测试阶段，每个业务或系统均可能出现性能缺陷，测试工程师提交缺陷报告时一定会附上所属系统信息、分支信息等数据。因此开发工程师需要了解这些性能缺陷是否集中分布在相同系统或者分支中。

如果某个系统或分支出现大量的性能缺陷，那么该系统将作为开发部门的重点关注对象，甚至需要架构师一起参与分析底层是否存在性能缺陷。

如图 10-8 所示，在性能分析阶段，将出现的性能缺陷与应用信息绑定，即可从缺陷分布视角查看哪些应用或系统出现的故障相对较多。

图 10-8　缺陷绑定应用信息

2. 缺陷类型

缺陷类型主要指出现的性能问题是否集中于某几类问题，如是否大量为硬件基础设施问题、操作系统问题、基础应用软件问题、开发框架 / 组件问题、代码实现问题等，相关问题分类在第 9 章进行了详细描述，读者可以自行回顾。

如果开发工程师发现大量缺陷集中在某几个方向，可针对性制定开发规范进行提前约束，并将开发规范作为测试准入门槛，在开展性能测试之前即可规避相关问题，从而提升性能测试执行的效率。针对各个方向的分析思路可以参阅第 9 章。

3. 相关代码

第 8 章和第 9 章介绍了测试过程中提升代码级分析能力的必要性，开发工程师通过缺陷代码可视化可以快速定位根因。

基于这种可视化能力，开发工程师可以将分析数据保留并汇总，如果在分析中发现多个性能问题均由同一个代码段或框架导致，则需要对该代码段或框架进行深度代码质量分析，从底层完成缺陷修复，提升效率。

10.4 面向业务部门

业务部门在性能测试中一般都是需求提出方，但是受限于技术背景和性能测试的认知，测试工程师要将业务部门的业务需求转化为可验证的技术指标，如 TPS、并发数等。这就给测试工程师带来新的问题：针对技术性的结果指标，业务人员与测试工程师无法形成统一的认知，出现理解偏差。所以线上业务出现性能问题，最后还是由测试团队"背锅"。

例如，测试工程师的测试结果为：当有 200 个并发用户时，TPS 为 978.78 笔 / 秒，系统处理响应时间为 2.5 秒。在最终的评审会上，业务人员可能理解为当前系统只能承载 200 个用户使用，在动辄用户数过 10 万的活动需求下，这个结果一定会被质疑，从而带来更高的解释及沟通成本。因此建议将测试结果从业务视角进行展示。

1. 业务维度的度量指标

为了避免上述的情况，在展示测试数据时，需要将技术数据转化为业务指标数据，直观地呈现给业务人员。仍以上述场景为例，最终的测试结果可以转化为如下形式。

- ❑ 场景：描述测试覆盖的业务场景和测试系统的节点个数，比如在标准下单流程中节点为 60 个。
- ❑ 业务分布：按照当前业务场景的流量占比来展示，如首页 35%，进入菜单 35%，加入购物车 20%（包括匿名用户），下单流程（包括加入购物车）10%。另外，还要配合其他数据，如当并发数为 200 时，TPS 为 978.78 笔 / 秒，订单为 61 个 / 秒，系统处理响应时间为 2.5 秒。
- ❑ 业务结论一：如果按照用户操作的整体等待时间为 5 分钟（300 秒）来计算，系统能够支持的在线用户数约为 $978.78 \times (2.5+300) = 296\,080$ 个。

❑ 业务结论二：如果按照用户操作的整体等待时间为 3 分钟（180 秒）来计算，系统能够支持的在线用户数约为 978.78 ×（2.5+180）= 178 627 个。

对此，业务方就能直观地了解到，在 60 个节点的环境下系统实际承载的用户数、每秒订单数等是多少，以便快速判断是否满足预估的业务需求。

2. 业务性能基线

针对性能测试，业务人员不仅关注单次的测试结果，还关注每次迭代后业务的性能表现是否有所改善。

例如，某个业务一年迭代 10 次，如果每次的迭代性能下降 1%，在测试阶段感知较小，但是将下降率累计，其性能表现最终会相差 10% 以上，这个时候很难进行有效补救。因此对于每次业务迭代，都需要记录测试结果，形成性能基线，从而展示业务性能趋势。当为下降趋势的时候，测试工程师和开发工程师应马上进行补救。

如图 10-9 所示，3 月份出现 TPS 下降，其实在上一年 12 月的测试数据已呈现突然下降趋势，若测试工程师只分析了 3 月下降的原因，可能只修复了一部分缺陷。基于基线模式，建议测试工程师配合上一年 12 月的测试数据一起分析，查看是否为同一个原因导致。

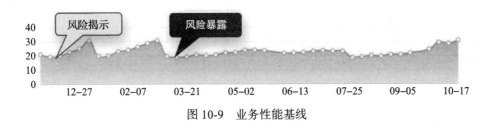

图 10-9　业务性能基线

10.5　面向测试经理

测试经理作为测试团队内部的管理员，主要工作是分配任务，识别风险，跟踪测试进度，针对可能出现的延期进行提前预警。

因为测试经理不会参与到每一次性能测试的实际执行过程中，更多是以管理者视角来制定测试计划，包括人员安排、测试进度把控等，对测试团队的执行效率、测试质量进行指导和统筹，确保性能测试不会出现大范围的延期，影响被测项目整体的发布周期。因此，对于测试经理，建议展示如下内容。

10.5.1　测试进度

测试进度是测试经理较为关注的点，每个项目的测试目标、测试内容都不一样，如果无数据统计的话，测试经理无法进行人员调整、资源申请及识别可能的延期风险。

因为在日常测试过程中，并行执行系统或项目的性能测试是测试工程师面临的常态问题。在传统情况下，测试经理主要通过 Excel、日报等手段进行人员及项目进度的管理，但是此类管理方式对于测试经理自身和团队人员均有挑战。

第一，团队人员缺乏自我管理意识，不能准时并且准确地将测试过程、测试执行内容、测试执行结果在日报或周报中体现出来，导致测试经理无法及时了解各个项目的情况。

第二，团队人员缺乏自我驱动意识，部分测试团队内部会形成一些数据模板，让测试人员进行填写，前提是需"准确"填写数据。

因此，所谓自我驱动，即测试工程师能按照测试经理的测试计划准确地进行性能测试，在此过程中能谨慎、认真地对待每个测试动作，依照测试标准或规范进行操作，对于出现的问题不瞒报、不漏报，这样测试经理就无须花费大量时间去判断日报、周报数据的真实性，可将工作重心放在数据分析及风险预测上。

第三，测试经理对数据的敏感度不高，难以通过日报、周报数据进行可能的风险判断，难以识别是否存在逾期的可能性。但是随着测试团队越来越大，各个测试工程师或测试小组的数据越来越多，对测试经理来说这是一个挑战。尤其是在复合型团队（外包模式团队）中，外包测试工程师的流动速度比较快，难免会出现数据缺失，这会导致测试经理对测试进度的判断出现偏差。

随着测试体系的完善和测试成熟度的上升，企业测试经理会通过平台化能力去获取测试进度。这里所说的获取并不是指通过平台生成模板让测试工程师进行数据填写，否则与使用 Excel 等工具将无本质差别，而是让每个测试人员在平台上进行计算，实时反馈，从而达到自动度量测试进度的效果。

平台化的执行逻辑可以分解为如下步骤。

1）实时记录每个测试工程师的测试操作，将各个操作与测试需求、测试目标、测试资产等通过指标进行绑定。

2）测试工程师每完成一次测试动作，平台会统计测试结果，并将该结果与指标进行实时对比，若结果为"通过"则表示当前测试动作有效。

3）有效的测试结果会关联测试目标的进度计算，平台会对测试进度自动进行百分比展示。当测试进度在预期时间内无法得到有效推进时，测试经理可以初步判断测试存在延期风险。

基于以上方式，测试经理只需查看每个并行测试项目的进度表，即可了解每个项目当前的情况。这样，项目的基本进度信息不再依赖人工自评或填写。

如图 10-10 所示，每个测试目标都需要设置评估项，当测试结果符合评估项预期时，表示该测试已经通过当前测试目标。

在计划的概览统计中，会统计处于已通过、未通过、待执行、不通过等状态的操作数量，用于表示当前测试计划的进度是否正常，如图 10-11 所示。

图 10-10　业务指标评估项设置

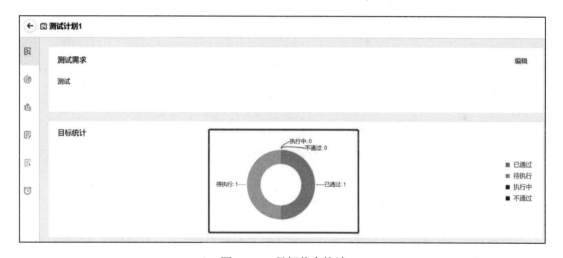

图 10-11　目标状态统计

10.5.2　人员产出

测试经理除了需要规范测试计划、指导测试执行外，还需要对测试团队人员进行 KPI 考核。测试团队规模不大时，这类工作较简单。但是当团队规模扩增后，人员的管理问题随之而来，尤其是对前文提到的复合型测试团队。测试经理往往无法关注每位测试工程师的测试执行情况，也无法准确评估企业内部团队和外包团队中每一个测试工程师的 KPI。因此，建议测试人员将测试结果从以下维度进行展示。

1. 有效的测试脚本数量

测试脚本是性能测试阶段最基础、最重要的产物，每个测试工程师都需要根据测试需求完成脚本的构建。如图 10-12 所示，有效的测试脚本能为后续测试带来极大的便利，测试脚本也代表着测试工程师对业务需求的理解程度。

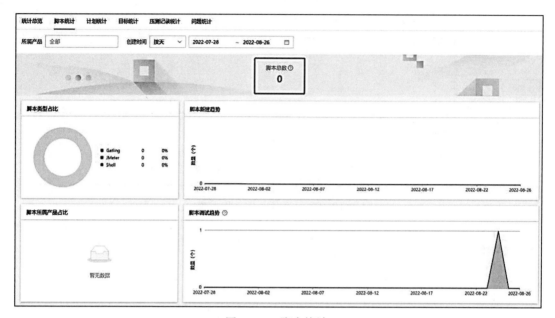

图 10-12 脚本统计

当前维度下的测试工程师的 KPI 可以分解为如下几个细项：

1）能深度理解业务场景及内部逻辑流程，能以专业的角度分析并拆解涉及的业务场景，形成测试脚本；

2）能够精准判断测试需求是否合理，并对不合理的需求提出修改建议，帮助需求发起方改善需求；

3）能基于对业务和系统的理解对需求做出有效的补充和建议，并且对需求实施过程中可能存在的分析过程及瓶颈进行补充。

2. 测试执行数量

测试执行是性能测试过程中最为关键的环节，代表了测试工程师的测试执行能力，测试工程师应当能在理解业务的前提下，对所涉及的需求进行完整测试，并且能在测试过程中依赖测试工具或平台，进一步提升测试效率。图 10-13 所示是压力测试执行得到的记录统计。

3. 问题的数量

性能问题的发现及挖掘是测试工程师必备的技能。性能测试是一个验证的过程，尤其是新系统上线的性能测试，一般都会出现大量的性能问题，故需要对问题进行统计，如图 10-14 所示。

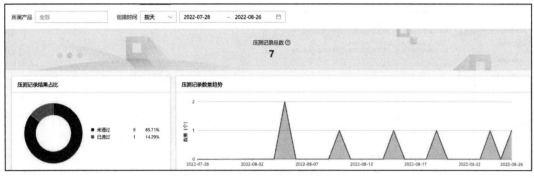

图 10-13　压测记录统计

图 10-14　问题统计

当前维度下的测试工程师 KPI 可以分解为如下几个细项：

1）能够根据测试执行过程中的指标，发现不符合预期的结果，然后基于此提出问题并进行跟踪；

2）可以通过链路分析及根因分析技术，进行自主的问题定位，并分析存在缺陷的代码逻辑，提出修改建议；

3）可以通过深度分析，对发现的问题进行有效分类（如业务级、数据级、操作级）；

4）对当前的问题进行针对性管理和复盘，减少同类问题的重复发生。

4. 报告的数量

项目总结阶段的报告是决定这次性能测试能否通过的核心内容，测试报告的示例如图 10-15 所示。

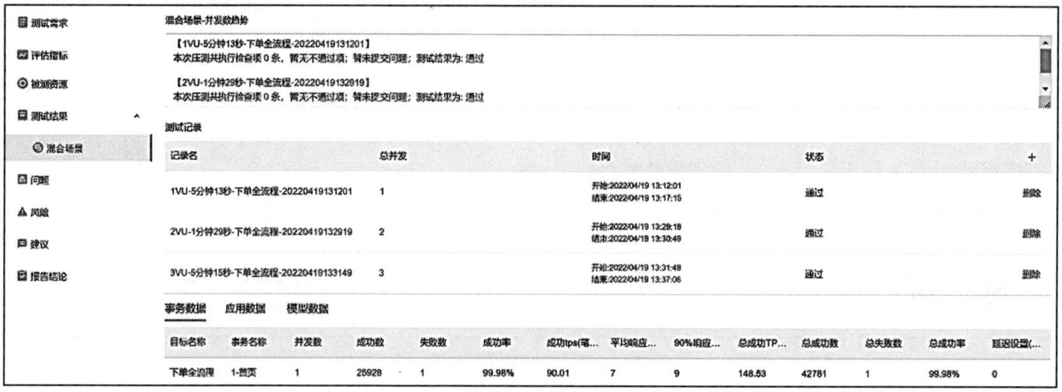

图 10-15 测试报告

性能测试一直是"台上一分钟,台下十年功"的工作,当前维度下的测试工程师的 KPI 可以分解为如下几个细项:

1)能清晰地介绍测试背景、测试范围、测试目标、测试过程及核心的测试结论;

2)能准确说明各个测试场景下指标的意义,为相关方提供有效的参考意见;

3)能考虑每个相关方希望获取的信息,对测试数据进行多维度解读,使其与业务挂钩,让不了解技术的业务方也能获取有效的信息。

10.6 面向企业领导层

随着企业性能测试成熟度的提升,向上汇报是一个越来越重要的环节,汇报对象可能包括 CTO、CIO 等领导,因此我们度量的视角要拔高一个层次,不仅要体现测试工作的苦和累,还要进行价值总结。

如果测试团队仅从简单的数据维度汇报写了多少脚本、执行了多少次压测、输出了多少份报告等,效果一定不如人意。在领导层面,他们需要的是对企业有价值的内容,这类内容不仅可以体现测试团队的成果,还能为他们做决策提供有效的数据支撑。对于企业领导来说,不管其是否具备技术背景,都不会关心测试过程中的技术细节。

经过对各个企业进行调研,建议从以下维度来评估及展示测试结果。

10.6.1 对业务价值的呈现

业务是企业核心之一,而业务系统性能的好坏直接影响了企业对外的用户体验,甚至会长远影响企业的品牌和口碑,因此在业务维度上,测试团队最能体现价值。对此,建议测试结果包括如下内容。

1. 对核心业务性能的提升

测试团队能更有效地发现核心业务的性能缺陷,更快速地进行缺陷分析,不放过任何一个可能的风险点，为业务稳定性提供有效的支撑。通过链路分析和根因分析，测试团队能更有效、更全面地发现核心业务存在的性能瓶颈，并配合开发工程师进行根因分析，从而优化性能指标。

基于测试数据，测试团队可针对核心业务进行有效的价值汇报，示例如图 10-16 所示。

事务名 ⇕	事务数				
	总数 ⇕	成功 ⇕	失败 ⇕	成功率 ⇕	TPS ⇕
⚑ ▨▨▨▨	1073908	1073908	0	100%	2491.66

事务名 ⇕	事务数				
	总数 ⇕	成功 ⇕	失败 ⇕	成功率 ⇕	TPS ⇕
★ ▨▨▨▨	231111	231111	0	100%	3040.93

图 10-16　某个业务经过性能调优后的数据情况

在图 10-16 中，性能测试工程师在性能测试过程中发现某个核心业务系统的 CPU 消耗达到 100%，通过链路及根因分析发现代码中出现了死循环，导致 CPU 消耗居高不下。测试工程师及时发现、分析问题，并对系统进行调优，使被测核心业务的 TPS 从 2491.66 提升到 3040.93，整体提升了 22%。从业务视角来看，在不增加硬件资源的情况下，单个业务仅通过测试工程师的发现及调优操作，系统性能就提升了 22%。在一些大促场景下，22%的优化幅度可以有效提升系统的稳定性。

2. 核心业务性能基线

基于以上思路，如果性能测试工程师将每次性能测试和调优后的数据都按照业务进行归类、存储、展示，就能得到一条基于核心业务的性能基线，由此可直观地呈现出测试团队在每次迭代中的价值，如图 10-17 所示。

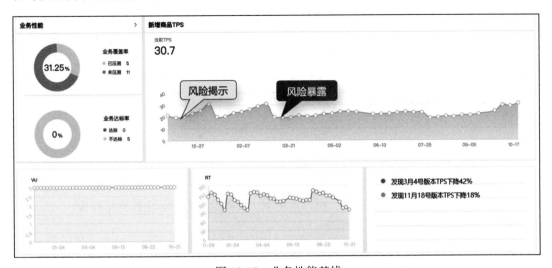

图 10-17　业务性能基线

在图 10-17 中，针对每个核心业务均可构建对应的性能基线，其中以 TPS 和 RT 的基线为核心，展示每次迭代中的业务系统的性能表现是否正常。若出现了异常的 TPS 下降、RT 上升，性能测试团队应立即预警，并联合开发团队进行深度测试及分析，将风险扼杀在测试环境中，为生产业务的稳定性提供有效保障。

10.6.2 对内部 IT 价值的呈现

对领导层面来说，除了业务的价值外，企业内部的 IT 价值也是关注点，因此测试团队的产出可以融合以下几个评估及展示维度。

1. 降低系统部署资源成本

降本即降低企业内部的成本。对企业来说，由于测试活动天然不与业务收益直接挂钩，因此测试团队一直被打上"成本中心"的标签，所以对于成本的优化可以作为测试团队价值呈现的重要方向。

对业务部署资源进行有效规划可以作为性能测试价值体现的方面之一。在性能测试过程中，通过性能调优，被测业务的 CPU 消耗下降，TPS 明显提升。但是在部分业务系统中，系统的 TPS 不需要达到非常高的水平，只需维持在一定的范围内即可支撑对应业务。因此，针对这类系统，测试团队可以将空间优化方面的提升转变为部署资源的减少，从而达到降本的效果。前提是企业内部的 IT 建设具备一定的成熟度，否则不建议直接以缩减部署资源的方式进行降本，因为测试团队应优先保障线上业务的稳定性。

（1）降本思路

下面为读者展示一个实际的降本调优思路。

在 A 企业内部，线上业务稳定性标准为：达到业务核定 TPS 时，CPU 利用率的峰值不超过 60%，即为稳定状态。

在这个背景下，测试部门针对部分 CPU 消耗较高的系统进行了统一梳理和专项性能测试，旨在满足业务 TPS 要求时，通过性能测试及调优降低被测应用的峰值 CPU 利用率。若峰值 CPU 利用率出现明显下降，则减少部署节点的 CPU 核数，针对业务场景进行复测。若发现峰值 CPU 利用率依然低于 60% 且 TPS 无异常，则将生产环境部署节点的 CPU 核数减少，释放更多的资源用于其他业务的部署。配合生产监控手段，若在一定时间内无异常，则认为降本成功。具体思路示意如图 10-18 所示。

对图 10-18 所示的降本步骤说明如下。

1）性能压测：对被测应用进行高并发压测。

2）性能评估：通过查看性能测试过程中的性能指标，评估其可能的优化点。性能指标包括 TPS、响应时间、CPU 利用率、内存占用率、代码响应时间、全链路拓扑等。

3）性能分析：包括如下 3 个维度。

❑ 针对 CPU 消耗较高的被测应用，进行 CPU 热点分析及线程追踪分析。以可视化报表查看应用在高 CPU 利用率时运行的代码段及线程 ID，深度分析代码段源码及线程调用栈，定位高 CPU 利用率根因。

❑ 针对内存消耗较高的被测应用，通过内存透视分析，以低开销方法获取 JVM 的新生代、老年代、GC、堆外内存、内存对象、类对象等指标。通过可视化报表实时查看异常指标或曲线，分析与其对应的内存对象，定位根因。

❑ 针对代码响应时间长的被测应用，通过子方法调用分析，以实时字节码增强技术对代码中触发的子方法调用进行微秒级耗时分析。在定位至最耗时的代码段后，开启源码分析，查看源码逻辑并定位根因。

4）性能调优：针对找到的 CPU、内存、线程、代码问题，与项目组沟通，进行修复。

5）降本验证：针对优化后的被测应用，使用相同的场景及并发数进行验证，确保被测应用的 CPU 指标、内存指标有所改善。针对已确认优化后的被测应用，降低 CPU、内存配置，再使用相同场景及并发数进行性能测试，确认降配后的性能指标符合上线标准。

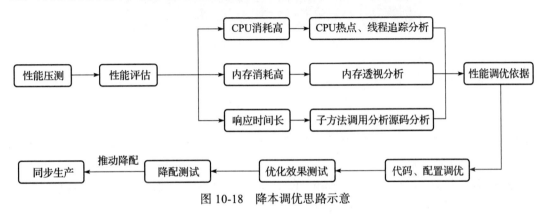

图 10-18　降本调优思路示意

若降配后被测应用指标未达到上线标准，则从性能评估的步骤开始，再次进行分析。

（2）降本案例

基于以上降本思路，A 企业内部的实际系统调优过程如下。

1）问题现象描述：在高并发压测场景下，系统中应用的平均 CPU 使用情况如图 10-19 所示，实际 CPU 利用率达到 70.07%，最高达到 100%。

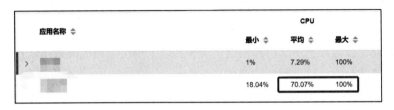

图 10-19　某应用 CPU 利用率

2）定位过程描述：通过性能分析平台的热点分析，发现大部分 CPU 都消耗在日志爬栈操作过程中，如图 10-20 所示。

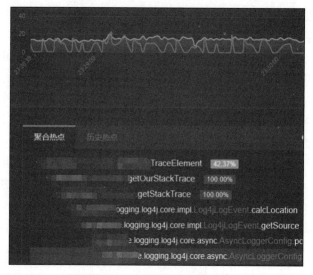

图 10-20　CPU 热点分析

3）确定性能风险点：频繁的日志爬栈在高并发下会导致 CPU 消耗过大，影响整体应用体验。

4）提出优化建议：从开发规范角度来说，不建议通过行号来定位，因为这样做的成本太高，资源浪费太多，最好使用带有准确标志的输出日志字符串来明确哪段代码逻辑有问题。对于该案例，首先，建议将打印行号的参数 %I、%L 删除。其次，删除 %method 或者 %m 配置，目前 Debug、Info、Warn、Error 这些级别的日志使用的是同一套输出格式，即 pattern 配置相同，建议 Debug 和 Info 不要打印方法名和行号，直接打印 Warn 和 Error 就可以。

5）实际优化效果：通过修改配置，TPS 从 260 笔 / 秒提升到 320 笔 / 秒，提升 25% 以上。

6）降本效果：应用服务器配置降低 50% 后，整体指标仍满足目标值。

2. 提升业务测试覆盖度

在传统情况下，因受限于测试工具，会出现测试资产无法快速复用，测试规范无法同步到每个测试工程师的情况。这一方面导致较多的无效执行，严重浪费了测试工程师的时间，另一方面使测试团队的精力投入在大量的重复执行上，无法开拓更多的测试方向。由于测试过程中的调优阶段涉及多部门的沟通、协调，以上情况会造成测试团队在规定时间内只能针对核心业务的核心接口进行性能测试。

随着企业的性能测试体系建设逐步完善，测试团队的执行效率将会越来越高。以回归测试为例，测试工程师可以复用已归类的测试脚本、测试场景，从而快速开展测试，并且通过链路分析能力快速发现性能缺陷，再结合根因分析快速进行调优。对此，测试团队可以在短时间内完成基本的回归测试，然后将更多的时间和精力投入到全系统、全工程、全接口的全量测试上。

　　当然，这是企业一个长期的建设目标。要达成这个目标，测试团队不仅需要先完成自我能力的提升，完成现有测试需求，提供质量保障，还需要在不影响现有业务需求的情况下逐步进行能力拓展。但是，从给测试团队带来的价值上考虑，上述举措值得测试工程师去尝试。

　　首先，测试团队可以化被动测试为主动规划。在传统情况下，由需求方提出测试目标，测试团队再开展性能测试，所有的指令来源于业务，测试团队处于被动状态。

　　随着测试效率的提升，现有业务系统的测试结果有了质量保证，测试团队将有时间、精力去规划其他需要进行性能测试的业务，而领导层也愿意让测试团队去完成更多的业务覆盖，从而更全面地提升整体生产系统的稳定性。

　　其次，测试团队承接更多的业务，将具备更大的话语权。测试团队可以结合历史测试数据和稳定性结果，对需求方提出测试标准规范，让测试需求更加明确、精准，方便后期更快地开展测试工作，以此形成一个良性循环，让测试团队的测试效率再次提升并承接更多的业务。

　　同时，随着测试团队覆盖的业务需求增多，从企业管理层面来说，测试部门逐渐由成本中心转为质量中心。测试团队能更好地完成平台化能力建设、人员扩张、测试体系赋能，将提升业务系统稳定性作为核心质量目标。

10.7　基础展示维度总结

　　通过分析不同相关方的需求，关于性能测试效果评估及展示，大家应该具备了初步的思路。但对测试工程师来说，这还远远不够。本节将对不同相关方的关注点进行组合、转换，形成如下基础展示维度，便于大家对展示方法有更全面的理解，实现更好的运用，达到更好的展示效果。

1. 项目维度的展示

（1）细化项目目标

　　将测试需求细化为基准测试、混合场景测试、稳定性测试等项目目标，便于不同测试工程师更好地完成测试执行。

（2）可视化项目阶段

　　在项目目标细化的基础上，将所有细化目标作为展示分母，将完成的测试目标作为分子，即可将项目阶段按照百分比进行可视化呈现。通过对多个项目的进度进行百分比展示，可以快速呈现当前并行项目数，以及项目是否存在逾期风险。在测试团队承接多个业务测试需求时，并行项目可能存在逾期风险，因为此时团队人员的资产产出均比较饱和，这就需要扩充更多的测试工程师来支撑项目。此时可以将项目的进度数据作为重要的参考依据。

（3）项目资产的执行情况

测试场景的执行数据可以代表测试过程的有效性。随着测试执行过程的规范化，无效的测试执行次数逐渐减少，这代表着针对现有业务需求的测试效率提高了。

2. 测试资产维度的展示

（1）团队人效

将测试过程中的测试项目、测试目标、测试脚本、测试场景、测试执行记录、缺陷描述、测试报告与团队人员进行绑定，可了解各个人员的测试产出，以便于测试经理发现团队人员的优势，对测试工程师进行多元化评估，定制发展路线，完善团队人才梯队建设。

（2）缺陷跟踪

首先，测试缺陷的数量代表测试过程中发现的性能风险数量，在测试环境中发现的缺陷越多，则后期生产系统出现的故障就越少，这也直观体现了测试团队保障系统稳定性的价值。

其次，对测试缺陷的开启、关闭时间进行有效记录。若缺陷的生命周期在逐步缩短，则可能表示测试团队产出的缺陷有效性较高。相应的链路数据、分析思路可以为开发工程师提供有效的支撑和参考。

3. 系统维度的展示

（1）基础数据

基础数据包括 TPS、响应时间、成功率、错误率、资源占用率、链路、日志等，这类数据需要与测试记录进行绑定，并可以长期存储，用于指标基线的生成。

（2）业务稳定性数据

将测试结果转换为业务部门可以理解的数据，一方面可以减少双方在测试结果上可能出现的理解性偏差，另一方面可以据此形成性能基线，展示业务性能趋势。

性 能 工 程

前文对如何构建性能测试体系、如何构建链路分析体系、如何构建性能调优体系都进行了详细介绍。本章会从性能工程的全局视角进行总结归纳，让大家能够更加全面地了解如何在企业中构建性能工程体系，为企业性能工程体系建设提供思路。

11.1 性能工程的定义

性能工程是一个关注系统性能层面的体系，包含测试环境的性能测试、生产环境的性能测试、性能调优、容量规划等多个方面。整个建设过程横跨业务、开发、运维等多个部门。性能工程主要包括如下 3 个部分。

❑ 建设性能测试理论体系和流程规范、链路分析基础知识体系和流程规范、性能调优基础理论体系和流程规范。

❑ 搭建高效协同的工具平台，包括但不限于性能压测平台、链路监控平台、性能根因分析平台。

❑ 建设和完善性能组织团队，因材施教，培养符合要求的人员，做到团队分工明确，互相配合，向各部门普及性能测试的基础知识和价值。

本书所提及的性能工程建设，主要针对系统服务器端的性能。针对服务器端性能工程的建设不仅需要对每个部分由浅入深逐步完善，更需要使这 3 个部分互相配合。

11.2 与稳定性的关系

随着移动互联网的快速发展，部分线下业务逐渐被线上业务取代，线上业务系统的压力逐渐增加。面对这样严峻的考验，企业对自身业务的支撑系统，考虑的不应该只是功能和性能，更重要的是系统在生产环境下的运行情况，例如系统的稳定性指标。所以接下来先了解一下什么是稳定性。

在《计算机科学技术名词》第三版中关于"软件稳定性"（Software Stability）的定义如下。

❑ 软件设计方案稳定，其程序和文档在较长时间内无须修改。

❑ 软件运行稳定。在有干扰或破坏事件影响下仍能保持不变，或者在干扰或破坏性事件之后返回到原始状态的能力。

软件稳定性主要包含功能稳定性、性能稳定性、兼容性稳定性。

稳定性是一个比较宽泛的内容，本书所指的稳定性主要是针对软件系统在生产环境上运行的稳定，主要表现在用户使用过程中，系统不出现生产故障导致无法使用，或者出现故障时能够快速通过应急处理恢复使用。系统稳定性不仅包括软件本身的系统功能、性能和兼容性的稳定，还包括软件系统在当前基础环境中的稳定性，涉及机房迁移、网络抖动等异常环境下的系统稳定情况。

由此可知，性能工程与稳定性是一种包含的关系，性能工程只是稳定性中的一部分内容。现在企业 IT 系统在生产运行过程中的稳定性，相对于功能稳定性、兼容性稳定性，关注的重点还是在性能稳定性的方面。

对于性能受到系统在环境运行过程中多种因素影响的情况，一部分可以通过性能测试事先预防，另一部分还需要通过生产监控进行预警和快速应急处理，因此性能工程的建设尤为重要。特别要通过线下或者生产环境的体系化测试，来确保充分发现系统性能问题。这些测试手段不仅可以获得生产环境容量情况，验证生产环境各种保护措施是否生效，还可以评估系统运行是否满足预期的需求。

11.3 性能工程建设内容及目标

本章前面内容已经针对性能工程进行了具体的定义，那性能工程具体包括哪些内容？如何在企业建设性能工程？建设后能达到哪些目标和效果？接下来本节会对这些问题进行详细描述，企业可以结合自身实际情况灵活查看和运用，以达到自身现状下的目标和价值。

11.3.1 性能工程全景图

首先，通过一张性能工程全景图来对性能工程进行整体了解，如图 11-1 所示。

如图 11-1 所示，性能工程可以从横向和纵向两个维度进行拆分。

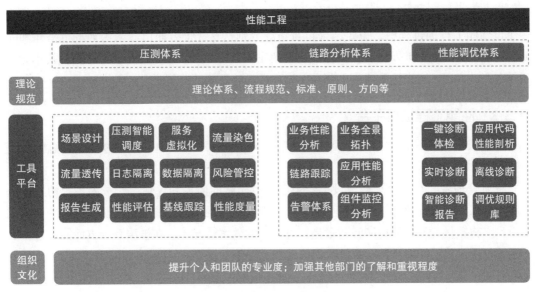

图 11-1 性能工程全景图

从纵向来看，性能工程包括理论规范、工具平台和组织文化。

❑ 理论规范包括具体项目开展的理论体系、项目实施的流程规范、性能调优建设的标准、性能调优的原则和方向等内容。

❑ 工具平台涉及实施过程中用到的工具以及管理所需的平台。

❑ 组织文化是指建设专业人员的能力提升模型，提高团队的专业程度，以及加强企业内其他部门人员对于该业务的了解和重视程度。

从横向来看，该内容主要是针对纵向内容的补充，表示在成熟度和能力上的持续提升。以工具平台为例，横向分为压测体系、链路分析体系和性能调优体系 3 个不同的阶段来进行建设。其中，压测体系建设主要是针对压力的发起方，以黑盒的方式开展；链路分析体系建设通过相对白盒的方式来透视系统内部的情况，做到监控和瓶颈分析；性能调优体系建设已经一层层深入系统应用中，可以从代码级别进行问题的定位和解决。

11.3.2 性能工程理论规范

性能工程的理论体系和流程规范等是保障性能工程的建设有序开展的基础条件，在第 4 章、第 5 章和本章前文中已经对此做过介绍，本节对这一方面概括如下：

❑ 性能工程所涉基础理论包括压测体系中基于项目实施经验提炼的 6 个性能测试模型、链路分析体系中链路及监控分析的方法论、性能调优体系中的基础方法论。

❑ 性能工程所涉流程包括压测体系中流程规范的 6 个阶段，以及每个阶段涉及的具体任务项和输入输出文档，例如指南等材料；链路分析体系中的实施流程；性能调优体系中的实施流程规范。

总之，性能工程理论规范不仅涉及压测，还涉及链路分析和性能调优。所以企业在实际建设性能工程的过程中，需要结合自身情况分别从这 3 个方面由浅入深地进行搭建和完善。性能工程的建设涉及内容较多，从建设到完善需要经历一定的过程，不管是在技术方面还是在人员方面，在理论和流程上都需要合理选择，不要一味冒进。

11.3.3　性能工程工具平台

性能工程工具平台方面的建设在第 4 章、第 5 章和第 6 章中已经做过介绍，总体来说包括两大方面。

针对管理者，在工具平台建设上希望做到对团队的监控和评估，对被测系统的质量进行度量，来提高管理效率。例如在压测平台方面能够直观展示性能测试团队每月每季度完成的项目实施数量、发现的性能问题数量、每个人的效率情况等。在被测系统方面能够直观展示系统每次迭代的性能质量、系统长期的性能质量等数据。

针对一般使用者，在工具平台建设方面需要做到使用方式简单、使用门槛低、执行高效、结果输出智能。比如在压测平台方面，流程能够简单清晰，测试完成即自动生成类似体检报告的测试报告。在链路分析平台方面，能够提供更多不同维度的数据，能够清晰直观地看到存在问题的系统，明确提示问题点。在根因分析平台方面，除了提供多方面的数据给有经验的人员进行分析外，还需要提供针对一些通用问题的智能报告，并且针对具体的瓶颈点给出高效的优化建议。

总之，性能工程在工具平台方面的建设上，需要结合当前企业内部的性能成熟度，不仅要考虑技术的实现能力，还要考虑如何通过工具平台来减轻执行人员繁杂、重复的劳动，也要考虑如何为管理者提供更加精准的决策数据。在企业实际建设的过程中需要结合企业的现状来开展工具平台的建设，不要一味实现平台的功能而忽略了企业当前阶段需要的平台能力。

11.3.4　性能工程组织文化

性能工程中关于组织文化的建设可总结为两大方面的内容：针对性能团队的建设，以及针对企业其他部门的建设。

针对性能团队的建设，需要从以下几个方面来进行。

❑ 明确团队内部不同级别人员的职责边界和能力要求。

❑ 按照不同的能力要求对不同级别人员的工作进行具体细分。

❑ 建设一套完善的人才能力培养模型，结合实践项目对不同级别人员快速赋能。

针对企业其他部门的建设，需要从以下几个方面来进行。

❑ 提高企业内部对质量的重视程度，对齐各部门在性能质量上的认知，使大家对性能质量的理解在同一维度上。

❑ 企业内部其他部门在性能工程建设上能够明确各自的职责，以便更好地完成多部门多角色的配合工作。

针对性能团队和其他部门中不同角色的职责边界和能力要求进行详细的说明，如表 11-1 所示。

表 11-1 不同角色的职责边界和能力要求

角色	职责边界和能力要求
性能测试管理工程师	1）负责测试方案、测试计划、测试报告的制定 2）负责组织测试方案、测试报告的评审 3）负责测试进度跟进、协调测试工作开展 4）负责测试相关文档的归档处理
性能测试实施工程师	1）负责测试场景设计、测试案例设计、测试脚本编写 2）负责测试模拟器开发 3）负责测试数据准备、协助基础准备 4）负责测试工具的安装部署 5）负责测试任务执行、测试数据记录、测试结果分析
性能调优工程师	1）负责性能问题的定位和排查 2）负责提供具体的性能问题调优建议和方案
项目经理	1）负责各种资源的协调，包括跨部门资源协调 2）负责整个项目的性能测试情况的跟踪，并进行项目内部同步
数据库专家 /DBA	1）负责测试过程中数据库性能监控 2）协助分析数据库的性能问题
运维工程师	1）保障测试环境的可用性 2）实现应用服务器的探针接入和重启 3）负责测试过程中网络流量的监控和数据记录
系统负责人及开发工程师	1）保障系统的可用性 2）分析测试过程中系统出现的性能问题，并进行优化

总之，在性能工程组织文化建设上，不仅要针对性能测试团队进行专业能力的培养提升，还要持续沉淀和赋能。在此基础上，企业内部的其他部门，包括但不限于业务部门、开发部门、运维部门等，要参与其中，这些部门在性能工程建设上同样发挥着非常重要的作用。通过企业不同部门和团队的努力，使性能质量体系的文化深入企业中相关人员的日常工作。组织文化建设是决定性能工程建设成败的关键因素。

11.3.5 性能工程实施方案

在对性能工程的全局内容详细了解后，如何进行阶段性的规划来完成性能工程在企业中的实施建设？下面提供规划参考，如图 11-2 所示，这是一份性能工程整体实施方案。

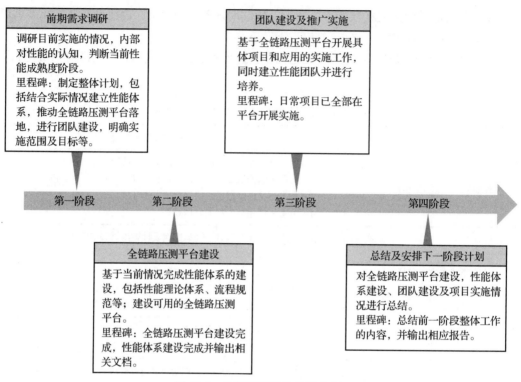

图 11-2　性能工程整体实施方案

如图 11-2 所示，性能工程整体实施方案分为 4 个阶段，每个阶段的具体情况如下。

第一阶段：前期需求调研。通过性能基本情况调研表，评估企业当前的性能成熟度阶段，结合当前阶段进行整体计划及目标的制定。制定的内容包括理论规范、工具平台和组织文化 3 个方面。此阶段是决定性能工程能否按预期建设的最重要的阶段。

第二阶段：全链路压测平台建设。该阶段基于第一阶段的内容逐步实施，其中最重要的一个环节是准备建设工具平台。在无法用更好的手段对整个性能工程建设过程进行度量和沉淀的时候，建设平台是最好的方式。平台可以使企业内部性能工程的实施规范、流程等实现标准化，完成资产沉淀和积累，便于管理系统和团队。在此基础上，企业内部各部门更多不同角色的人员，可以通过平台参与到性能工程的建设中。此阶段至关重要，起到承上启下的作用。

第三阶段：团队建设及推广实施。该阶段结合第二阶段建设的平台来开展推广，可以分为两种模式。第一种模式为内部推广，是指在性能团队内部进行平台推广和使用，所有性能测试项目的实施都按照统一标准开展，同时进行性能团队的建设和完善。第二种模式为外部推广，是指把平台推广给其他部门的人员使用，可以是业务部门的测试人员，也可以是开发和运维等部门的相应工作人员。针对外部，主要是通过平台来更好地建设企业的性能质量文化，同时提高其他部门的测试效率。而此模式的基础条件是发起推广的部门具备相应的性能测试专家，能够对其他部门进行多方面的指导和需求收集，不断完善整个性能工程的建设。此阶段是一个融合及产出绩效和影响力的阶段。

第四阶段：总结及安排下一阶段计划。该阶段为复盘总结、持续优化的阶段，使企业内部形成性能工程建设的闭环。不管在理论规范的建设上，还是在工具平台的使用和能力提供上，或者在内外部人员能力和文化的建设上，都会有成功和失败的实践，在此基础上进行总结和提炼。针对成功实践的经验，持续进行培训和推广。针对失败或不足实践，需要持续迭代完善，让每个解决方案能够在实践中不断得到验证。此阶段完成性能工程建设的最后闭环。

以上内容描述了性能工程在企业中的整体规划方案。企业在实际实施的过程中，还需要更细化的实施方案，并且持续跟踪项目情况，通过结果来及时调整具体的实施细节，这样才能保障整体方案能够实施完成。详细的性能工程实施方案如图 11-3 所示。

在性能工程的细化实施方案中，首先需要明确大的任务模块，在模块中明确具体的任务名称，针对每个任务都明确计划实施的时间、参与的人员以及需要达到的效果。在这个实施过程中，每个任务都会产出工作产品，最终会形成一整套的性能工程体系实施的资产库。由于该方案涉及细节较多，此处不具体展开，可以通过第 12 章介绍的案例来了解不同企业的实践情况。

11.3.6　性能工程建设的最终目标

在完成整体和详细的性能工程实施方案后，需要明确性能工程建设的最终目标。下面整理了性能工程建设的"五化"目标，如图 11-4 所示。

如图 11-4 所示，性能工程建设的最终目标为平台化、数字化、服务化、敏捷化和智能化。

1. 平台化

性能工程希望在平台化的大目标下实现 3 个目的。第一，实现统一压测分析。平台不只是一个发压工具，还具有链路分析和根因定位等能力。第二，实现团队高效协同。平台不能采用只有一个工作人员能单机使用而其他人无法同时操作的模式。第三，实现资产统一管理。不只将众多资产存放在相关人员的本地或者公共服务上的文件夹中，要做到清晰、可视化的管理，便于查看及跟踪。

2. 数字化

性能工程希望在数字化的大目标下实现 3 个目的。第一，实现团队数字化管理。不是只能通过人工操作 Excel 的方式进行统计和分析，而是可以通过平台来实现对团队人效的管理，推动性能工程中的团队建设。第二，实现质量数字化度量。不是只能查看单份报告，而是可以通过对系统质量的持续度量来提升企业内部对性能质量的重视，建设企业性能质量文化，推动整个企业对质量的重视和对 IT 系统生产稳定性的重视。第三，实现数字化过程监控。不是只查看单一维度的数据，而是对性能过程中各类性能指标从广度和深度上提升数据获取能力，从而提升整个性能工程实施的效率。

序号	阶段	任务模块	任务名称	计划实施时间	参与人	效果	备注
1	阶段一 调研阶段	前期需求调研	了解当前性能测试体系成熟度	—	性能负责人 解决方案专家	了解企业现状为更好的落地解决方案进行准备工作	
			了解当前核心系统业务				
			了解当前核心系统架构和网络环境				
		体系建设计划方案编写	基于现状进行具体计划和方案的准备	—	解决方案专家	制定符合企业本身情况的性能体系建设方案和计划	
			对计划和方案进行评审		性能负责人 解决方案专家		
2	阶段二 规划阶段	性能基础知识体系培训及全链路压测平台建设	性能基础知识体系培训	—	解决方案专家 项目经理等	①了解性能测试基本知识，为后续配合做好铺垫。 ②测试人员初步掌握平台使用方法，为后续基于平台实施压测项目做好铺垫	
			平台部署		解决方案顾问		
			平台使用培训、探针部署培训		相关人员 解决方案顾问		
3	阶段三 执行阶段	常态化项目（包括活动）实施	项目实施－XX项目	—	性能负责人 解决方案专家、顾问	技术专家、顾问开展基于平台的探针部署、项目创建、目标制定、脚本编写、场景执行、调优定位与分析、输出报告整个项目实施流程	
			项目实施总结及汇报	—	性能负责人 解决方案专家、顾问	项目完成后基于项目实施的流程项、性能的优化项等方面的实施效果做复盘、总结及汇报	
			性能调优赋能及培训	—	技术专家、顾问	通过项目的全流程，使相关人员掌握平台的使用及性能问题瓶颈定位的方法	主要分为两个方面：①基础性能调优知识培训；②实际项目性能问题定位过程及优化手段培训分享。通过培训，性能测试人员能够基于平台提升性能调优深度及效率，提升性能工作影响力
			XX项目定期回归实施	—	性能负责人 解决方案专家、顾问	通过定期回归，及时发现不同版本迭代可能出现的性能问题，完成测试结果的基线追踪，快速定位不同版本的性能差异、性能瓶颈点，及时对性能问题进行优化，记录并分析项目常态化回归过程中各步骤的消耗，如环境联调压测实施及调优分析耗时多久	测试环境常态化后，确定回归范围后，可以通过平台的脚本及场景组合直接进行回归
4	阶段四 推广阶段	平台推广及供应商性能质量验收	推广供应商使用，并对系统性能质量进行验收	—	性能负责人 解决方案专家、顾问	通过平台可视化对供应商提供的系统性能质量进行验证。实现服务化	
			性能调优服务	—	性能负责人 解决方案专家	快速定位性能问题，并且提供解决方案，达到系统上线的要求，保证系统的生产稳定	
			定期同步平台使用情况，对重大项目实施过程进行总结及汇报	根据实际情况可按照日、周、月来同步实施进展	性能负责人 解决方案专家、顾问	让性能负责人及领导定期了解基于平台的项目实施情况，基于平台对项目实施提供的帮助等信息，按照实际需要，评估是否做调整。项目完成后基于性能的优化项、项目实施的流程项做复盘和总结。达到数字化分析	
5	阶段五 常规阶段	平台运营及使用支持	平台故障及安全漏洞修复处理	全年	性能负责人 解决方案专家、顾问	保障平台的稳定运行和安全性	平台出现故障或有安全漏洞后，通知对接人，远程或现场解决故障或修复漏洞
			收集平台故障、需求，并进行跟踪	全年			
			平台日常问题解答支持	全年			
			平台运维培训	按需		让平台使用人员掌握基本的平台问题排查及恢复能力	
			版本升级及新功能培训	按需			

图 11-3 性能工程详细实施方案

图 11-4　性能工程建设的"五化"目标

3. 服务化

目前企业中存在两种主流的组织架构：第一种是按照职能部门进行划分，比如业务部门、开发部门、测试部门和运维部门等；第二种是按照业务单元进行划分，每个业务单元内部包括不同的小组，有业务组、开发组、测试组等。

性能工程希望在服务化的大目标下实现两个目的。第一，实现团队内部服务化赋能。相对来说，内部的赋能目的比较容易达到，由于大家对性能工程的理解相对一致，对人员的要求也比较明确，所以在此过程中针对团队内部的服务化相对容易实现。第二，实现组织外部服务化赋能。根据以上两种企业组织架构，需要针对不同部门及不同角色分别进行赋能，由于不同角色的能力需求也不尽相同，所以在赋能的过程中需要结合具体情况来开展，不要盲目推进所有能力的赋能工作。

4. 敏捷化

企业随着发展，内部敏捷模式越来越成熟。性能工程希望在敏捷化的大目标下实现两个目的。第一，实现快速按需实施。在以前的工作模式下，项目协同较困难，并且工具使用效率较低，导致整个项目实施周期较长。在当前情况下，通过平台能够达到快速实施项目的效果。第二，实现快速迭代回归。在以前的模式下很难实现快速回归，需要大量人工介入，特别是针对数据的统计和分析。现在通过平台能够自动生成迭代数据，对每次迭代的数据进行对比，能够实现持续集成和持续交付，完成快速回归。

5. 智能化

性能工程希望在智能化的大目标下达到 3 个目的。第一，智能压测实施。通过智能化的压测手段，以不依赖个人经验的方式实现高效的压测过程，同时降低压测人员的操作门槛。第二，智能报告生成。平台能够智能化生成测试报告，其内容不仅能让专业的性能测试人员理解，还能让其他人员也清楚了解系统的性能情况及性能问题。第三，智能问题分析。平台能够智能化地通过测试报告精准定位问题，同时给出解决问题的具体方案和参数建议等。

性能工程通过持续建设，以最终实现"五化"为目标。对企业而言，需要根据内部现状，选择合适的模式和目标来阶段性推进性能工程建设。

11.4 性能工程落地的 4 个阶段

随着市场需求的变化和信息系统技术的发展，性能工程的发展也经历了不同的阶段。性能工程发展的每个阶段均是由业务需求变化而形成的，在不同阶段中性能工程的内容获得了不同维度的丰富和完善。到了新的阶段，并不意味着不需要之前阶段的建设内容了，各阶段的建设内容可以同时存在，并且最终进行组合。接下来了解一下性能工程发展历程，如图 11-5 所示。

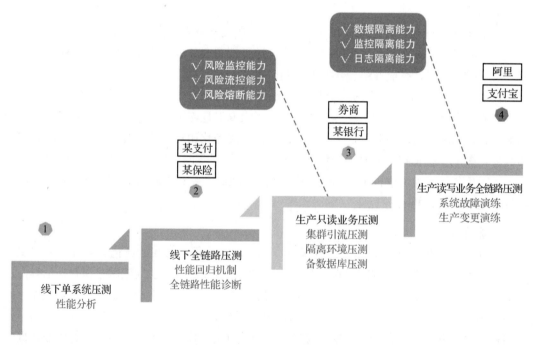

图 11-5　性能工程发展历程

如图 11-5 所示，把性能工程的发展历程分为 4 个阶段。企业在建设性能工程的过程中一般按照从第一阶段到第四阶段的顺序，由浅入深地持续建设。但是受制于体系建设周期，建设过程也会有特殊情况，无法按顺序开展，比如针对单个系统的生产容量诉求，此时可能会选择先开展生产阶段的工作，然后补充其他阶段的内容，来完成企业内部整个性能工程的建设。

性能工程按照不同的内容和目的划分为 4 个阶段，分别是线下单系统压测分析阶段、线下全链路压测分析阶段、生产只读业务压测及容量评估阶段、生产读写业务全链路压测及容量评估阶段。

11.4.1　线下单系统压测分析阶段

针对单系统的性能测试分布在整个软件生命周期中，包括开发阶段单个模块的性能测试、上线前单系统的性能容量评估、上线后系统稳定性监控等。总而言之，该阶段对单个系统的性能进行评估，以及对性能问题进行定位分析，并且是在线下环境完成的。

线下单系统压测分析阶段在通常情况下关注单个系统中常用功能或重要功能的性能指标。以登录功能接口举例，线下单系统压测分析阶段的关注指标包括该接口能够同时支持多少用户登录，同时登录花费的时间是多久，各场景下系统所在服务器的资源情况，用户是否都能成功登录等。在此过程中，如指标数据发现不满足需求，需要进行问题分析、定位及优化。单个系统中也会出现多个功能同时压测的场景，此时需要关注的指标与上述指标类似，只是相对复杂一些。不管是哪种情况，最核心的内容都是在线下环境中只针对单个系统进行压测分析。

为什么线下单系统压测分析阶段关注以上内容呢？主要由以下两方面因素影响：

❑ 在早期性能测试阶段，很多业务系统的架构比较单一，都是一台应用对应一台数据库，可能很多情况下应用和数据库部署在同一台物理机器上；
❑ 很多业务系统本身与外部系统基本没有交互，是一个比较独立的业务功能系统，同时很多业务功能是在同一个系统中完成的。

在性能工程刚起步的阶段中，主要还是针对单系统的压测分析。此时在理论规范方面，主要采用黑盒的测试方案实施，流程也相对简单。在工具平台方面，主要使用单一的工具来完成，比如 LoadRunner、JMeter 等压测工具，JProfiler、MAT 等性能分析工具。在组织文化方面，主要对实施人员进行压测能力上的培养，能够获取系统性能指标即可，大量的分析工作主要由开发工程师来完成。

11.4.2　线下全链路压测分析阶段

线下全链路压测分析阶段针对不同业务的系统群或者微服务架构系统进行压测和分析，获取整体的性能表现情况。它更关注系统与系统之间、服务与服务之间直接的性能影响。因为其他系统或者服务的性能会直接影响整个系统群或者整个业务的性能表现，仅分析单个系统或者单个服务的性能已经无法满足性能工程的要求。总之而言，该阶段的重心在于全链路的性能表现。

线下全链路压测分析阶段主要关注多个服务的整体性能表现，包括以下几点。

❑ 需要完成第一阶段单个系统或者单个服务的性能压测和分析。

❑ 除了完成单系统的压测分析外，还需要对全链路进行压测分析，获取整体的性能表现，梳理全链路涉及的系统及服务，了解全链路中的瓶颈。

❑ 在全链路压测分析过程中不仅需要了解单个功能在全链路的性能表现，还需要了解混合场景下全链路的性能表现，可以认为第二阶段包括了第一阶段的建设内容，完善了第一阶段欠缺的场景。

为什么线下全链路压测分析阶段需要关注以上内容呢？主要是由以下两方面因素影响。

❑ 随着业务的发展，特别是线上业务的发展，业务对系统的要求越来越多，例如互联网行业的业务系统不是单一的系统，还与其他系统进行内外部对接。同时，系统之间通过大数据分析进行关联，系统之间的业务连接紧密。

❑ 随着信息技术的发展，业务系统的架构也越来越复杂，同时为了满足性能需求，业务系统逐渐微服务化。

这是性能工程的第二阶段，主要是对全链路进行压测分析。在理论规范方面，主要开始使用白盒测试方案实施，在实施流程上会变得更加复杂，需要调研和收集的内容逐渐增加。在工具平台方面，已经突破单一工具的使用，开始建设全链路压测平台，借助工具平台才能够实现更深层次的全链路压测分析及根因定位。在组织文化方面，此时对团队人员能力也提出了更高要求，不仅要使用压测工具进行测试，还要提高完善压测方案的能力，使用统一的压测监控分析平台或性能分析平台，对性能问题进行初步定位及分析，针对性能问题能够提出一定的解决方案。

11.4.3 生产只读业务压测及容量评估阶段

生产只读业务压测及容量评估阶段的主要目的是获取系统在生产环境中只读业务的性能和容量表现（如生产网络带宽、生产中间件配置等）。

在生产环境开展只读业务的性能测试时，需要具备以下几方面的能力。

1）风险监控能力：指业务系统能够对生产环境中的业务系统进行实时监控，包括对业务主机的基础监控、对业务系统的业务监控等。目的是在压测过程中能够及时掌握系统的性能情况，避免在没有监控的情况下发生系统直接宕机的情况。同时，压测过程也是验证业务系统本身的监控能力的一个重要手段。

2）风险流控能力：指业务系统的流量控制和压测平台的流量控制两个方面的能力。在业务系统本身的设计上，可以通过开关控制系统能够接收的流量，如通过负载均衡设备或者网关进行限流操作。在压测平台的设计上，可以通过设置阈值来自动控制流量，当流量超过阈值时，减少请求流量对系统的压力，在未达到阈值时逐渐增加流量。这两方面流量控制的能力可以更好地实现对流量的风险控制，保障系统在压测过程中的稳定。同时，压测过程也是验证业务系统流控能力的一个重要手段。

3）风险熔断能力：指业务系统对压测流量进行熔断的能力和压测平台自身具备的熔断

能力两个方面。在业务系统本身的设计上，当系统达到某种情况时直接熔断流量，不进入后续系统或服务，比如 A 调用 B 系统，当 A 系统发现 B 系统已经超过 A 系统设置的时间时，自动熔断 B 系统之前的流量，来保障 A 系统可以运行。在压测平台的设计上，可以配置当单服务达到某些情况时自动熔断发压流量，比如当服务器的 CPU 利用率达到 90% 时，自动熔断压测流量。该能力的目的是更好地保护系统不在压测时发生重大生产事故。同时，压测过程也是验证业务系统熔断能力的一个重要手段。

如果无法保障这些能力，在生产压测过程中会存在较大风险，可能会导致系统直接宕机，给业务造成重要影响，造成经济损失。

生产只读业务压测及容量评估阶段包括以下几方面内容：

❑ 只读业务功能在生产环境的性能表现；

❑ 只读业务在生产环境下的容量支持情况；

❑ 验证生产环境中系统的监控能力、风控能力。

该阶段是对线下全链路压测分析阶段的补充，补充了系统在生产环境中的性能情况以及业务系统的健壮性情况。

生产只读业务压测及容量评估阶段主要由以下几方面因素影响：

❑ 线下压测存在业务场景不足的情况，比如线下环境的配置与生产环境不一致导致无法了解生产环境支持的性能情况；

❑ 业务系统的复杂度较高导致线下准备完全一样的环境对一部分企业来说比较困难；

❑ 除了了解业务系统本身性能外，还需要做相关业务系统生产可靠性方面的测试验证。

这是性能工程的第三阶段，主要是在生产环境中进行只读业务的全链路压测。在理论规范方面，主要对生产压测上的方案设计以及生产压测之前的众多准备工作有了更高的要求。在工具平台方面，不仅需要具备第二阶段的能力，还需要具备智能化的控制告警能力。在组织文化方面，要求团队除了具备压测的能力外，还需要了解运维方面的知识，此外更需要了解系统在架构设计方面的知识。

11.4.4　生产读写业务全链路压测及容量评估阶段

生产读写业务全链路压测及容量评估阶段的主要目的是获取业务系统在生产上的性能和容量表现。它更关注生产环境下业务系统在用户场景下的容量表现，涉及的范围更大更广，而不只是只读业务。

在生产环境开展读写业务的全链路压测时，需要具备以下几方面的能力。

1）数据隔离能力：指对生产环境中的数据库或者 Redis 搭建影子库（表）或影子 Redis，从而实现生产环境中的数据隔离。目的是保证在生产压测过程中对生产环境数据的零污染，让压测时的测试数据进入影子库，真正用户的数据正常进入正式数据库，从而不会影响下游及其他业务系统的数据，保证数据的一致性。

2）日志隔离能力：指对生产环境中的日志按照生产和测试来区分、隔离。目的是保证将生产环境中的日志与测试日志进行区分。当系统出现问题时，对日志进行分析的时候能够快速找到日志中的可用信息，而不会因为生产和测试的日志混合而导致排查问题难度的增大。同时压测时产生的日志较大，如果不进行隔离可能会导致日志系统出现问题，也可能会导致磁盘等硬件资源不足等问题。

3）监控隔离能力：指在生产环境中对正式用户的流量和压测的流量进行区分和隔离。该能力主要针对业务链路方面的监控。目的是在压测过程中，在出现性能问题的时候能够准确定位是哪个流程导致的。如果是生产流量则需要快速应急处理，如果是测试流量，则可进行相应的问题分析，不同情况下的处理方式也不相同。

如果无法建设这几个方面的能力，就无法开展生产读写业务的全链路压测工作。

生产读写业务全链路压测及容量评估阶段主要包括以下几方面内容：

❏ 业务系统全链路下的用户场景在生产环境的性能表现；

❏ 业务系统全链路下的用户场景在生产环境的容量支持情况；

❏ 验证生产环境上系统的监控能力、风控能力。

与生产只读业务压测及容量评估阶段相比，此阶段的内容更多、范围更广。从该阶段的内容来看，它对第三阶段的场景进行了补充，完善了整个业务系统在生产环境上的性能情况以及健壮性情况。

对生产读写业务全链路压测及容量评估阶段的开展，除了有生产只读业务压测及容量评估阶段提及的相关影响因素外，还包括如下因素：

❏ 完整业务场景在生产环境下的性能测试过程；

❏ 除只读业务外，还包括其他相关业务以及完整业务场景，对其系统在生产可靠性方面进行测试验证。

本阶段主要是在生产环境中进行完整业务场景的全链路压测。在理论规范方面，需要设计更完善严谨的生产过程的全链路压测方案，以及进行生产压测之前的众多准备工作。所有压测场景的准备工作首先需要在测试环境中验证，验证成功后在生产环境中具体实施。在工具平台方面，不仅需要具备第三阶段的能力，还需要具备数据库隔离、探针流量透传等多方面的能力。在组织文化方面，要求团队人员具备一定的开发基础，比如熟悉开发框架等。

11.5　持续性能测试

近几年，DevOps 的概念越来越火，各企业也逐渐意识到 DevOps 对项目研发效率的重要性。随着国内软件开发敏捷化的推进，大量企业内部在做 DevOps 过程体系建设时，也在一定程度上做到了敏捷开发、快速发布。但是随着 DevOps 体系的落地，业务系统的迭代愈加频繁，甚至在部分企业内部，业务系统已经做到双周迭代。这样的迭代速率加重了测试团队的负担，传统的人海战术已经无法进行快速有效的支撑，测试效率问题直接影响了业务系统的交付。久而久之，测试团队的价值会受到质疑。相信大家在日常测试工作中也会受到这样的"灵魂拷问":为什么测试总是拖后腿,最后才报 Bug?为什么这个 Bug 测不出来?测试到底在测什么?

问题的背后其实是测试团队一直需要解决的核心点,即如何测得快、测得全、测得准。基于这个背景,持续测试的概念应运而生,本节主要针对持续测试进行解读。

11.5.1 什么是持续测试

持续测试在业内有非常多的解释,维基百科将持续测试定义为:在软件交付流水线中执行自动化测试的过程,目的是获得关于预发布软件业务风险的即时反馈。

很多开发或初级测试人员会将自动化测试(包括 Web/UI 自动化、接口自动化等)等同于持续测试,但是这个观念是错的。自动化测试只是持续测试过程中的众多组合之一,是持续测试过程的一个阶段,承载了技术效率提升的使命。

而要完成持续测试,我们还是需要回到定义中,它有 3 个关键词:软件交付流水线、自动化测试、即时反馈。

首先,持续测试需要具备一条完整的流水线,其代表的是 CI/CD 过程,需要将持续测试纳入信息系统研发的整体过程中。

其次,为了确保能即时获得风险反馈,需要在流水线的各个阶段进行测试活动,包括静态代码扫描、单元测试、集成测试、单接口功能测试、业务功能测试、UI 测试、性能测试等。

最后,为了避免各个阶段的测试执行影响整体的交付时间,需要通过自动化的技术手段尽可能替换重复的手动操作,提升测试效率,确保测试质量。

注意,上述自动化技术并不单指传统意义上的功能测试自动化,而是指各个测试阶段可以使用的测试技术,用于减少人工的重复劳动,通过规范、技术和工具的结合,形成平台化的测试能力,如静态代码扫码平台、接口自动化平台、UI 自动化平台、全链路压测平台等。

建设持续测试,可以为企业带来如下价值。

1)更好的用户体验。用户需求是动态变化的,持续测试可以有效适应这样的变化,测试团队通过持续测试的建设,会形成更灵活的测试方法和更稳健的测试思路,做到快速有效的产品质量验证。

2)更小的修改成本。在传统的测试模式下,测试是最后才执行的阶段,一旦发现有需要修复的缺陷,就需要重新完成所有执行活动,修改成本较高。测试团队通过持续测试的建设,对各个阶段进行定期风险分析,可以识别出各个阶段的潜在风险,尽早发现缺陷,节省大量的时间和资源。

3)更稳定的系统。测试团队通过持续测试的建设,把控各个环节的质量,使得最终发布在生产环境的版本是一个通过了所有测试阶段的构建版本,使系统的稳定性得到有效的保证。

11.5.2　与持续集成、持续交付的关系

持续集成在维基百科中的定义为：一种软件工程流程，是将所有软件工程师对于软件的工作副本持续集成到共享主线的一种举措。它一般是指开发工程师在对代码进行修改并提交后，通过标准化的构建操作及单元测试，在没有异常的情况下，变更代码就会合并到主干流程。通过这样的方式进行高质量的迭代，确保任何一个小分支不会有较大的偏离，可以通过静态代码扫描、单元测试等手段提前发现缺陷。

持续交付在维基百科中的定义为：是一种软件工程手法，让软件产品的产出过程在一个短周期内完成，以保证软件可以稳定、持续地保持在随时可以释出的状态中。可以理解为它是一种自动化交付的手段，可以按时、按需地将被测业务系统不断发布在对应的测试环境中，测试工程师就可以针对最新版本快速开展功能测试、性能测试等环节。

在常规的持续集成与持续交付过程中，测试人员会在特定的阶段进行持续测试，并且将持续测试的结果作为自动化流水线的准入准出标准，以此来确保在效率的提升的同时不会出现大量的质量问题，让发布在生产环境的版本是一个通过了所有测试阶段的构建版本。

持续集成阶段常用的测试手段为单元测试。为了确保单元测试的有效性，一般会通过覆盖率指标进行衡量，来指导单元测试的设计和执行。同时，覆盖率指标也会作为单元测试验收的标准。在一些成熟的质量团队中，覆盖率也会作为测试的准入指标，确保在后续的测试过程中不会因为基础的代码问题影响测试结果及测试效率。对于单元测试的质量提升，一般需要加强人员技能，引入辅助工具，加深人员对业务软件的熟悉度，这方面涉及内容较多，在本章不展开描述。

持续交付阶段会进行第二轮测试，这一轮的测试活动会以部署系统为测试对象，完成功能测试、性能测试、端到端测试等环节。这些测试活动主要由测试团队主导并负责。在这个过程中，为了提升测试效率，测试团队会引入大量的自动化技术，减少人工干预，确保效率和质量两方面得到兼顾。

企业内部一般会通过类似于 Jenkins 的平台作为持续集成发布的工具。如果开发工程师提交变更代码，则会触发静态代码扫描、单元测试等操作。如果测试结果、覆盖率等指标均达到了准出条件，则会自动进行系统构建并将其部署在测试环境中，测试工程师会通过手工和自动化的方式对其进行验证。自动化手段也会与 Jenkins 进行集成，通过 Jenkins 实现自动触发，如识别变更范围，调度 UI 自动化平台、接口自动化平台等，完成阶段性功能测试，然后调度已实现自动化能力的性能测试平台，继续进行测试。随着测试成熟度的提升，可以进行的测试手段会更多，包括生产压测、可靠性测试等，这些均可以纳入标准的质量保障流水线中。

11.5.3　测试左移、右移

持续测试的核心思想是对每一步都进行测试活动，这里涉及了测试左移、右移的概念。本节为各位读者简要描述一下。

什么是测试左移？测试左移的核心思想是越早发现不合理的地方，生产系统出问题的概率就越低。因此，测试工程师在需求分析阶段就要参与到产品研发的活动中，在需求提出的时候，测试工程师就进行需求分析，将不合理的缺陷在开发阶段前就提出来，减少无效的成本投入。同时，在开发工程师进行编码时，测试工程师并行地按照业务流程设计测试用例，帮助开发工程师在编码完成前识别出部分缺陷。在左移的过程中，测试部门不仅需要做好技术上的支撑，还需要围绕质量意识在 IT 团队中进行宣讲，将质量保障核心目标渗透到每个人的思维中，促使团队成员积极合作。

测试右移则是在生产环境中进行一系列测试活动，这些测试活动不仅包括测试的执行，还包括对生产环境中用户体验指标的数据收集，并对数据进行整合分析，为测试过程提供更好的参考依据。收集的手段不限于基础资源监控、业务监控、日志监控、可观测平台等。

在生产环境中，测试团队同样可以进行测试操作，即前文提到的生产压测技术。传统性能测试在测试环境中进行。由于软硬件的差异，测试环境无法完全模拟真实业务场景，难以展现复杂业务链路下的性能瓶颈，得出的性能数据跟真实情况是有偏差的。

而生产压测技术实现了生产环境端到端高仿真度压测，能识别场景链路中的性能瓶颈并屏蔽性能风险，成为容量评估与稳定性保障的重要手段。其核心思想是借助流量打标、数据隔离等技术，避免压测流量对生产业务数据的污染，同时复用生产软硬件资源实施压测。涉及的主要技术能力如下。

- ❑ 全链路流量染色能力。通过压测平台对输出的压力请求打上标识，在业务系统中提取压测标识，确保完整的调用链路上下文都持有该标识。
- ❑ 全链路数据隔离能力。数据隔离的手段有多种，比如影子数据、影子表、影子库，这 3 种方案的隔离粒度有差异，相应的仿真程度和维护复杂度也有差异。
- ❑ 全链路日志监控隔离能力。当应用系统向磁盘或日志分析系统输出日志时，若流量是被标记的压测流量，则将日志隔离输出，避免影响生产日志分析。
- ❑ 全链路风险控制能力。需要跟生产监控系统自动联动，当达到容量瓶颈或出现预期外情况时，从施压端到被压端都可以自动熔断。还应具备压测数据偏移机制、压测流量准入机制、压测流量灰度验证机制、压测接口白名单机制等，避免意外风险。

对上述技术，本章不展开描述其实现细节，后文会对生产压测技术及案例进行详细说明。

11.5.4 持续测试中性能测试建设全过程

结合上述内容，可以发现持续测试是服务于软件全生命周期的测试手段，涵盖了单元、UI、功能、性能等测试方法。本节主要以某企业（以下简称 A 企业）的性能测试建设为例，展开说明。

A 企业内部已经落地了标准化的全链路压测平台和 Jenkins 流水线，通过对接全链路压测平台的 OpenAPI，A 企业实现了性能测试全过程的闭环。

在 A 企业的流水线上创建一个测试需求，信息会自动同步到全链路压测平台中，并创建一个测试计划。测试工程师会根据需求，在全链路压测平台中编写、调试脚本，构造测试场景。

场景构建完成后，测试工程师可以直接从流水线获取本次测试任务的所有测试场景，按需执行压测。当压测结束后，全链路压测平台会自动往 A 企业的流水线上同步本次的压测数据，如本次压测是否通过，TPS 和响应时间是多少，被测服务的 CPU 利用率、内存占用率是多少，是否符合预期要求等。流水线会针对这些数据进行检测，若符合本次测试目标，则认为达到准出标准。若不符合，则认为不通过。

当开发团队需要提交测试需求时，可以由开发工程师直接选择对应的场景来执行，无须再由测试工程师驱动。若需要针对历史场景进行回归，也可以在流水线上选择对应的场景来执行。

将流水线与性能测试平台打通，大大提高了测试工程师执行测试场景的效率。同时赋能部分开发工程师进行性能测试回归，自动检测是否符合要求，形成了一定的测试左移能力。

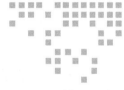

第 12 章 *Chapter 12*

企业级全链路性能测试案例解析

本章将介绍两个不同类型的企业落地全链路性能测试的案例，包括案例背景、落地过程及落地后的整体情况。

12.1　线下全链路性能测试体系落地

本案例主要介绍某保险企业（以下简称 B 企业）在面对业务转型的情况下，原有的性能测试体系也随之全面转型的过程及效果。

12.1.1　案例背景

随着市场经济的快速发展，人们的风险管理意识逐渐增强，保险行业快速发展。尤其是近年来随着互联网大数据技术的应用，保险业发展势头突飞猛进。在此背景下保险企业承接的业务量迅速增加，这对企业业务系统的稳定性带来了更大的挑战，多数保险企业对性能测试实施质量的要求和投入也水涨船高。

B 企业作为保险行业的头部企业，其 IT 测试部门从 2010 年开始持续投入较高的成本来搭建并不断扩充性能测试团队。经过多年的团队建设，该性能测试团队在项目实施规范和性能测试体系的落地工作中取得了一定的成效。

在 2018 年，B 企业全面启动转型 2.0，重在丰富业务模式，优化业务结构和转换发展方向。B 企业转型规划中包含大量的业务推广工作，后续业务规模必将随之迅速增长，线上的核心业务系统必将迎来更大的性能挑战。在此背景下，性能测试团队将面临更多需要迅速响应的版本迭代和更高的性能保障要求。团队原有的测试实施模式和测试人员能力可能难以支撑，企业需要重新建设更全面、高效、专业的性能测试团队，搭配更加完善的性能测试体系来提升对性能测试需求的交付效率和对测试质量的把控能力，助力企业在全面转型后能保持系统稳定。

12.1.2　线下压测体系优化之路

现有的团队是需求驱动式的，其规模及项目实施能力仅能满足企业转型 1.0 阶段的测试需求。但面对企业转型 2.0 阶段业务量快速增长带来的更多的性能测试需求及更高的快速回归要求，一味增加测试人员的数量并不是最优方案，如不改变整个测试体系，就不足以支撑系统的良好运转。

更高的人效、更高的测试质量要求、更完善的性能测试体系成了整个团队的目标，然而调整一定不能盲目，单点调整起不了决定性的作用，反而可能打破原来的平衡。

基于以上背景，内部各层管理人员通过与实施人员进行持续沟通和调研，对自有团队及下属的 3 个供应商的性能测试项目的实施现状、主要痛点、愿景规划进行分析后，决定对团队的性能测试体系做全面的优化。

1. 测试平台工具优化之路

通常在企业内部性能测试需求不大及测试人员不多的时候，性能测试项目的实施可以通过单点工具来完成。但随着业务发展，需要多人协同、版本管理、资产复用、项目跟踪、全链路压测分析的时候，就需要一个自动化的测试平台来完成此类工作，帮助测试实施人员提升测试效率与质量，帮助管理人员做好任务发布、项目进度跟踪、阶段性统计等工作。

（1）测试平台工具现状调研

目前性能测试团队仍使用 LoadRunner、JMeter 作为性能测试的发压工具，使用 nmon 作为基础的服务器资源监控手段，管理人员缺乏管理测试项目的平台，不能及时跟踪项目的进度和掌握人员情况，日常获取项目信息基本靠邮件、内部聊天工具、会议。

当前测试实施人员主要面临如下困境。

❑ 缺乏平台化、数字化规范管理资产的手段，测试资产的整理、汇总、交接均采用人工的模式，很容易造成资产的缺失。

❑ 需要进行大量重复性劳动，如脚本编写、脚本调试、监控部署、数据采集、问题分析、Excel 数据导入、图表制作等，对测试人员自身能力的提升有限。

❑ 大型压测活动较多，通常需要几万及数十万级的并发压测能力，传统的 LoadRunner、JMeter 压测工具的压力机部署及调试效率极低，难以实现快速发压，而长时间的稳定性测试经常会因工具本身出现性能问题而无法回收测试结果。

❑ 测试环境的检查、日志清理、数据回滚等均需大量人力完成，缺乏自动化的手段。

❑ 不同类型的服务端监控部署方法各异，监控部署、数据采集需要消耗大量的人力资源。

❑ 业务流程经过多个系统流转，数据链路复杂，监控成本高，缺乏全链路监控及分析的功能与手段，造成测试人员对性能问题进行追踪定位困难，性能调优基本靠开发人员定位。

❑ 分析手段缺失，LoadRunner、JMeter 工具以执行性能测试为主，缺少全链路压测平台的链路监控及根因分析的能力。而 APM 类的分析工具受限于内部较长的申请流程，无法快速部署。同时，行业的安全制度较严，测试人员无法在测试环境内安装开源分析工具。

此时，性能测试团队管理者的痛点如下。

❑ 测试需求及并行项目多，管理者无法即时获悉项目的进展、状态并进行过程把控。通过传统的邮件及电话的沟通方式来跟踪项目进度会消耗管理者较大的精力，很容易出现信息不同步、信息偏差等情况。

❑ 因并行项目较多，项目的实施质量检查采用人工抽检的方式，无法全量覆盖所有的项目验证。对测试结果数据进行准确性验证的成本高，例如测试人员提交的测试结果是否在真实有效的测试场景下执行得出，以及测试数据的统计是否出现偏差等都需要人工核验。同时，测试人员编写的脚本及场景、详细测试结果等内容在实施过程中均存于电脑本地，待项目结束后统一归档在团队的资产库中。管理人员无法在测试实施阶段进行实时的检查，提前规避项目中的风险项。

❑ 各业务系统的测试工作分配给不同的性能测试人员，若有核心系统的紧急发布需求，需要验证的周边相关系统通常有几十个，需要调动对应的数十个测试人员发起验证，在人员较少时使用传统的压测工具无法快速完成全量回归及定时回归。

❑ 多个系统间相互调用关系复杂，由于版本迭代周期较短经常出现相关系统同时进行测试的情况，很难靠人力去避免系统间同时调用造成的测试结果失真的问题。通常管理人员会在团队间约束测试发压的时间，但在团队人数较多、发布周期短的情况下仍不能完全避免此问题。

❑ 性能测试负责人与测试经理对团队的资产、人员产出、实施的项目数量、解决的性能问题等数据均依赖人工记录，因数据较多，经常出现漏记、错记等情况，手动汇总数据的能力较弱。年度汇总及汇报的时候需要花费大量的人力去整理相关数据，多数数据需要跟实施人员核对，重复性的工作较多。

❑ 性能测试团队 60 多人，按照一个测试人员配备两台 LoadRunner 负载发生器，结合测试小组内自行调剂的情况，性能测试团队共有近 120 台负载发生器。负载发生器的管理和维护均在个人及小组中进行，复用率较低，仅靠小范围借调资源，无法形成资源池供整个大团队使用，负载发生器的资源消耗及维护成本较高。

（2）工具平台优化方案

工欲善其事必先利其器。通过对测试团队的现状进行调研及分析，企业决定通过持续打造一套全链路压测平台取代原来使用 LoadRunner、JMeter 工具的压测方式。在平台版本迭代过程中，要持续增强平台能力来实现快速发起项目信息登记、脚本调试、场景执行、全面实时监控、链路追踪、根因定位分析、基线跟踪等压测流程。

测试人员依托平台建立规范化的项目实施流程，打造敏捷全量回归、全链路压测快速发起、链路跟踪、根因定位分析的能力，彻底实现对应用系统在快速迭代下的性能评估能力。管理者通过平台能快速查看各维度统计（资产统计、问题统计、团队统计、应用统计、业务统计）的数据，了解项目的实施进展及详细内容，做好团队的把控。如此，测试人员和管理人员在日常工作中都能够更加高效、高质量地完成工作。

（3）平台优化建设效果

1）快速适应组织架构变化。如图 12-1 所示，原测试团队组织架构是：性能测试负责人管理测试经理共 6 人，测试经理对接供应商的测试组长，各供应商的测试组长管理组内 10 名左右不同级别的测试人员。性能测试团队负责集团总公司及其余各子公司的所有性能测试需求。

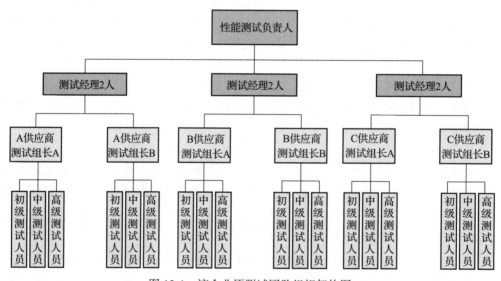

图 12-1　该企业原测试团队组织架构图

业务架构的变化带来 IT 部门架构快速进行拆分的需求，由于测试平台资产统一化的优势，历史的项目资产均按照规范对资产所属子公司、业务部门、测试团队进行了标签标识。所以平台能根据组织架构的变化在线上迅速进行资产拆分，省去组织架构变化后大量的资产交接、人员沟通成本。原有标准的性能测试体系快速地在各个分公司继续实行，保障了整个企业组织架构变化后性能测试团队仍能高质量地保障系统稳定性。

在业务调整的背景下，原集团总公司拆分成 3 个业务子公司，原性能测试团队跟随业务子公司的拆分，分别形成 3 个独立的测试团队。拆分后测试团队的组织架构如图 12-2 所示。

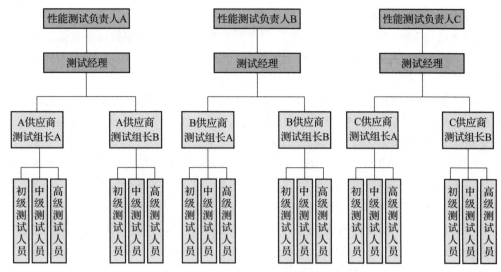

图 12-2　该企业现性能团队组织架构图

2）压测快速发起及定时回归能力。通过工具化压测的方式通常无法快速发起大量系统压测，一个大型的核心系统至少需要一名测试人员负责定时回归，在这种模式下要覆盖更多系统的测试实施就需要增加更多的测试人员。

平台化的优势在于整个团队所有的系统及其不同迭代版本的测试脚本、测试场景等均在平台上实现，测试实施人员只需在平台上根据需求进行点选操作，就能随时、快速地发起多个系统或项目的压测。平台自动化的监控及结果回收也解放了人力，人人均能胜任的压测项目会成倍增加。同时，平台也具有定时回归能力，根据版本迭代的周期来设置场景自动运行的时间，减少人员重复性工作，真正实现一次设置多次复用。并且，平台支持通过 Shell 及其他类型脚本进行环境检查、日志清理、数据准备等工作，有效提高整体效率。

3）权限隔离能力。平台支持精细化权限管理，可对小组或个人进行各类资产的权限控制，也可按照项目、场景、脚本等维度进行创建、编辑、删除等权限分配。通过合理的权限分配让测试实施人员只可见自己有权限的项目，项目与项目之间相互隔离，所有项目、脚本、压测记录等资产相互不可见。

4）全链路跟踪及问题根因定位能力。保险行业的核心业务流程较长，一个业务流程可能会经过将近 10 个系统的流转，而且数据链路复杂，监控成本较高，性能问题追踪定位较为困难，性能调优以开发人员为主，多数情况下开发团队的能力决定了性能调优的定位效率与效果。

全链路压测平台具备链路耗时分析能力、链路拓扑生成能力、链路资源消耗分析能力。同时具有内存透视、CPU 定位、线程概览、代码子调用耗时分析等功能，将复杂能力平台化，改善性能分析深度及效率。测试人员可通过图形化的调用链路快速定位到耗时长的方法及源码，同时在面对被测服务端 CPU 占用高、内存 OOM、频繁 Full GC、线程锁等问题时能通过分析平台快速定位问题。平台图形化的展示及功能按键触发（非手动敲命令）方式降低了测试人员进行性能分析的门槛，使初中级性能测试人员也能参与到性能定位当中。

这项能力打破了过去性能测试人员只要找到性能瓶颈的问题方向便反馈给开发人员的工作模式，改变了普通性能测试人员无法在性能瓶颈定位中发挥主导作用的限制，让测试人员在整个性能测试过程中有了更多的价值体现。

5）对系统同时调用的提前告警能力。该能力能解决多个测试人员发起各自系统的压测时，核心系统被同时调用造成的测试结果失真的问题。平台能在场景发起前进行告警，提示测试人员进入智能排队模式，管理人员无须为此投入大量的时间精力。

6）测试结果与预期指标验证能力。通常管理者在检查项目的测试结果时需要查看大量的测试指标数据，如 TPS、响应时间以及服务器各资源的测试数据等，判断它们是否均在正常范围内。而通过在平台设置测试目标的结果阈值，对不符合要求的结果做标红处理，可直观展现测试结果是否满足预期。因此可以灵活配置事务成功率、TPS、响应时间、被测服务器 CPU、内存、网络等各项指标的检查项。

7）项目跟踪能力。平台上各个项目的查询支持按照项目名、项目状态、创建用户、标签过滤等各种维度来进行，该能力彻底解决了性能测试负责人及测试经理对每个项目状态跟踪困难的痛点。测试经理可在平台上快速跟踪每个项目处于哪个阶段（如未开始、进行中、已解决、已逾期），项目整个生命周期中的脚本涉及哪些业务交易，测试场景覆盖情况，测试结果记录，基线跟踪，测试目标的评估指标，项目测试过程中解决的性能问题记录，以及生成的项目报告等。

8）数据汇总展示能力。平台具有统计各维度数据的能力，例如资产统计、问题统计、团队统计、应用统计等，形成统计大盘。资产统计涵盖脚本库数量、场景库数量、压测场次、实施项目数等，管理人员能随时查看测试团队阶段性和整体汇总的实施情况。问题统计能直观地呈现测试团队的整体价值产出，如发现了多少性能问题，解决了多少性能问题，正在挂起的问题数量等。团队统计可以查看各小组或者不同供应商团队的综合工作量，该数据可作为团队绩效考核的参考。应用统计可以查看目前监控覆盖的系统有多少个，以及测试环境的服务器数、节点数量，为调整测试环境的资产提供参考依据。

对内，管理人员可以阶段性地对各维度数据做分析和梳理，寻找优化点；对外，可以拿各项数据来展现测试团队的工作成果和价值。

9）负载发生器管理能力。平台针对负载发生器提供智能分配及排队机制，能在多人多项目并行的情况下，按照项目需求自动调度空闲的负载发生器完成任务，降低负载发生器的闲置率。同时，当负载发生器资源不足时，测试人员通过平台获得提示及自动排队，降低沟通协调成本。总之，平台能提升大量性能测试任务的资源利用率，减少硬件成本投入，目前企业负载发生器已从之前的近 120 台减少至 40 台以内。

10）统一监控部署能力。平台通过探针能对部署在 Windows、Linux 等不同的操作系统及不同内核版本号上的被测服务器进行监控。在实现基础的 CPU、内存、网络、磁盘监控的同时，可以采集到调用链路、对 JVM 的堆内存监控及其 Dump、线程状态及其 Dump，还具备 CPU 热点分析、源码反编译等功能。

探针的设计能实现一次部署、常态使用，减轻测试人员重复部署及维护监控服务的工作量，采集的监控数据随着测试场景的执行被实时展现在平台上，无须测试人员手动连接被测服务器，通过命令触发采集。测试结果与监控数据一体化展现，便于测试人员对测试结果进行分析。

2. 规范化测试流程优化之路

规范的测试实施流程是性能团队不可或缺的一部分，有了规范的实施流程才能保障整个团队的测试目标的合理性、测试数据的准确性、测试结论的正确性。

（1）测试流程现状调研

企业的 IT 部门主要分为业务部、产研部、测试部、运维部、安全部、网络部等，跟多数企业一样，业务部结合市场发起业务需求，产研部负责设计与开发对应的系统和产品，测试部做好应用系统的上线质量验证，各部门各司其职，从发起需求到最后的产品发布有一整套规范的流程。其中测试部与产研部属于平级部门，系统的功能测试报告、性能测试报告是系统上线前必备的条件之一，重要性很高。

如图 12-1 所示，性能测试团队中的角色包括性能测试负责人、测试经理 6 人、测试组长、不同级别的测试人员。

性能测试负责人及测试经理主要负责分配测试任务、处理项目实施中的阻碍，跟踪供应商测试团队的实施过程及关键产出物等工作，负责团队全局的质量把控。

供应商团队的测试人员能力，主要是 1、2、7 分布，即 1 名资深的高级测试人员、2 名中级测试人员、7 名初级测试人员，高级测试人员通常具备 7 年以上的性能测试经验，中级测试人员为 3 ～ 6 年的性能测试经验，初级测试人员主要为 3 年以下的性能测试实施经验。

团队内部虽按照阶段制定了一些流程规范和体系，但多个供应商团队的不同测试人员在执行过程中会表现得有较大的差异，未能完全实现标准化。为应对业务量增长后更多的测试需求，建立标准的规范化的测试流程已经迫在眉睫。

（2）测试流程规范建设

全链路压测平台构建完成后，测试人员就可以结合平台的能力建立标准的性能测试实施流程，让测试范围确定、技术选型及指标制定更加合理，让测试结果更加贴近于实际生产系统的表现，针对性地做性能调优排查性能隐患，保证系统上线后的处理能力满足预期指标，保障生产环境下系统无重大性能问题。

测试需求经过评审后下发至全链路压测平台，再借助平台自动化、规范化实施压测项目的相关能力，解决测试人员重复劳动的问题，加速性能测试执行效率。同时，让测试人员将时间用于对业务系统实施全系统、全流程、全接口的全量覆盖，提升测试专注度。

规范化主体流程按照以下几个阶段进行。

1）测试任务申请阶段。首先，在系统确定发版日期前，项目组人员提前在全链路压测平台上发起性能测试资源申请。其次，测试团队管理人员收到测试申请后，根据现有及申请的测试任务进度进行回复。

2）需求评审阶段。首先，测试团队去了解系统当前版本的功能点，按照实际测试需求结合 TOP 10、重要功能点、等价类等规则制定测试范围。其次，通过分析业务场景、生产数据等手段来制定性能测试指标。最后，根据测试需求商讨测试环境的配置，确定与生产环境等比搭建，或按二分之一、四分之一等配置比例进行搭建。

3）准备阶段。该阶段包含以下工作内容：

❑ 运维人员按照既定配置搭建基础测试环境的软硬件；

❑ 项目人员部署指定版本的应用程序并验证主流程功能；

❑ 测试人员准备测试数据与基础数据，基于模拟真实度的原则，基础数据一般是从生产库导入的等量数据，测试数据从生产库中查询或通过测试脚本造数；

❑ 测试人员制定测试方案，包含测试计划、业务场景、测试指标、压测策略、测试环境等信息；

❑ 测试人员按照业务场景编写对应业务的测试脚本并调试，保障脚本的可用性；

❑ 测试人员进行测试场景编排，设置准入和准出脚本，自动化处理压测前后工作，按照业务场景配置测试场景。

4）执行分析阶段。测试人员在测试执行过程中根据实时监控数据分析性能情况。若存在性能问题，则通过内存 Dump 分析、线程分析、链路监控等技术手段定位问题根因，输出优化意见给项目组开发人员，进行优化后复测，直至被测系统的性能指标达标。

5）结项阶段。压测结果准确性需要通过项目经理、业务相关方评审，测试通过后测试人员编写测试报告提交给项目组。测试人员需将测试过程识别出的风险告知相关方，做好性能缺陷记录。

（3）规范流程建设效果

1）更规范的项目实施流程。改变了原先测试实施规范基本依赖于测试人员自身的经验，基于平台的能力和规则对脚本的编写规范、场景的策略设计、测试执行的准入和准出控制、调优的方法策略、测试结果的汇总、基线的跟踪等工作内容形成了一整套标准、规范的实施流程。

2）项目实施能力的提升。从之前 60 多名测试人员每年做 400 多次版本迭代，并支撑部分重要系统的性能回归验证，到目前 50 多位测试人员常态对 TOP 70 个系统的每个迭代版本进行全量回归，同时完成当年所有的新老系统共计 2500 多个迭代版本压测需求。

3）人员能力的快速培养。依托于平台标准化的规范流程和便捷的功能操作，性能测试零基础人员可 30 天快速上手测试项目的实施。

4）性能调优能力的建设与产出。全链路压测平台建立了一系列全面易用的性能调优能力，最终可实现如下目标。

基于产品的链路跟踪、故障定位、监控等能力，完成对复杂链路的分析和性能压测，保障业务系统在上线前达到甚至超过预期性能指标。具体来说，B 企业的系统并发能力平均提升 10% 左右，最多提升 8 ～ 10 倍。系统资源消耗大幅降低。排除了多个系统的性能隐患，使其在线上得以稳定运行，目前性能故障 0 发生。

借助全链路压测平台的产品能力及专家咨询服务，B 企业仅用两个月便完成了全部 30 多个业务系统的压测调优，发现 70 多个性能问题，并完成这些问题的根因定位和解决方案制定。每个问题定位所花费的时间从平均 4 个小时缩短到 15 分钟左右，效率提升 15 倍以上。

通过性能分析专业培训和基于实战的现场教学，打造性能调优团队，极大提升了团队在性能分析上的能力，测试人员从简单压测到能够自主定位并解决常见性能问题。

5）线上系统稳定性保障。通过智能化建设，性能测试从单系统压测转变为全链路压测，实现分布式链路追踪，从压测流量入口开始全链路追踪性能问题，不放过任何应用、中间件、数据库的性能问题，通过平台快速定位分析瓶颈。采用全链路压测平台对系统性能做准出考量后，B 企业在 3 年内无重大性能故障发生。

3. 性能测试体系优化之路

性能测试体系建设是每个测试团队的管理者必须做的一项规划，包括团队人员配置、性能测试基础理论、测试流程规范及其文档建设、需求的准入和准出、测试环境的准备、监控分析模块的搭建、脚本及场景规范、数据准备、测试执行策略、测试报告输出、团队内部赋能、人员培养规划等内容。

（1）性能测试体系调研

在该企业内部对当前性能测试体系进行调研，主要从以下 4 个方面获取现状信息，如表 12-1 所示。

表 12-1　性能测试体系调研

调研项	现状
性能测试基础理论	通过新人入职培训及定期培训，团队人员掌握度较高
测试流程规范	基础流程规范已完备，但在需求准入和评审上测试人员把控力不足，此处需完善
日常测试体系	靠需求驱动，无定时回归体系
内部赋能	日常主要以完成测试任务为主，缺少内部赋能机制

（2）性能测试体系建设

通过细化需求准入和需求评审的规则，项目组按照规范提出需求信息后提升后续的评审流程的效率。

1）需求准入。制定测试需求的准入标准。项目组提出测试需求时，需要向测试组提交标准的需求调研表，包含系统名称、项目背景、测试目的、测试功能点、接口文档、线上环境软硬件配置表、应用框架、建立业务指标所需的用户数、业务量等相关基础信息。

2）需求评审。测试需求的评审参与人包含业务需求方、开发组、运维方、性能测试人员，结合需求的紧急度及系统的重要性来明确整个测试项目的时间节点、预期指标、服务器及人力资源排期、各自岗位的职责范围等内容。

3）测试环境。测试环境与生产环境的差异对比，根据项目实际需求搭建等同或等比例的配置，运维组搭建完成软硬件环境后给出配置清单，并由测试组进行验证。

4）数据模块。测试环境与生产环境的基础数据量尽量保持一致，除未上线的新系统以外，其他系统禁止测试空库或在主业务表数据较少时进行测试。测试数据同时增加参数化的数据量的要求，尽量接近真实线上的模式。测试环境及数据模块的规范主要是为了避免之前多次出现的因环境和数据差异造成的测试数据失真的情况。

5）制定定时回归及基线跟踪体系。对核心系统的每个版本的性能表现进行全面分析，尽早发现并解决存在的性能隐患，防止后续性能问题无法优化，被动做大量重构工作。定时回归流程适用于系统每周或每月定期发布的情况。此外，重要系统制定回归范围后基于平台做定期的性能回归，追踪版本性能基线。

通过定时回归，及时发现系统不同版本可能出现的性能问题，完成测试结果的基线追踪，达到快速定位不同版本的性能差异、性能瓶颈点，及时对性能问题进行优化的目的。在项目选型上，定时回归适用于有常驻的测试环境、版本发布频繁的核心系统或重要性较高的系统。系统回归范围可参考 TOP 10 规则及最重要功能点规则，需要提前考虑好消耗型数据的准备及数据状态回退等策略，执行定时回归的时间可选择在自身系统及周边系统无压测任务时。平台建立回归项目后可在定时任务中设置重复周期，如按周或按日等设置定时任务，也可以设置一次性回归任务及自定义回归任务。

对于基线跟踪，核心系统均设置基线版本，后续的版本都可以跟踪性能趋势。当版本更新后的性能测试结果较基线值降低的幅度达到阈值时就要做具体分析。此时要结合环境差异、测试模型差异、数据量差异、脚本差异等进行排查与分析。

6）团队提升。团队的能力提升是管理者必须规划的一项，个人的能力再强也不可能做完所有的事情。没有完美的个人，只有完美的团队，在性能测试团队中也是如此。同时，大多数人员都愿意在一个能持续提升自己的环境里工作，这有利于团队结构的稳定。

7）建立定期的内部培训机制。团队内部成员按期分享各自擅长的模块，包括但不限于项目实施经验、跨部门沟通技巧、技术问题、踩坑经验等。通过持续的培训提升团队整体的战斗力，个人能力输出给团队，团队提升带动个人能力的提升。

8）内部知识库的沉淀。包括但不限于性能调优库的沉淀，以及优秀的测试方案、报告文档等项目实施材料的沉淀。例如，建立性能调优案例库，各团队性能测试人员将项目实施过程中遇到并解决的性能问题登记入库，将每个人的积累输出给团队。测试人员可在项目实施过程中按照性能问题进行关键字搜索，或从培训中吸取经验，每个团队成员都能从团队的知识库中得到补足。

（3）性能测试体系建设效果

本次性能测试体系建设的主要目的是对目前现状的短板进行完善。经过上述建设过程，项目组人员会按照模板提供全面的需求信息，同时需求评审也有明确的重点，极大地提升了测试需求准入和评审的工作效率。

定时回归及基线跟踪策略的制定，极大地加强了对企业内部核心及重要系统的性能保障能力，打破了之前大版本发布才做性能测试的规则，测试人员将每个版本的性能表现和基线版本对齐为发版标准，有助于系统性能问题提前暴露并得到修复。自新的测试体系运行以来，B 企业的生产系统均稳定运行。

同时，基于团队能力提升的规划，团队成员都制定了提升的目标及对应的具体计划，在工作中从被动完成任务转变为主动设计测试策略，个人能力和团队的能力均有不小的提升。

12.1.3　体系落地效果

经过了两年多的提升之路，目前全链路压测平台已覆盖 B 企业近 4000 台应用服务器的性能测试工作，编写压测脚本累计超过 10 000 个，支撑测试场景累计超过 3000 个，进行了 30 万余次的压测工作（平均每天压测 600 次），为 50 多名性能测试人员以及多个开发团队提供 24 小时不间断的服务。新的体系建设不仅改变了测试团队与开发团队的协作模式，还减少了资源投入，让企业将原来的 120 多台负载发生器减少到 30 多台，同时为工作人员减少了大量重复烦琐的压测执行工作，摆脱了测试工作由人工定位性能问题的困境，使测试人员有足够多的精力投入到覆盖更多测试场景等精细化工作上。

经过全链路压测平台的构建、规范化测试流程和性能测试体系建设后，性能测试提效成果显著。

通过平台化建设，服务资源支持快速扩容，能模拟百万级压力，满足各场景、活动需求。同时实现性能测试零基础人员 30 天快速上手项目实施。

通过智能化建设，从单系统压测转变为全链路压测，实现分布式链路追踪，全面覆盖应用、中间件、数据库，追踪其性能问题，通过平台快速定位分析瓶颈。

通过数字化建设，实现全量测试资产管理，各系统的压测脚本、场景可以快速复用，不同版本的测试结果可以做基线对比，从而帮助测试和管理人员了解系统性能变化。管理团队可以通过平台对测试工作进行快速检查和复盘，也可以随时了解项目总览情况。

通过敏捷化和服务化建设，性能测试团队从需求驱动式压测转变为主动进行压测回归的模式。核心系统每两周进行一次性能回归验证，性能测试成为每个系统版本上线的关键检查环节。

12.2　生产全链路性能测试体系落地

本节讲解一家独资外企落地生产全链路性能测试体系的案例。下面我们从案例背景、建设之路、落地效果 3 个大模块详细地分享。

12.2.1　案例背景

这家企业的业务是在全球范围内销售主营商品及其周边商品，它在国内大部分一线及部分二级城市都有直营店，我们先来看下它的业务背景和质量体系现状。

1. 业务背景

随着 80、90 后成为消费主体的今天，国内大众消费者的消费观念有了较大的改变，在考虑价格因素之外更注重消费体验和产品质量，更加追求购买便利化、体验优质化、产品多样化，单一的线下模式或者单一的线上模式已经不能满足国内消费者的需求。

与此同时，数字化浪潮席卷全球，该行业也受到数字化带来的巨大冲击，面对线上线下业务并发增长带来的洪峰流量，不得不寻找新的解决方案来保障全渠道一致性，并且有效应对不同业务场景的变化，提高向消费者延伸靠近的服务能力。

作为外资企业，为促进自身业务在国内发展，不仅要在消费习惯上满足现代化人群线上线下两端的需求，还要在各种场景下都满足国内市场和消费者的需求。总体大方向是通过大数据以及专业的流程和设备，整合国内外供应链，降低国际化和市场化带来的额外风险，稳定成本，打造符合企业文化特性的产品，寻找业务模式的突破。

这家企业面临着与 B 企业相同的问题，在其分店规模壮大的同时，大促活动次数也在不断增加。企业目前没有完整健壮的数字化信息管理系统，相关的建设都选择由国内实力较强的业务供应商提供支持，由各供应商根据企业需求和文化构建数字化管理系统。据 2021 年的活动频次和流量数据评估，这对该企业 IT 系统稳定性来说是一个巨大的挑战。

2. 质量体系现状

由于系统由供应商支持，对供应商系统质量的验收，测试部门已有初步的流程管控，具体措施是提供各供应商部分性能测试环境，要求各供应商提供自测结果。

在规范方面，目前存在两个主要问题。一是方案规范不统一，方案设计从开发角度出发，根据系统黑盒特性设计性能测试用例。二是报告规范不统一，只体现单接口性能指标，没有全链路性能指标，既不能主动体现性能问题，也没有主动体现基线变化。

在工具方面，各供应商使用的性能测试工具具有 JMeter、LoadRunner、Apache Bench 等，压测工具种类繁多。数据仪表盘报表通过 Excel 统计，共享性较弱。

在流程方面，各供应商的性能测试流程按照自己的规范实施，没有统一的流程规范。

在数据存档方面，性能测试结果存档只保存在供应商内部，没有同步该企业的测试部门。

总结下来，一方面，各供应商有自己的流程和规范，该企业无法做到对每个供应商系统质量的细节把关。另一方面，各个供应商比较关注自身系统的单场景测试，该企业想要在测试环境做全链路性能测试，环境搭建涉及相关干系人极多，沟通协调成本高，没有专家团队指导，真是困难重重。

企业随着业务的不断发展，对供应商系统的质量要求在提高，对性能测试的环境要求也在提高，这种增加测试环境资源的方法只能是治标不治本，并且维护成本会一直高居不下。与此同时，单场景性能测试的结果只是各个供应商系统在自己独立环境下的性能表现情况，在完整的生产环境中，这样的数据无法给复杂的全链路系统提供容量指引。

为应对不断增长的业务趋势，该企业对端到端生产全链路性能测试体系建设的需求越发强烈，一方面迫切想要通过全链路的性能测试，模拟超大流量对核心交易链路进行访问，获取上线前生产系统的整体性能表现情况，为系统提供稳定性保障；另一方面想要建立一套简约高效的质量保障体系，以快速支持业务方的大促活动需求。

12.2.2　生产全链路性能测试体系建设之路

生产全链路性能测试体系建设之路主要包括生产测试流程规范建设、生产测试工具平台建设、生产测试实施团队建设、落地实施细则。

1. 生产测试流程规范建设

为使企业特色的性能质量保障体系落地，我们计划通过 3 个阶段进行建设并逐步优化。

1）性能基础知识培训阶段。首先，针对各供应商的性能测试人员进行基础知识培训并考核，提供性能测试方案设计和实施的思路。其次，进行性能平台使用的相关培训，确保供应商的性能测试人员掌握平台使用方法，为后续基于平台实施测试项目做好铺垫。

2）生产全链路性能测试体系规范落地阶段。首先，为保障生产测试安全高效，通过调研、评估、改造、功能验证测试、试点、生产压测 6 大步骤，逐步完成生产全链路性能测试体系落地。其次，建立生产环境下主业务流程的性能回归基线，关注每次版本发布的性能变化和业务指标，为业务增长提供参考依据。最后，提供生产性能测试流程指南，实现生产测试项目自助实施，各项目组按业务需求评估是否需要申请平台服务。

3）线下测试体系建设阶段。首先，通过推广平台和流程规范，提供适合供应商的平台使用规范、性能实施流程，将性能测试纳入供应商日常开发回归体系，设立准入原则，实现内部性能平台服务化。其次，通过平台的可视化数据仪表盘，度量供应商性能测试的过程质量。

下面我们对上述 3 个阶段的具体工作内容进行拆分和讲解。

（1）基础知识培训

首先，对各供应商性能测试人员进行测试的基本概念和基础知识体系的培训，例如性能测试环境构建、测试体系、调优体系等。在项目实施过程中重点强调测试方案和测试报告结论。对核心业务链路系统涉及的供应商团队，除了基础知识之外，还应对项目实施的团队分工原则进行培训，为生产测试项目实施做准备。最后对以上培训内容进行结果验收考核。

其次，进行平台的使用、原理等方面的知识培训。使用上，基于全链路压测平台，对探针部署、项目创建、目标制定、脚本编写、链路梳理、场景执行、调优定位与分析、输出报告的整个项目实施流程进行培训。原理上，介绍全链路压测平台的核心原理、数据流转情况、数据计算方式，帮助测试人员日常使用平台。最后，对平台培训进行结果验收考核。

最后，进行生产测试 SOP 培训。提炼生产测试的阶段性工作的细节形成指南和规范，形成 SOP（标准作业程序），并对相关工作人员进行培训。生产测试各阶段准备事项及细节可以参考表 12-2。

表 12-2　生产测试各阶段准备事项及细节

序号	阶段	准备事项	细节
1		测试虚拟团队组建	数据库团队：影子库准备、测试过程监控
			运维团队：修改生产环境服务器配置加探针、修改 Nginx 配置、网关监控
			项目经理：组织者，权限较高，可以协调项目组人员需求
			性能测试人员：有生产测试经验，做具体项目执行
			测试部门支持项
			各项目组团队：探针接入点、脚本调试协助、测试过程资源监控、业务监控
2	方案准备	应用基础信息调研	Java 语言
			JDK 版本为 1.8
			系统中间件版本都在支持范围内
3		接口准备	保障生产和测试环境接口保持联通
			每个接口都有可用于测试的数据
			每个接口有详细正确的系统间调用
			可明确数据库、缓存、队列的读写
			业务模型准备
			指标要求
4		故障应急方案准备	发现问题：生产环境实时监控方案
			解决问题：应急解决各类问题的方法和手段
5		影子中间件准备	影子库关键表的铺底数据完备
			影子缓存服务器存在
			对 RabbitMQ 明确是否需要手动创建队列
			中间件操作权限
6		生产环境拓扑架构准备	清晰的生产环境拓扑架构
			生产环境、测试环境各个应用配置情况
7		测试环境准备	有独立性能测试环境

（续）

序号	阶段	准备事项	细节
8	测试环境验证	探针部署	需要做数据隔离的 Java 服务，上下游应用需要做探针部署
		脚本编写完成	脚本根据模型指标编写、调试完成
			各接口的数据准备
		影子规则生效	链路梳理
			根据梳理结果配置影子规则
			测试影子流量单个请求验证
		测试功能验证	低并发持续测试，检验功能正确性和数据正确性
9	生产环境验证	探针部署	需要做数据隔离的 Java 服务，上下游应用需要做探针部署
		脚本编写完成	脚本根据模型指标编写、调试完成
			各接口的数据准备
		影子规则生效	链路梳理
			根据梳理结果配置影子规则
			测试影子流量单个请求验证
		测试功能验证	低并发基准场景，持续测试，检验功能正确性和数据正确性
10	生产环境测试	初始化检查	修改配置，重启应用携带探针
			Kong、F5 流量限制打开
			记录测试前生产环境数据库数据量
			记录测试前生产环境源 Redis 内存使用状态以及关键 key 的数据情况
		测试	测试执行：混合容量场景
			数据库检查：通过测试用户做源库检查，通过测试用户做影子库检查
			其他监控项实时检查
		测试收尾	修改配置，重启应用并卸载探针
			恢复 Kong、F5 连接
			回归验证
			数据库检查：源库检查、影子库检查
			Redis 检查：检查测试完成后源 Redis 内存使用状态
			队列检查：源队列、影子队列检查

（2）规范测试环境实施流程

基于现有流程，规范测试流程中各个阶段的准入准出文档，减少无效沟通，例如规范供应商的测试申请及提交自测报告。该过程可配合当前发布周期下的质量验证，降低测试环境验证缺失带来的生产风险。具体来说，做好供应商团队人员赋能，包括内部平台和测试项目申请流程两方面。规范测试工具平台，量化每次性能测试产出。做好流程方案把控，确保测试过程的高效。流程方案把控工作简要说明如下：

❑ 在准备阶段，供应商需提供接口文档、架构图、测试模型、测试数据等必要材料，通过启动会议产出适合项目情况的具体实施方案和计划；

❑ 在执行阶段，明确测试计划，明确多方职责，不断丰富测试过程中的监控方案；

❑ 在完成阶段，开展复盘会，分析具体数据和计划下阶段的测试工作。

（3）生产只读测试实施流程

在线下性能测试体系的基础上，做更多的准备、做更多的风险防控。测试前，需要性能测试人员充分了解业务情况，做好只读接口和三方调用的识别，沉淀业务逻辑；积累生产环境的资源监控手段、应急修复手段；沉淀功能回归测试用例。在测试执行过程中，要更加注重风险防控，对接口在测试环境做好充分验证。测试完成，更加注意检查测试影响，执行功能回归测试用例，做好历史测试数据积累。

（4）生产测试实施流程

生产测试体系规范重点在于实际项目的执行，根据实际测试业务场景是否造成数据污染以及探针能力是否可以做到数据隔离，可将测试分为只读场景测试和读写场景测试。在总体规划上，用 6 个步骤实现测试数据指标获取，如图 12-3 所示。

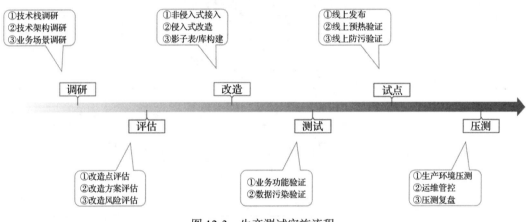

图 12-3　生产测试实施流程

❑ 调研核心链路系统的业务场景是否有生产环境测试需求，若没有生产测试需求，可在线下环境做性能测试验证；若有需求，对系统的技术架构进行调研，判断是否需要做到数据隔离，若不需要，可通过只读场景测试来实现，若需要，则进行技术栈调研，判断是否在探针支持范围内，若不支持，选择清理数据库或通过其他方式进行生产测试。

❑ 基于技术架构和中间件，完成改造点评估，改造方案评估，改造风险项评估，例如数据隔离的调用改造、三方服务的调用 Mock 改造、测试数据偏移改造等细节项。

❑ 接入平台探针，对涉及服务进行非侵入式接入。构建影子库和影子中间件，为保障测试数据真实性，做好影子中间件数据的初始化，保障业务逻辑和数量级，若有需要则考虑数据脱敏。

❑ 在测试环境对改造项目进行充分验证，验证项目涉及脚本的业务功能完整性，验证接入探针的中间件改造是否兼容。

❑ 生产环境正式做探针发布，通过低并发流量预热验证，确保测试流量数据落到影子中间件，谨防数据污染，确保生产环境的风险监控平台正常运作。

❑ 在测试过程中，规范和落实每个步骤中的正确性，对输入和产出都做好完整记录，并定期进行复盘。通过定期回归，及时发现不同迭代版本可能出现的性能问题，完成测试结果的基线追踪。

2. 生产测试工具平台建设

（1）应用管理

性能测试的数据隔离配置按照应用维度进行管理，相关功能包括应用增删改查、单应用维度测试流量开启或关闭控制、应用下实例状态管理、预期数管理和测试规则版本管理。平台上的应用管理功能如图 12-4 所示。

图 12-4　应用管理功能

对于实例状态，主要分为已就绪和未就绪两种。已就绪状态包括：实例生效的规则版本和最新发布版本一致且无异常情况；探针已经成功安装且应用所有实例已就绪，可以进行测试；实例自身已就绪，等待应用进入就绪状态。未就绪状态包括：实例生效的规则版本和最新发布版本不一致，或发生异常；实例处于初始化状态，即探针启动的默认状态；测试探针正在安装中；测试探针安装成功等待下发测试配置；测试探针安装失败，需重新安装探针；由于全局错误不能再实施测试，此时需检查探针日志。

对于接收压测流量，该功能用于管理应用实例是否接收处理测试流量。若开启接收，则应用实例会处理测试流量；若关闭接收，则应用实例不会处理测试流量，此时如果发起测试请求则直接报错，并且能在应用日志中看到错误信息"不允许测试流量"。

对于预期数，它用于校验应用实例状态是否和预期一致，以便对实例状态做出判断。预期数用于评估应用是否存在漏部署的节点，避免存在漏部署节点导致生产流量数据污染。若设置预期数，而实际已就绪数与预期数不符，则无法启动对应目标的测试。

对于规则配置版本，它用于服务端和底层探针对比版本，以便测试人员确认探针上最新的配置规则是否生效。初始版本为 0，发布变更或还原变更会影响实例状态校验。

对于规则变更，若发布变更，系统会将最新规则同步至底层服务，同时会生产一个递增版本号。若未发布变更，提示存在未发布变更，可点击"发布变更"按钮进行发布，或通过"还原变更"清除未发布规则。还原变更指的是还原至上一次已发布规则版本。

（2）测试规则配置管理

对测试规则的管理包括对规则的添加、编辑、删除、导入 / 导出、启用 / 禁用等。其中

导出 / 导入规则是从应用维度全量导入或导出配置规则，启用 / 禁用规则是针对单条数据进行操作，不影响其他规则。有规则变更成功无须重启应用，但需发布变更才能生效。

平台的规则配置主要包括影子库表、Mock 规则、白名单、定时任务、消息配置、影子日志、实例监控等功能。

在影子库表功能中，如图 12-5 所示，配置影子库表服务地址，请求将转发到影子库表服务地址，否则将转发到原库表。测试流量会到影子库表，如果没有配置测试流量就会报错。

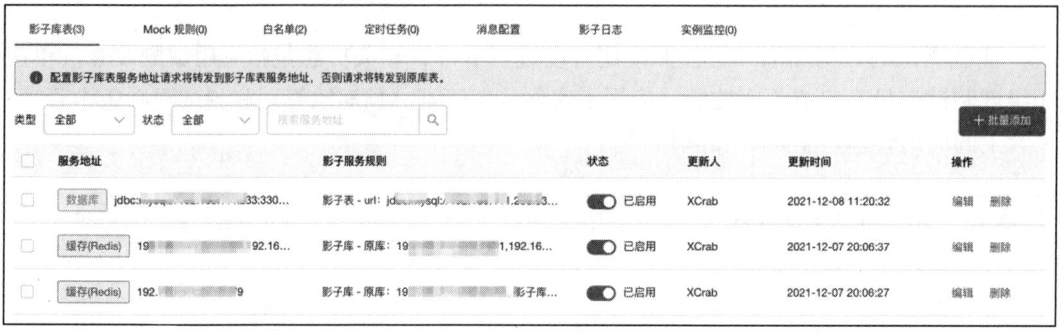

图 12-5　影子库表功能

如图 12-6 所示，选择类型，添加数据库类型，可基于配置代码模板快速配置规则，支持批量添加多条规则，遵循 JSON 5 格式。

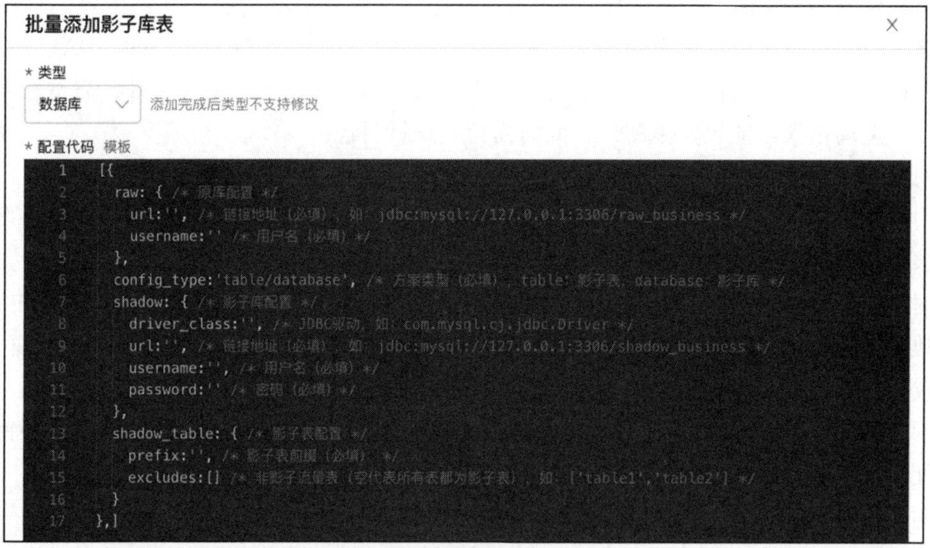

图 12-6　影子库表规则配置

在 Mock 规则功能中，如图 12-7 所示，支持配置 HTTP、DUBBO 等类型的 Mock 规则。它用于模拟请求接口调用返回值，使测试流程继续执行，但实际不会进行外部调用。

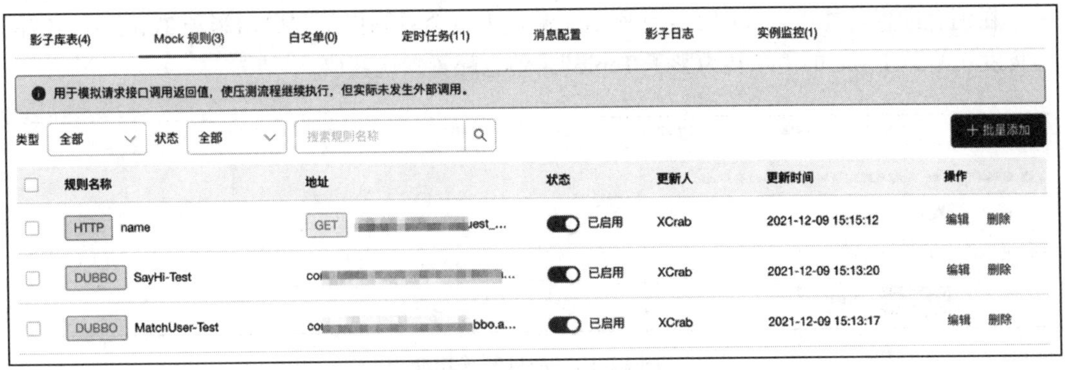

图 12-7　Mock 规则功能

在白名单功能中，如图 12-8 所示，测试人员可以看到提示"开启校验白名单，不在白名单内的请求路径和消息 Topic 无法调用和发送，即压测流量无法通过"，白名单主要用于在测试过程中拦截请求，只允许放行白名单中配置的请求。

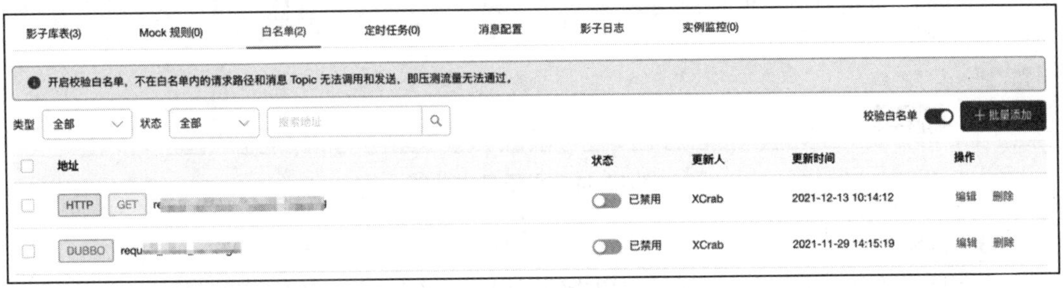

图 12-8　白名单功能

如图 12-9 所示，白名单功能支持一次批量添加多条规则，需选择类型：HTTP、Dubbo、Kafka 或 RabbitMQ，可根据提供的配置代码模板进行规则配置。规则添加完成后默认是禁用状态。

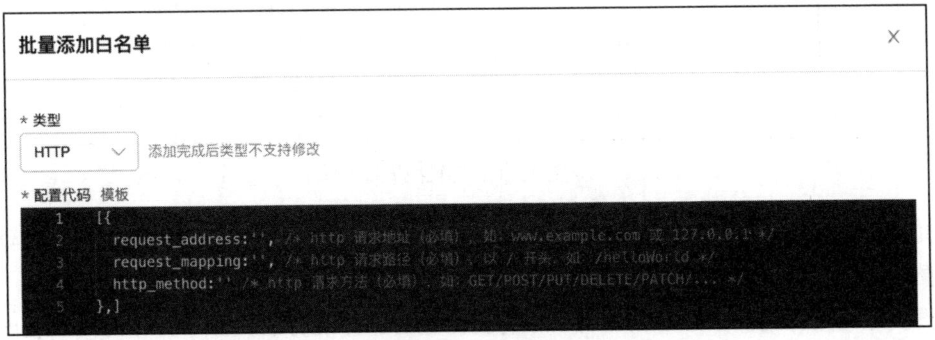

图 12-9　白名单配置

在消息配置功能中，如图 12-10 所示，测试人员会看到提示"启用影子 Topic 后，实例会将发送给原 Topic 的消息转为影子 Topic"，消息配置默认开启。

影子库表(3)　　Mock 规则(0)　　白名单(2)　　定时任务(3)　　消息配置　　影子日志　　实例监控(0)

ⓘ 启用影子 Topic 后，实例会将发送给原 Topic 的消息转为影子 Topic。

启用影子 Topic　　●

影子 Topic 后缀　　_T　　⊗

保存配置　　恢复默认

图 12-10　消息配置功能

在影子日志功能中，如图 12-11 所示，测试人员配置测试流量产生的日志保存路径。若原目录下不存在该路径，则自动创建一个子目录；若已存在，则日志会存储在该路径中。

影子库表(3)　　Mock 规则(0)　　白名单(2)　　定时任务(3)　　消息配置　　影子日志　　实例监控(0)

ⓘ 启用影子日志，压测流量产生的日志会保存至指定的路径下。

应用影子日志　　●

日志根路径 ⓘ　　shadow　　⊗

保存配置

图 12-11　影子日志功能

（3）链路分析

平台具有链路分析能力，下面分别讲解平台上关于链路分析的配置项。

首先是链路查询。如图 12-12 所示，它支持应用、实例、服务、请求结果、耗时、返回行数和开始时间等维度查询链路。

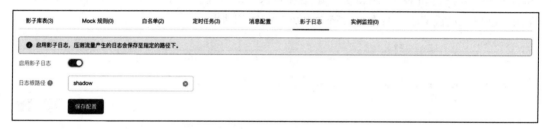

入口应用	入口实例机器 IP	入口服务	请求结果	开始时间	耗时	调试链路 ID
			● 成功	2021-12-13 16:00:19	1,668.284 ms	8393
		/	● 失败	2021-12-13 16:00:11	2.487 ms	dc61
			● 失败	2021-12-13 15:56:21	100.851 ms	d8ca
	1		● 成功	2021-12-13 15:55:44	117,112.362 ms	98
			● 成功	2021-12-13 15:54:57	4,195.859 ms	aaf3

图 12-12　链路查询

其次是调用树。如图 12-13 所示，该功能可用于查看当前应用调用情况，可通过结果分析查看具体应用是否正常。

再次是调用详情。如图 12-14 所示，它支持查看服务名称、类型、开始时间、耗时、入参、返回、异常和日志等信息。

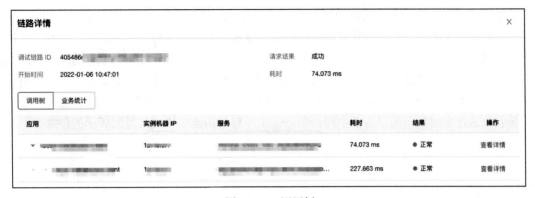

图 12-13　调用树

服务名称	/htt█████████
类型	tomcat
开始时间	2021-12-13 11:49:44
耗时	1,042.517 ms
入参	queryString:uri-████████ ██████ ████████es?abcd=bcd headers:$perfm████-d██████st:true $perfma-xc██████████false user-agent:Pos████████.4 accept:*/* postman-to██████████████398d-3cfe6d47c935 host:localb██████████ accept-██████████ate, br connection:keep-alive payload:
返回	headers:X-perfma-xcrab-T██████████66c X-perfma-xcrab-Sp██████d1466c $perfma-xcrab-pre███re-r██████e $perfma-xcrab-det██████uest██ Content-Type:a█████████ Content-Le████ Date:Mon, 13 Dec 2021 03:49:45 GMT Connection:clo████ payload:{"timestamp":"20██████3:49:45.679+00:00","status":500,"error":"Internal Server Error","message":"","path":/█████████}
异常	
日志	

图 12-14　调用详情

最后是业务统计。它包括数据库、远程调用、消息 Topic 这 3 个子项。其中，数据库展示的是通过探针的业务请求调用了哪些存储工具（如 MySQL、Redis 等）及其相关配置信息，如图 12-15 所示。此时，开启应用接收测试流量则展示的是影子库表信息，未开启应用接收测试流量则展示的是真实库表信息。远程调用展示了通过探针梳理的业务请求调用的接口及其相关信息，如图 12-16 所示。消息 Topic 展示了通过探针梳理的业务请求调用的消息中间件（如 Kafka、RocketMQ 等）及其相关配置信息，如图 12-17 所示。相应地，开启应用接收测试流量时展示的是影子中间件信息，未开启应用接收测试流量时展示的是真实中间件信息。

图 12-15　业务统计：数据库

图 12-16　业务统计：远程调用

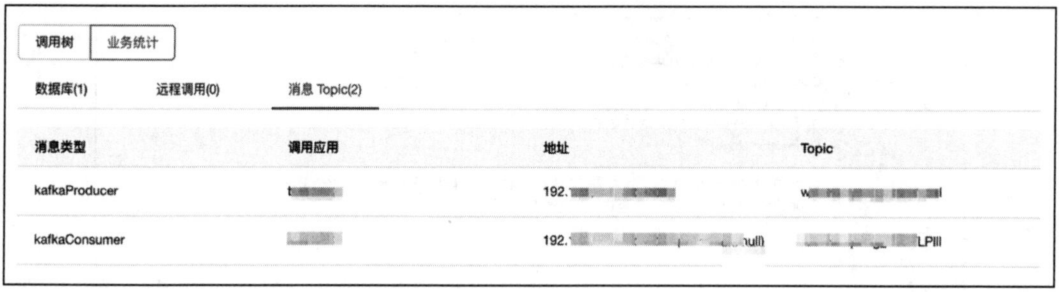

图 12-17　业务统计：消息 Topic

（4）工具平台服务化

基于公司内的项目性能测试经验，提炼生产性能测试的阶段性工作的细节，形成指南和规范，各项目组根据业务需求可申请生产测试服务支持。

对于常态化项目，做好流程规划把控，考虑可能影响项目实施的生产环境的变化因素，例如：接口变化影响测试实施，系统变化影响测试范围，系统应用组件变化造成数据污染，系统中间件变化造成测试链路变化。

从两个方向展开规划，以应对以上变化。方向一，沉淀相关文档；方向二，对供应商项目组提需求。具体措施方案如下：

- 沉淀接口文档，每次测试前做接口比对和接口模型比对，考量每次变更对测试的影响，跟项目组确认后推进测试实施；
- 沉淀测试系统范围，每次根据接口文档提前做系统范围确认，在前一次基础上做更新；
- 沉淀系统组件和中间件详情，每次根据文档做中间件和代码组件确认，做组件基线；
- 针对系统中间件及其他组件，希望每当有架构改变的时候同步测试项目组，项目组根据变动提前做好应对方案。

3. 生产测试实施团队建设

为了达到质量共建的目的，加强各供应商质量共建意识，本节对生产测试项目的角色分工做详细介绍。实施团队的主要角色如图 12-18 所示，包括测试管理、测试实施人员、项目经理、系统相关 DBA、系统相关运维人员、系统负责人。

图 12-18　生产测试实施团队

总结各个角色相应的职责，如表 12-3 所示。

表 12-3　团队角色职责

角色	事项
测试管理	负责测试方案、测试计划、测试报告的制定 负责组织测试方案、测试报告的评审 负责跟进测试进度、协调测试工作开展 负责测试相关文档的归档处理

（续）

角色	事项
测试实施人员	负责测试场景设计、测试案例设计、测试脚本制作 负责测试模拟器开发 负责测试数据准备，协助基础数据准备 负责测试工具的安装部署 负责测试任务执行、测试数据记录、测试结果分析
项目经理	负责各种资源的协调，包括跨部门资源的协调
系统相关 DBA	监控测试过程中数据库性能 协助分析数据库的性能问题
系统相关运维人员	保障测试环境的可用性 负责应用服务器的探针接入和重启 负责测试过程中网络流量的监控和数据记录
系统负责人	保障系统的可用性 协助分析测试过程中系统出现的性能问题，并进行优化

生产环境测试的重点在实施环节，实施顺利与否关键在于各团队工作衔接是否顺利以及每个人的职责是否明确。在团队配合上，由测试部门牵头，基于多供应商协作规范，协同三方性能实施团队、安全部门、运维部门、供应商研发部门等多个部门，基于三方性能测试实施经验制定性能测试方案，供应商和运维部门、安全部门配合完善生产测试风险识别和处理的工作计划，通过各部门质量体系规范构建虚拟团队，自上而下树立起质量共建意识。

线下性能环境测试的重点在于测试环境的建立和性能环境的调优上。测试环境的配置对性能测试的结果有一定影响，过程中必然依赖运维部门的资源协调，需要在性能测试前做好资源评估和申请。在性能环境的调优工作中，测试团队和供应商团队也有密切的沟通，过程中做好流程把控和过程文档的沉淀至关重要。

4. 落地实施细则

（1）生产测试项目实施"六步"细节

第一步，核心链路调研。本步骤主要目的是识别测试的核心链路，构造真实场景模型。根据实际业务情况，通过 Charles 工具获得核心交易主链路接口，根据接口详情初步梳理涉及的业务应用服务。通过测试环境的 APM 工具进一步获得详细应用服务，然后使用中间件识别工具，获取各 Java 服务的数据库连接池组件及其版本号、缓存中间件及其版本号、消息中间件及其版本号、日志组件及其版本号、Web 容器及其版本号等数据，用作测试改造点评估。场景模型评估时，采用第 5 章提到的业务建模方法，使用参考历史数据方法，通过生产环境网关监控，分别获得近一周、近一个月、近三个月的接口调用数据，综合考虑各个接口实际调用业务比例，用作实际生产测试的业务模型。

在本案例中，通过多次沟通确定，在生产容量方面，待测试的渠道为 App 和微信渠道，测试场景为首页、菜单、加入购物车、下单、到店自取、快递下单主流程。在测试环境方面，待确定的系统为内部核心 OMS、库存、菜单、促销引擎等，通过构建核心系统性能指标基线，建立核心系统的性能规范。

通过线上线下环境质量建设两步走策略，结合企业现状，逐步完成体系规范、团队配合打磨、实施流程优化升级、日常文档规范沉淀、数字化基线构造等事项，完成企业特色性能测试体系的落地。

第二步，基于技术架构和中间件，对中间件进行增强改造，并做改造点方案评估。具体技术改造细节涉及白名单技术改造、影子日志组件改造、影子库组件改造、消息中间件客户端改造、影子缓存改造等多项关键中间件改造。

白名单技术改造方案取决于服务间调用方式。调研得知主链路应用使用 Spring Cloud 框架做分布式通信框架，服务间调默认使用 Feign 中间件，其 HTTP 组件使用的是 JDK 的 HttpURLConnection，因此需要对 JDK 的 HTTP 调用进行增强，做测试标志识别，进行流量请求的拦击，做白名单控制，可降低未知三方调用造成生产事故的风险。

影子日志组件改造方案取决于日志中间件，获得日志组件为 Logback，其每一个输出到文件的 Append 方法都有一个与之相对应的影子 ShiftAppender，ShiftAppender 可用于在影子路径变更时同步改变其路径。日志输出时会记录一个标识表明自己是测试产生的日志还是由正常流量产生的日志，在所有的 Appender 上添加标识以使影子 Appender 只输出影子日志，原有的 Appender 只输出正常流量的日志。

影子库组件改造可以通过增强数据库连接池或者直接增强数据库连接来实现，但数据库连接池可以对影子连接进行管理，例如对数据库连接进行探活等，因此选择对业务代码连接池中间件进行增强。

消息中间件客户端改造分别对生产者和消费者做增强，生产者增强通过 publish 方法，修改测试流量的 exchange 和 routingKey，同时往 basicProperties 的消息头中添加测试标。消费者增强考虑对 Spring 框架中 AbstractMessageListenerContainer 的 executeListener 设置线程上下文。

第三步，基于平台探针技术，对涉及服务进行非侵入式接入，并构建影子库和影子中间件。本步骤涉及探针的接入改造和影子库规范的建立和执行。

在探针接入和改造方面，考虑最大程度降低平台探针对生产环境业务的影响，只在测试过程中使用探针，测试结束卸载探针，因此需要对应用的部署方式进行改造，增加探针携带的标记位，若容器中 PF_AGENT 环境变量为 true 则携带平台探针，否则卸载平台探针。

在影子库规范建立和执行方面，考虑 3 个方向：影子库存量数据选择、影子库表结构更新、影子库存量数据脱敏。铺底数据考虑影子库的存量数据，我们通过梳理关键表导入存量数据，导入生产环境数据，并且根据现有脱敏方案，对用户的名字、地址、订单编号等关键信息进行脱敏。影子库表结构更新形成规范,与供应商同步,每当有表结构更新时邮件同步 DDL 和 DML 语句至影子库维护团队,并要求相应的应答回执。

第四步,在测试环境对改造项目进行充分验证,验证项目涉及脚本的业务功能完整性、验证接入探针的中间件改造是否兼容。此步骤涉及细节项包括核心接口的链路梳理,识别每个接口的核心调用链路和链路上的远程调用、数据库调用、缓存调用、队列调用等信息,在全链路压测平台完成所有远程调用白名单、影子库、影子缓存、影子队列等配置,并通过数据库在源库和影子库的落库情况确定影子流量业务功能的完整性和中间件改造的兼容性。

在实施过程中,通过测试环境稳定性 8 小时测试,发现了增强中间件版本和实际使用版本不一致的特殊情况,因此在测试环境中对相应的核心业务进行长时间测试是很有必要的。

第五步,正式对生产环境进行发布,并通过低并发流量预热验证,确保测试流量为安全流量,确保生产环境的风险监控相关平台正常运作。

测试环境验证完成后,为确保生产环境数据影响降到最小,推荐采用低并发流量预热的方式,做一段时间的稳定性测试,过程中检查数据库的落库情况,避免影子库对生产库造成数据污染。

测试前期也需要考虑风险预防方案,主要考虑以下几点:对应用服务的机器资源监控,基于现有业务监控做熔断触发,通过现有中间件监控做熔断触发。中间件监控细化包括数据库监控、缓存监控、消息中间件,对通过监控手段发现的风险做紧急应急处理。

为降低生产测试的负面影响,列出生产测试时可能出现的风险及风险处理手段,在生产测试调试或生产测试正式开始时,按风险发现手段进行监控,按风险程度区分风险严重性,按应急处理方案快速处理风险,按责任人及联系方式落实监控与处理的责任。例如,测试过程中对于物理机指标的监控思路是谨防达到使用上限,若达到阈值上限则及时做熔断处理,但是对于数据库,得同时关注影子库和源库的监控指标以及关键表的数据准确性,详细数据见表 12-4。

表 12-4 监控项及责任团队

源 / 影子	监控项	监控细项	测试过程注意项	监控方案	负责团队
源库	MySQL	InnoDB 缓存区大小	测试过程中没有变化	监控 Grafana	DBA
		QPS	测试过程中没有变化		
		TPS	测试过程中没有变化		
		MySQL CPU 使用率	测试过程中没有变化		
		MySQL 内存使用率	测试过程中没有变化		
	MySQL 连接数	MySQL 连接数	测试过程中没有变化		
	MySQL 磁盘利用率	MySQL 磁盘利用率	测试过程中没有变化		

（续）

源 / 影子	监控项	监控细项	测试过程注意项	监控方案	负责团队
源库	MySQL 命令	MySQL 慢查询	测试过程中没有变化	监控 Grafana	DBA
	操作系统概述	CPU 使用率	测试过程中没有变化		
		CPU 负载	测试过程中没有变化		
		磁盘 IO 利用率	测试过程中没有变化		
		每秒读写	测试过程中没有变化		
		磁盘 IOPS	测试过程中没有变化		
		内存使用率	测试过程中没有变化		
		网络流量	测试过程中没有变化		
		网络 TCP 监听队列报告	测试过程中没有变化		
		网络 TCP 连接	测试过程中没有变化		
	数据问题项	数据表 1	谨防数据错误问题	插件监控	
		数据表 2	谨防数据错误问题		
		数据表 3	谨防数据错误问题		
		数据表 4	谨防数据错误问题		
影子库	MySQL	InnoDB 缓存区大小	谨防到使用上限	监控 Grafana	DBA/ 性能团队
		QPS	谨防到使用上限		
		TPS	谨防到使用上限		
		MySQL CPU 使用率	谨防到使用上限		
		MySQL 内存使用率	谨防到使用上限		
	MySQL 连接数	MySQL 连接数	谨防到使用上限		
	MySQL 磁盘利用率	MySQL 磁盘利用率	谨防到使用上限		
	MySQL 命令	MySQL 慢查询	谨防到使用上限		
	操作系统概述	CPU 使用率	谨防到使用上限		
		CPU 负载	谨防到使用上限		
		磁盘 IO 利用率	谨防到使用上限		
		每秒读写	谨防到使用上限		
		磁盘 IOPS	谨防到使用上限		
		内存使用率	谨防到使用上限		
		网络流量	谨防到使用上限		
		网络 TCP 监听队列报告	谨防到使用上限		
		网络 TCP 连接	谨防到使用上限		
	数据问题项	数据表 1	谨防数据错误问题	插件监控	
		数据表 2	谨防数据错误问题		
		数据表 3	谨防数据错误问题		
		数据表 4	谨防数据错误问题		

第六步，测试过程中规范和落实每个步骤中的正确性，做好输入和产出记录，定期进行复盘。将每日测试分阶段明确待办事项，细化每日的校验工作、每日的实施执行工作、每日的测试收尾工作，具体内容可参考表 12-5。

表 12-5　每日执行计划

序号	阶段	待办事项	参与人员	备注
1	准备阶段	修改配置，重启应用携带探针	运维	
2		F5 流量限制打开	运维	
3		记录测试前数据库数据量	DBA	
4		记录测试前源 Redis 内存使用状态	DBA	
5	执行阶段	测试执行：App（首页慢接口场景＋混合场景）混合容量场景，并发用户数为 1 000、4 500	测试部门	关注以下指标：CPU 利用率、CPU 负载、内存占用率、swap 分区、磁盘 IO 读写、网络丢包、带宽
6		数据库检查：源库检查、影子库检查	DBA 和测试部门	
7	收尾阶段	修改配置，重启应用并卸载探针	运维	
8		恢复 F5 连接	运维	
9		回归验证	测试部门	
10		数据库检查：源库检查、影子库检查	DBA	
11		Redis 检查：检查测试完成后源 Redis 内存使用状态	DBA	
12		队列检查：源队列、影子队列检查	DBA	

（2）实施测试审批细节

在实施测试之前，要向相关部门发起审批，审批流程细节如图 12-19 所示。供应商发出邮件申请平台使用，得到公司项目经理审批意见，测试部门根据平台资源开通账号，测试结束后告知测试部门回收账号。

邮件申请模板如下。

项目名字＋申请原因＋时间＋联系人

测试源 IP、测试业务域名

测试部门邮件回复如下。

平台使用文档

平台使用注意事项

没有使用过平台可以申请会议指导

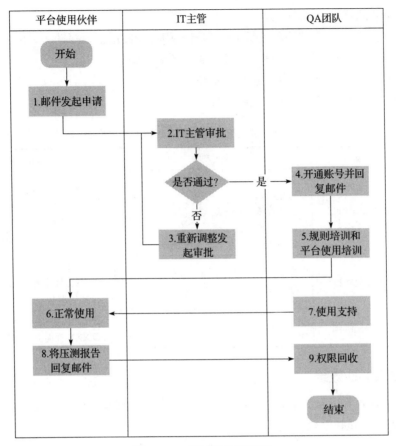

图 12-19 测试审批流程图

其中，平台使用注意事项举例如下：

☐ 平台测试时间为每天 21:00 后，白天工作时间提供平台脚本调试；

☐ 非必要情况禁止测试公网域名，若有需要还请邮件说明情况，报备基础设施团队；

☐ 由于超过 20 000 个并发用户的分布式测试会占用全部负载发生器资源，如有相关需求，还请提前和测试部门及供应商实施人员协商测试时间；

☐ 平台会定期清除测试数据，需要测试资产或者测试报告还请提前下载并进行本地保存；

☐ 项目组测试需要提供测试时间、测试源 IP、测试业务域名，邮件抄送基础设施团队和安全团队；

☐ 测试报告需要同步测试部门；

☐ 使用平台者必须严格遵守以上规定。

（3）规范细节

在每个项目开始阶段的平台培训和流程规范的沟通中，同步具体的测试业务和实施测试的准备工作，包括测试接口范围、业务模型、模型比例、测试目标、各业务系统对接人联系方式（微信和邮箱）、项目完成时间等。

在测试实施阶段，若被测服务是 Java 服务，则可以使用平台探针，利用平台做全链路监控和测试；若非 Java 服务，则利用内部的监控平台，做数据汇总。

在结果产出阶段，对测试结果进行汇报和解读。

测试流程各阶段及其输入输出产物如表 12-6 所示。

表 12-6   测试流程各阶段及其输入输出产物

序号	阶段	输入产物	输出产物
1	方案确定阶段	❏ XXX 接口文档 .xlsx ❏ XXX 架构图 .vsdx ❏ 业务模型调研表 .xlsx ❏ 供应商测试脚本 ❏ 系统测试环境信息配置表 .xlsx	❏ XXX 系统性能测试方案 .doc ❏ XXX 系统性能测试计划 .xlsx ❏ 相关干系人联系方式 .txt ❏ Mock 方案临时文件 .txt
2	项目实施阶段	❏ XXX 项目性能测试每日计划 .xlsx ❏ 资源监控文档共享链接	❏ XXX 性能测试结果 .xlsx ❏ XXX 性能测试问题 .xlsx ❏ 测试脚本
3	项目收尾阶段	—	❏ XXX 性能测试报告 .docx ❏ XXX 性能测试问题 .xlsx

12.2.3   体系落地效果

实施落地效果可以从 3 个方面介绍：质量数字化建设成果、生产全链路性能测试体系建设成果；线下测试体系建设成果。

1. 质量数字化建设成果

截至 2022 年 4 月份，企业的特色性能测试体系初步建成，全链路压测平台接入供应商项目组超过 20 个，测试执行项目超过 60 个，脚本产出超过 400 个，场景执行超过4000 场。

该企业建立了标准的性能流程规范，落地了供应商系统验收流程规范，使得系统质量验收实现了从供应商自验收到企业测试部门科学验收的转变，让第三方供应商的系统质量有了科学验证的渠道。

2. 生产全链路性能测试体系建设成果

（1）核心链路场景测试效率提升

首先，参照生产测试落地规范。通过生产环境核心链路交易的多次测试，明确各个供应商在生产测试的职责边界，沉淀性能测试资产数据，使得测试周期从 3 周缩短到 1 周，做到每次大促前在生产环境做容量回归，使生产环境的应用质量得到保障，从之前每年都有生产故障，到支持活动中万级用户同时在线并且系统稳定。

其次，建立测试回归机制。结合线下环境的根因分析，丰富业务性能保障方法，提高核心业务运行稳定性，深度挖掘更多的性能问题，减少因回归不充分引发的性能故障。

最后，核心链路生产环境性能测试降本增效。减少服务器资源成本投入，测试环境只使用生产环境的四分之一配置，复用生产环境进行测试，而不是搭建与生产环境等比配置的测试环境，减少硬件成本投入。

（2）生产测试服务化

测试部门基于核心链路项目的测试，已沉淀和提供项目组相关指南及规划，目前和新业务项目组做持续优化探索中。

3. 线下测试体系建设成果

测试团队进行性能测试有规范可以参考。通过标准流程和规范，该企业改变了供应商团队性能质量参差不齐的状态，使各团队都可以设计出合理且符合业务场景的测试策略。

测试平台服务化，为项目组提供 7 天 24 小时测试服务。测试实施人员基于平台的快捷功能，可以快速上手性能测试，快速产出系统性能质量验收报告。

平台通过负载发生器资源池功能，提高机器资源利用率，同时支持在线虚拟并发用户20 000 个。